食品微生物检验技术

主 编 曹 川 郑 琳 陶文靖

北京理工大学出版社
BEIJING INSTITUTE OF TECHNOLOGY PRESS

内 容 简 介

本书共 4 个模块，分别是食品微生物检验基础准备、食品微生物检验操作技术、食品中常见微生物和致病菌检验、食品微生物检验新技术的应用。本书增加了对最新的微生物快速检测和鉴定技术的介绍，以及这些技术在食品企业实际检测中的应用案例等，有助于实现教学内容的与时俱进。本书可作为职业教育食品类专业的教材，也可供食品生产企业、食品检验机构等相关检验技术人员参考。

图书在版编目（CIP）数据

食品微生物检验技术 / 曹川，郑琳，陶文靖主编 .
北京：北京理工大学出版社，2025. 1.
ISBN 978 - 7 - 5763 - 4952 - 8

Ⅰ. TS207. 4

中国国家版本馆 CIP 数据核字第 20254HC664 号

责任编辑：芈　岚　　　　**文案编辑**：芈　岚
责任校对：刘亚男　　　　**责任印制**：施胜娟

出版发行 / 北京理工大学出版社有限责任公司

社　　址 / 北京市丰台区四合庄路 6 号

邮　　编 / 100070

电　　话 / （010）68914026（教材售后服务热线）
　　　　　　（010）63726648（课件资源服务热线）

网　　址 / http://www.bitpress.com.cn

版 印 次 / 2025 年 1 月第 1 版第 1 次印刷

印　　刷 / 北京广达印刷有限公司

开　　本 / 787 mm×1092 mm　1/16

印　　张 / 18

字　　数 / 421 千字

定　　价 / 98. 00 元

本书编写委员会

前　言

党的二十大报告指出，要坚持以人民为中心的发展思想，增进民生福祉，提高人民生活品质。食品安全是人民生活品质的重要保障，而食品微生物检验技术则是确保食品安全的关键环节。习近平新时代中国特色社会主义思想强调，要牢固树立总体国家安全观，深入实施国家粮食安全战略。在食品领域，这不仅包括粮食安全，也涵盖了食品质量安全。《食品微生物检验技术》一书的编写以食品微生物检验的职业技能和职业综合素养为核心，在强化课程思政建设的同时，以培养学生食品微生物检验职业技术能力、食品安全的责任感和使命感、精益求精的工匠精神，养成敬业爱岗、吃苦耐劳的良好职业道德，形成严谨求实的科学态度和客观公正的工作作风为目标。本书将食品行业文化有机融入人才培养各环节，按照真实工作流程设置了递进式教学任务，以食品微生物检验中的最新标准和操作实务为驱动，着力培养学生保障食品营养、安全、健康的责任意识。

本书依据食品产业转型升级后的新理念、新技术，不断调整、优化教学内容，做到岗课赛证的高度融合；结合编者多年来在食品微生物检验领域工作的实践经验，理论结合实际，从原理到检验方法，系统地介绍了食源性致病性微生物检验的过程。同时，本书既包含微生物学基础知识，也包含检验的理论基础和检测技术，是一本实用性非常强的书籍。其中，检验内容以"项目—任务"的形式进行编写，力求建立"以项目为核心，以任务为载体"的教学模式。按照教学过程与生产过程对接的原则，强化专业对接产业，旨在促进产教融合。本书的内容做到了与职业标准的有效对接，所开发的进阶式课程模块，以食品检验岗位"1＋X"证书标准（中、高级）微生物检验"职业功能"中各项"工作内容"的技能要求及相关知识要求为依据，以食品微生物检验方法国家标准等法规为准则，将全国食品安全技能竞赛项目融入教学过程，以技能竞赛促进专业技能的提升。同时，本书遵循课程内容与职业标准对接、教学过程与生产过程对接的原则，通过技能竞赛强化学生对专业知识的运用，锤炼过硬本领，推进专业技能的提升。本书在编写过程中深入贯彻党的职教方针和国家食品安全相关政策，以落实立德树人的根本任务。

本书由曹川、郑琳、陶文靖任担任主编，具体的编写分工如下：曹川、郑琳编写模块一项目一；张瑜、陈静编写模块一项目二；司武阳、李德明编写模块二项目一；徐浩、丁寅寅编写模块二项目二；周婀、孟云编写模块二项目三；凌莉、董彬编写模块二项目四；李艳艳、陈洁编写模块三项目一；刘学文、彭小莉、付敏编写模块三项目二；赵婷婷、王桂兰负责模块三的校稿和资源建设；王琦、郭玉蔓、周琦编写模块四项目一；单萌、李雷编写模块四项目二；陶文靖、李浩、吕敬编写模块四项目三。曾静担任主审。王雨笋、武星宇和孙琪负责相关实验视频的拍摄，以及拓展资源的校稿工作。编者在本书的编写过程中参考了大量相关资料，在此向相关作者表示感谢。由于编者水平有限，书中难免存在不足之处，敬请广大读者批评指正。

目 录

模块一
食品微生物检验基础准备

　　食品微生物检验是运用微生物学的理论与方法，检验食品中微生物的种类、数量、性质及其对人类健康的影响，以判别食品是否符合质量安全标准。食品微生物检验是食品质量安全管理必不可少的组成部分。

　　食品微生物检验能有效地防止或减少食物引起的人畜共患病的发生，保障人们的身体健康。通过食品微生物检验，可以对食品加工环境及食品卫生状况进行合理的判断，能够对食品被细菌污染的程度做出正确的评价，为各项卫生管理工作提供科学的依据。

　　食品微生物检验的目的是通过微生物检验，判断水、空气、食品、日用品及各类公共场所的卫生状况；通过指标性微生物的检验，对食品的安全性和食品的生产、储存、销售环境及生产工艺等进行评价，从而保障人们的身体健康。

　　近年来，由微生物污染导致的食品安全问题频出，在某种意义上这也促进了食品微生物检验技术的发展。微生物污染问题产生的原因有许多种，通常与食品原料的生产环境、工厂生产环境及包装过程的处理有关。合格食品的细菌学要求是无致病菌存在，或者将致病菌的种类及数量控制在对人体无害的安全水平。食品安全问题与人们的生命安全息息相关，加强食品微生物检验对控制由食品微生物污染导致的传染病或其他病症有着重要的意义。食品生产经营企业及我国食品安全质量监督部门为此专门设置微生物检验室，主要负责开展食品微生物学的检验工作，同时也负责进行食品微生物污染风险的监控及调查研究工作。

　　在生产实践中，开展食品微生物学检验，有以下几方面的意义。第一，反映食品中微生物的种类和数量。食品中的细菌总数可以作为污染程度的标志，并用于预测食品的耐存放程度和保质期；大肠菌群可以作为粪便污染食品和肠道致病菌污染食物的指标菌；致病菌则是引起食源性疾病的病原体。在实际检验中，通常需要根据食品的特点，选取有代表性的致病菌作为检验重点，并以此来判断食品中是否存在致病菌。第二，用来评价食品质量。食品中的细菌数量在一定程度上反映了食品的新鲜程度。第三，反映食品在加工、储运、销售等各个环节的环境卫生状况。食品中微生物指标的检测有助于促进产品质量的提高，减少细菌数量，从而减少致病菌污染食品的风险。

项目一 食品微生物检验标准与设备

任务一 常规微生物检验方法及标准

🔵 学习目标

1.1 PPT

知识目标

（1）了解常规微生物检验方法。

（2）了解食品中的微生物限量标准。

能力目标

（1）了解并掌握目前食品中的微生物限量要求，能够根据产品分类找出相应的微生物限量要求和微生物检验方法。

（2）了解并掌握最新的微生物检验方法和标准。

素质目标

（1）了解微生物检验方法的历史变迁和微生物对食品保藏的影响，加深对食品储存与保鲜的认知。

（2）分析微生物标准和检验方法的更替，形成科学技术的发展要为社会发展保驾护航的观念认知。

俗话说"民以食为天"。安全的食品为人体提供生命活动所需的营养和能量，满足人体生长发育的需要。然而，如果食品不安全，不仅会降低其营养价值，还易引发食源性疾病，损害健康，甚至危及生命。

引起食品不安全的因素：（1）食品中存在天然毒素，如河豚中的河豚毒素，新鲜黄花菜中的秋水仙碱，发芽马铃薯中的茄碱，有毒蘑菇中的一些毒肽、毒碱等；（2）环境污染，如重金属、农药等有害物质进入食物中蓄积；（3）食品加工过程中不合理的加工工艺，如不当的加工工艺导致食品产生有毒物质，以及不合理地使用各种化学添加剂；（4）食品被微生物污染，如食品中含有病原微生物，或微生物的生长繁殖造成食品腐败变质，营养下降，甚至产生有毒物质。在这些因素中，由微生物污染所导致的食品安全问题最为常见，也最容易发生。

为了保障食品安全，对人民群众的身体健康负责，我国于 2015 年全面修订了《中华人民共和国食品安全法》，制定了各种严格的食品安全标准，禁止销售和食用不符合食品安全标准的食品。国家食品安全标准主要包括 3 个方面的内容：感官指标、理化指标和微生物指标。感官指标包括食品的色、香、味和组织状态等内容，主要是通过眼看、鼻闻、手摸、口尝来检查食品的外观，鉴定食品的色泽、香气、味道是否正常，有无霉变或其他异物污染，组织形状是否符合要求，是否有沉淀、浑浊等现象。根据这些感官现象，可以初步判断食品的卫生状况或初步了解食品是否发生腐败变质及其程度。理化指标是指食品原料在生产、加工过程中是否带入有毒有害物质，如食品中残留的农药和砷、汞等重金属，酒中的甲醇等。微生物指标一般分为菌落总数、大肠菌群数和致病菌 3 项。食品是否符合国家卫生标准，必须通过科学严谨的检验来判断。

一、常规微生物检验方法

常规微生物检验方法包括显微镜检验法、平皿培养检验法、生化实验检验法、血清学检验法和动物实验检验法等。

国务院卫生行政部门对现行的食用农产品质量安全标准、食品卫生标准、食品质量标准和有关食品的行业标准中须强制执行的标准进行了整合，并统一公布为食品安全国家标准。为了确保检验结果的准确性，食品中各种指标性微生物的检验应按照最新的食品安全国家标准进行。常规微生物检验国家标准见表 1-1。

表 1-1　常规微生物检验国家标准

序号	标准编号	标准名称
1	GB 4789.2—2022	食品安全国家标准　食品微生物学检验　菌落总数测定
2	GB 4789.3—2016	食品安全国家标准　食品微生物学检验　大肠菌群计数
3	GB 4789.4—2024	食品安全国家标准　食品微生物学检验　沙门氏菌检验
4	GB 4789.6—2016	食品安全国家标准　食品微生物学检验　致泻大肠埃希氏菌检验
5	GB 4789.7—2013	食品安全国家标准　食品微生物学检验　副溶血性弧菌检验
6	GB 4789.10—2016	食品安全国家标准　食品微生物学检验　金黄色葡萄球菌检验
7	GB 4789.15—2016	食品安全国家标准　食品微生物学检验　霉菌和酵母计数
8	GB 4789.26—2023	食品安全国家标准　食品微生物学检验　商业无菌检验
9	GB 4789.30—2016	食品安全国家标准　食品微生物学检验　单核细胞增生李斯特氏菌检验
10	GB 4789.31—2013	食品安全国家标准　食品微生物学检验　沙门氏菌、志贺氏菌和致泻大肠埃希氏菌的肠杆菌科噬菌体诊断检验
11	GB 4789.34—2016	食品安全国家标准　食品微生物学检验　双歧杆菌检验
12	GB 4789.35—2023	食品安全国家标准　食品微生物学检验　乳酸菌检验
13	GB 4789.40—2024	食品安全国家标准　食品微生物学检验　克罗诺杆菌检验

二、食品微生物限量标准

为控制食品中的微生物污染，我国一方面在食品生产、加工、运输、储存、销售等环节推行科学的管理体系（如危害分析与关键环节控制点）（hazard analysis and critical control point，HACCP），另一方面在食品安全国家标准中对各类食品中的微生物限量进行修订并做了明确规定。例如，在《食品安全国家标准糕点、面包》（GB 7099—2015）中规定了其微生物限量（见表1-2）；在《食品安全国家标准乳粉和调制乳粉》（GB 19644—2024）中规定了其微生物限量（见表1-3）；致病菌限量应符合《食品安全国家标准　预包装食品中致病菌限量》（GB 29921—2021）的规定。

表1-2　糕点、面包的微生物限量标准

项目	采样方案[①]及限量				检验方法
	n	c	m	M	
菌落总数[②]/（CFU*·g^{-1}）	5	2	10^4	10^5	《食品安全国家标准　食品微生物学检验　菌落总数测定》（GB 4789.2—2022）
大肠菌群[②]/（CFU·g^{-1}）	5	2	10	10^2	《食品安全国家标准　食品微生物学检验　大肠菌群计数》（GB 4789.3—2016）中平板计数法
霉菌[③]/（CFU·g^{-1}）	≤150				《食品安全国家标准　食品微生物学检验　霉菌和酵母计数》（GB 4789.15—2016）

注：n 为同一批次产品应采集的样品件数；c 为最大可允许超出 m 值的样品数；m 为致病菌指标可接受水平的限量值；M 为致病菌指标的最高安全限量值。
①样品的采集及处理按《食品安全国家标准　食品微生物学检验　总则》（GB 4789.1—2016）执行。
②菌落总数和大肠菌群的要求不适用于现制现售的产品，以及含有未熟制的发酵配料或新鲜水果蔬菜的产品。
③不适用于添加了霉菌成熟干酪的产品

表1-3　乳粉的微生物限量标准

项目	采样方案[①]及限量				检验方法
	n	c	m	M	
菌落总数[②]/（CFU·g^{-1}）	5	2	5.0×10^4	2.0×10^5	《食品安全国家标准　食品微生物学检验　菌落总数测定》（GB 4789.2—2022）
大肠菌群/（CFU·g^{-1}）	5	1	10	100	《食品安全国家标准　食品微生物学检验　大肠菌群计数》（GB 4789.3—2016）

注：n 为同一批次产品应采集的样品件数；c 为最大可允许超出 m 值的样品数；m 为致病菌指标可接受水平的限量值；M 为致病菌指标的最高安全限量值。
①样品的分析及处理按《食品安全国家标准　食品微生物学检验　总则》（GB 4789.1—2016）和《食品安全国家标准　食品微生物学检验　乳与乳制品采样和检样处理》（GB 4789.18—2024）执行。
②不适用于添加活性菌种（好氧和兼性厌氧）的产品（如添加活菌，产品中活菌数应≥10^6 CFU/g）

目前《食品安全国家标准　预包装食品中致病菌限量》（GB 29921—2021）中规定：沙门氏菌在各类食品中的限量规定为 $n=5$，$c=0$，$m=0/25$ g（mL）（即在被检的5份样品中，不允许任一份样品检出沙门氏菌）。金黄色葡萄球菌在肉制品、粮食制品、即食豆

＊　菌落形成单位（colony forming unit，CFU）。

制品、即食果蔬制品、冷冻饮品及即食调味品 6 类食品中的限量，具体为 $n=5$，$c=1$，$m=100$ CFU/mL（g），$M=1\ 000$ CFU/mL（g）。而乳制品中金黄色葡萄球菌限量有 3 种：$n=5$，$c=0$，$m=0/25$ g（mL）（仅适用于巴氏杀菌乳、调制乳、发酵乳、加糖炼乳（甜炼乳）、调制加糖炼乳）；$n=5$，$c=2$，$m=100$ CFU/g，$M=1\ 000$ CFU/g（仅适用于干酪、再制干酪和干酪制品）；$n=5$，$c=2$，$m=10$ CFU/g，$M=100$ CFU/g（仅适用于乳粉和调制乳粉）。副溶血性弧菌在水产制品、水产调味品中的限量，具体为 $n=5$，$c=1$，$m=100$ MPN*/mL（g），$M=1\ 000$ MPN/mL（g）。单核细胞增生李斯特氏菌在乳制品、肉制品、即食果蔬制品（仅适用于去皮或预切的水果、去皮或预切的蔬菜及上述类别混合食品）、冷冻饮品中的限量规定为 $n=5$，$c=0$，$m=0/25$ g（mL）；在水产制品中单核细胞增生李斯特氏菌的限量规定是 $n=5$，$c=0$，$m=100$ CFU/g。致泻大肠埃希氏菌在肉制品、即食果蔬制品（仅适用于去皮或预切的水果、去皮或预切的蔬菜及上述类别混合食品）中限量规定为 $n=5$，$c=0$，$m=0/25$ g（mL）。特殊膳食用食品（仅适用于婴儿 0～6 月龄配方食品、特殊医学用途婴儿配方食品）中克罗诺杆菌属（阪崎肠杆菌）的限量规定为 $n=3$，$c=0$，$m=0/100$ g。

三、生活饮用水微生物检验

饮用水是指可以不经处理、直接供给人饮用的水。安全饮用水是指一个人终身饮用也不会对健康产生明显危害的饮用水。根据世界卫生组织的定义，终身饮用是按人均寿命 70 岁为基数，以每天每人 2 L 饮水计算的。安全饮用水还应包含日常个人卫生用水，如洗澡用水、漱口用水等。如果水中含有害物质，这些物质可能在洗澡、漱口时通过皮肤接触、呼吸等方式进入人体，从而对人体健康产生影响。

生活饮用水是人类生存不可缺少的要素，与人们的日常生活密切相关。同时，它也是病原微生物的主要载体，其安全性对人体健康至关重要。通过对饮用水进行微生物检验能够客观真实地评价其卫生质量，确保水质安全，预防和控制介水传染病的传播和蔓延。

1. 生活饮用水检验标准

生活饮用水的质量检验参照《生活饮用水卫生标准》（GB 5749—2022），其微生物指标检验参照《生活饮用水标准检验方法　第 12 部分：微生物指标》（GB/T 5750.12—2023）进行。生活饮用水微生物检验限量标准见表 1－4。

表 1－4　生活饮用水微生物检验限量标准

水质常规指标限值		水质扩展指标限值		水质参考指标限值	
菌落总数	100（MPN/mL 或 CFU/mL）	贾第鞭毛虫	<1（个/10L）	肠球菌	不应检出
总大肠菌群	不应检出	隐孢子虫	<1（个/10L）	产气荚膜梭状芽孢杆菌	不应检出
大肠埃希氏菌	不应检出	—	—	—	—

※　最大概率数（most probable number，MPN）。

2. 生活饮用水检验微生物指标

生活饮用水检验微生物指标包括水质常规指标、水质扩展指标和水质参考指标 3 种。

（1）水质常规指标。

该指标是反映生活饮用水水质基本状况的指标，主要包括水质卫生状况指标菌检验和粪便污染指标菌检验。水质卫生状况指标菌检验即检验饮用水的菌落总数，可反映饮用水的清洁程度和净化效果。粪便污染指标菌检验即检验饮用水的大肠菌群数。

（2）水质扩展指标。

该指标是反映地区生活饮用水水质特征及在一定时间内或特殊情况下水质状况的指标，主要包括贾第鞭毛虫检验和隐孢子虫检验。

贾第鞭毛虫（*Giardia lamblia*，1915）简称贾第虫，寄生于人体小肠、胆囊，主要在十二指肠，可引起腹痛、腹泻和吸收不良等症状，引起贾第虫病，为人体肠道感染的常见寄生虫之一。该虫分布于世界各地。近年来，由于旅游业的发展，贾第虫病在旅游者中发病率较高，故又称旅游者腹泻病，已引起各国的重视。

隐孢子虫（*Cryptosporidium parvum*，1907）为体积微小的球虫类寄生虫，广泛存在于多种脊椎动物体内。寄生于人和大多数哺乳动物体内的主要是微小隐孢子虫。由微小隐孢子虫引起的疾病称为隐孢子虫病，是一种以腹泻为主要临床表现的人畜共患性原虫病。

（3）水质参考指标。

当生活饮用水中检出肠球菌和/或产气荚膜梭状芽孢杆菌时，可以参考《生活饮用水卫生标准》（GB 5749—2022）附录 A（表 A.1）中该指标的限值进行评价。

◢ 问题思考

（1）通过查阅相关标准了解饮料食品中菌落总数和大肠菌群的检测方法。

（2）了解《食品安全国家标准　食品微生物学检验　菌落总数测定》（GB 4789.2—2022）中菌落总数测定的流程。

任务二　食品微生物检验常用的仪器设备

◉ 学习目标

知识目标

（1）掌握食品微生物检验过程中各种仪器设备的工作原理。

（2）掌握食品微生物检验过程中各种仪器设备的使用方法与常规保养规程。

能力目标

（1）能够规范操作各种食品微生物检验常用仪器设备。

（2）能够完成各种食品微生物检验常用仪器设备的保养。

（1）通过学习，学生能够掌握某产品的微生物限量要求及所使用的检验方法。

（2）通过开展创造性活动，挖掘学生建立实验室管理体系的能力。

（3）鼓励学生自主学习，通过指导和反馈，帮助学生养成自主学习习惯，提高学习成效。

食品微生物检验室常用的仪器设备有：电子天平、pH 计、干燥箱、高压灭菌器、过滤除菌器、无菌均质器、离心机、恒温水浴锅、超净工作台、恒温培养箱、冰箱、低温冰箱、显微镜等。

一、电子天平

电子天平是配制微生物检验用培养基、试剂、稀释液等溶液时，用于精确称量的装置。微生物检验室常用电子天平的感量一般要求为 0.1 g。电子天平结构如图 1 - 1 所示。

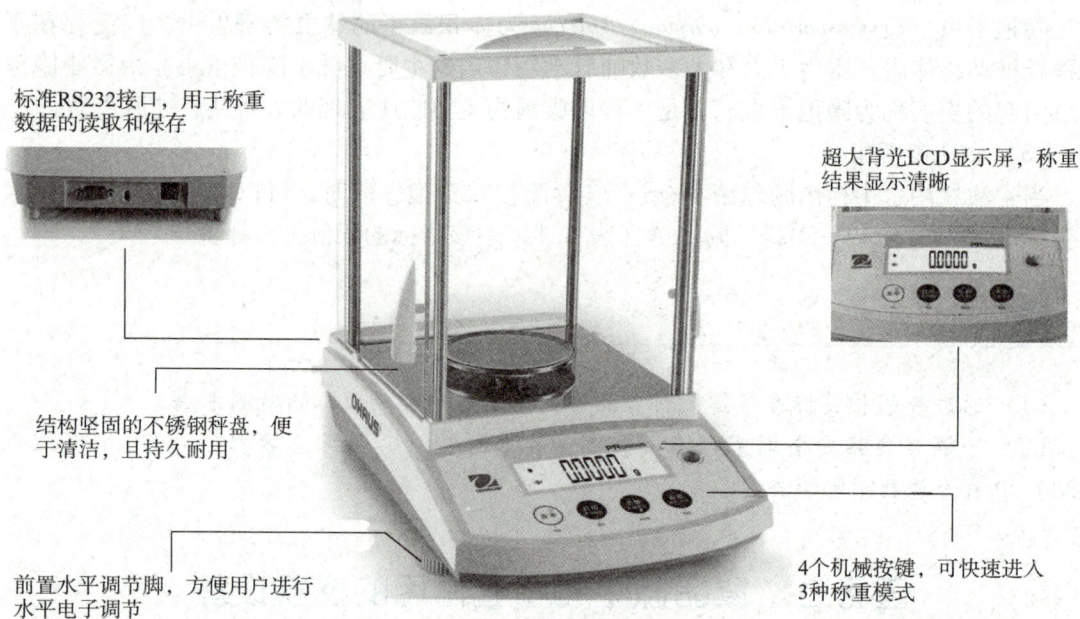

标准RS232接口，用于称重数据的读取和保存

超大背光LCD显示屏，称重结果显示清晰

结构坚固的不锈钢秤盘，便于清洁，且持久耐用

前置水平调节脚，方便用户进行水平电子调节

4个机械按键，可快速进入3种称重模式

图 1 - 1　电子天平结构

电子天平使用时的注意事项如下所述。

（1）每次使用电子天平称量之前，都必须检查电子天平的零点，如果零点位置不正确，应检查原因，进行必要的调整后方可使用。

（2）电子天平必须保持清洁，如有任何物质落入天平盘或天平底座上，应立即用软毛刷清扫干净。

（3）天平称量物的质量绝对不能超过电子天平允许的最大量程范围。

（4）易吸湿、易挥发、有腐蚀性的液态物品，应放在密闭容器内称量。

（5）不可将热的物体放在天平盘上，必须预先冷却至室温再称量。

（6）校正电子天平时，不可用手接触砝码和天平盘，必须用镊子夹取砝码，称量完毕应将砝码放回砝码盒原先的位置。

（7）将电子天平置于稳定的工作台上，避免振动、气流及阳光照射。

（8）电子天平应按说明书的要求进行预热，长期不用时，应收好。

二、pH 计

pH 计是控制微生物检验培养基配制过程中酸碱度的主要装置。pH 计对工作环境的要求：0.001 级仪器的工作环境温度为 15~30℃，相对湿度不大于 75%；其他规格 pH 计的工作环境温度为 5~35℃，相对湿度不大于 80%。pH 计结构如图 1-2 所示。

图 1-2　pH 计结构

pH 计使用时的注意事项如下。

（1）测定前需进行校正，pH 计连续使用时，每天要标定一次，一般在 24 h 内仪器不需再标定。

（2）使用前要拉下电极上端的橡皮套，使其露出上端的小孔。

（3）标定的缓冲溶液一般第一次用 pH 值为 6.86 的缓冲液，第二次用接近被测溶液 pH 值的缓冲液。如待测液为酸性时，则选 pH 值为 4.00 的缓冲液；如待测溶液为碱性时，则选 pH 值为 9.18 的缓冲液。

（4）测量时，电极的引入导线应保持静止，否则会引起测量不稳定。

（5）电极切忌浸泡在蒸馏水中。

（6）保持电极处于湿润状态，如果发现电极干燥，在使用前应在 3 mol/L 氯化钾溶液或微酸性溶液中浸泡几小时，以降低电极的不对称电位。

（7）pH 玻璃电极可在 pH 值为 4 的缓冲溶液中短期储存；在 pH 值为 7 的缓冲溶液中长期储存。

三、干燥箱

干燥箱又称干热灭菌器，主要用于消毒玻璃器皿。干燥箱使用的环境温度要求为 5~35 ℃，当环境温度低于 31 ℃时，最大相对湿度当为 80%；当环境温度为 35 ℃时，最大相对湿度须降到 67%。最高工作温度为 300 ℃的电热干燥箱的温度波动限值为 ±1.5 ℃，工作温度不大于 300 ℃的电热鼓风干燥箱，温度波动限值一般为 ±1 ℃。干燥箱结构如图 1 – 3 所示。

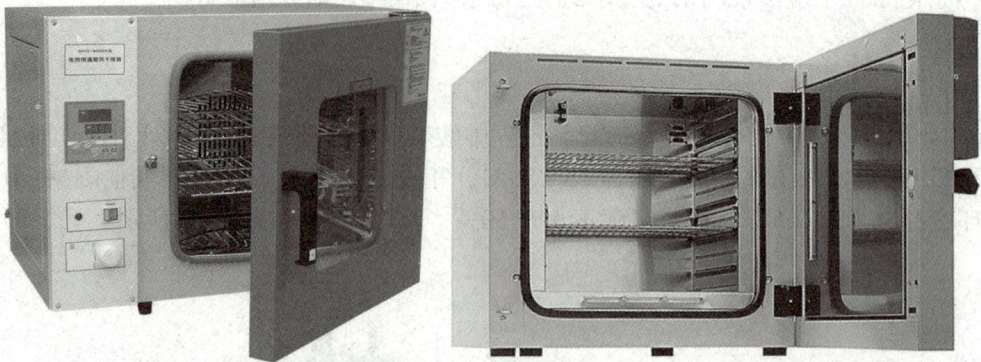

图 1 – 3　干燥箱结构

干燥箱的使用方法及注意事项如下。

（1）使用前检查电源，须有良好的接地线。

（2）干燥箱若无防爆设备，切勿将易燃物品及挥发性物品放箱内加热。箱附近不可放置易燃物品，勿将干燥箱当成储物室使用，避免箱内发生腐蚀，避免置物架长期负重。

（3）箱内应保持清洁，放物网不得有锈，否则会影响玻璃器皿的清洁度。

（4）使用时应定时监测，以防温度异常升降影响使用效果或引发事故。

（5）切勿拧动箱内感温器，放物品时也要避免碰撞感温器，否则会导致温度不稳定。检修时应先切断电源。

（6）需要干燥的玻璃器皿必须先清洁，包装好再放入干燥箱内，然后将箱门关紧。接通电源，打开加热开关，使温度慢慢上升。当温度升至 60 ~ 80 ℃时，开动鼓风机，使干燥箱内的温度均匀一致；升至所要的温度（通常为 160 ~ 180 ℃）后维持一定的时间，通常为 1.5 ~ 2 h，然后截断热源，待干燥箱内温度降到室温时方可将门打开（干燥箱内温度高于 67 ℃时，切勿打开取放器皿），取出干燥物品。干燥后的玻璃器皿上的棉塞和包扎纸张应略呈淡黄色，而不应烤焦。

（7）电源线不可缠绕在金属物上，设备周围应注意避免潮湿或放有腐蚀性物品，以防止外壳和橡胶老化。

四、高压灭菌器

高压灭菌器是根据沸点与压力成正比的原理而设计的，其灭菌效果较普通蒸汽灭菌器好，通常在 0.1 MPa 压力下（121 ℃）灭菌 15 ~ 30 min 可将一般细菌和芽孢完全杀死。高压灭菌器的使用方法及注意事项如下。

（1）在灭菌器内加入适量的水，至近金属隔板处。

（2）将灭菌物品包扎好，小心放于隔板上。堆放灭菌物品时，严禁堵塞安全阀和放气阀的出气孔，必须留出空位保证空气畅通。

（3）将盖子盖好，扭紧螺旋，关闭气门。液体灭菌时，应将液体灌装在耐热玻璃瓶中，液体量以不超过玻璃瓶体积3/4为好，瓶口应选用棉花纱塞，切勿使用未打孔的橡胶或软木塞。

（4）在灭菌器下加热时，勿使温度上升过快，以免玻璃器皿破裂。

（5）压力器指针上升至0.05 MPa时，徐徐打开气门，排出灭菌器内所存留的空气，直至排出的蒸汽内不夹杂空气为止，然后关紧气门。

（6）压力上升至0.105 MPa（或其他规定的压力）时开始计时，并将热源调节至恰能维持所需要的压力，经过规定时间后撤去热源。

（7）在灭菌结束时，须待压力器中压力自行降至"0"，方可将气门慢慢打开、放气。排气完毕后，开盖取出灭菌物品，气未排完前切不可开盖。

（8）平时应保持灭菌器的清洁和干燥，须将灭菌器内的水放出，并做必要的清洁，灭菌器要定期换水。

立式高压蒸汽灭菌器结构如图1-4所示。

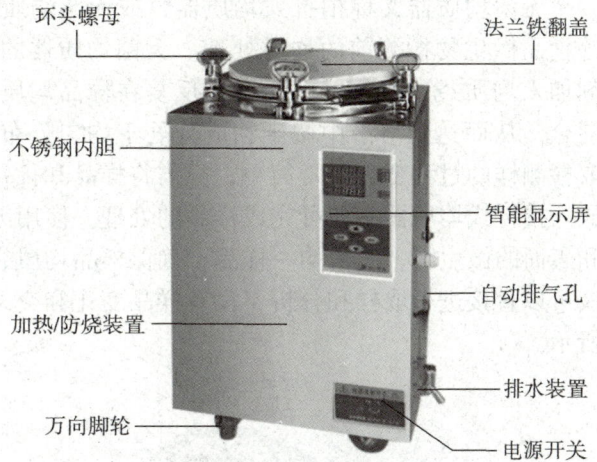

图1-4 立式高压蒸汽灭菌器结构

环头螺母　法兰铁翻盖　不锈钢内胆　智能显示屏　自动排气孔　加热/防烧装置　排水装置　万向脚轮　电源开关

五、过滤除菌器

过滤除菌器是微生物检验室中不可缺少的一种仪器，可以用来去除糖溶液、血清等不耐热液体中的细菌，也可用来分离病毒及测定病毒颗粒的大小等。过滤除菌器结构如图1-5所示。

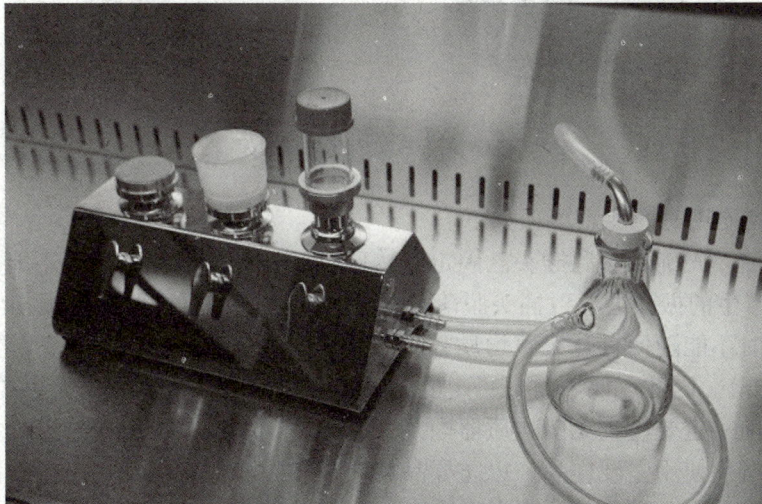

图1-5 过滤除菌器结构

过滤除菌器使用时的注意事项如下。

（1）要彻底清洗过滤器和过滤器连接部件，正确安装滤芯和外壳。

（2）开机前先要检查加压泵是否顺转，检查各连接是否紧密，各阀门是否关闭。

（3）开机前先慢慢打开进液阀门，进行排气，随后打开出液阀进行正常过滤。

（4）如发现过滤压力差大于限定值或流量明显下降，说明滤芯大部分孔径已堵塞，应进行反冲或清洗，必要时需更换滤芯。

（5）过滤除菌器在使用前必须进行完整性测试，以确保其功能的完整性和实用性。

六、无菌均质器

无菌均质器又称拍打式均质器，或无菌均质机，可用于肉、鱼、蔬菜、水果、饼干等食品微生物检测前的均质处理。无菌均质器的工作原理是将原始样品与某种液体或溶剂加入均质袋，经仪器的锤击板反复在样品均质袋上锤击，产生压力、引起振荡、加速混合，从而达到溶液中微生物成分处于均匀分布的状态。无菌均质器使从固体样品中提取检测样的过程变得非常简单，只需将样品和稀释液加入无菌的袋中，然后将样品均质袋放入拍打式均质器中即可完成样品的处理。使用无菌均质器可以有效地分离固体样品内部和表面的微生物，获得均一样品，确保样品均质袋中混合了全部的样品。处理后的样品溶液可以直接进行取样和分析，没有样品变化和交叉污染的风险。无菌均质器结构如图1-6所示。

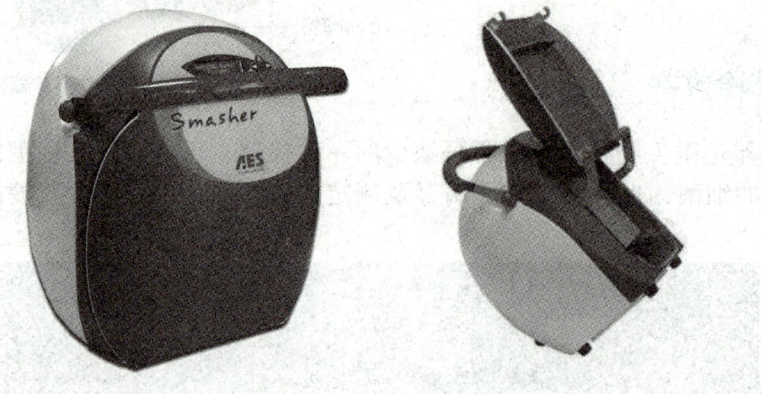

图1-6　无菌均质器结构

无菌均质器使用时的注意事项如下。

（1）使用前，先确保电源插头已固定，然后再打开机器开关。插头不能出现松动，因为机器工作时产生的振动会导致插头脱落。这种突然断电会对机器造成损伤。

（2）工作时不能随便打开无菌均质器门，以防样液飞溅（有的无菌均质器打开门后会自动停止拍击）。因此，使用时，一定要先关机器再开门，或者关门之后再开机。

（3）使用前一定要检查无菌均质器内是否有异物，防止损伤机械装置或样品均质袋。

（4）尽量避免使用坚硬样品，以防样品均质袋破裂。如必须使用坚硬样品，最好加套样品均质袋。冷冻样品需解冻以后才能使用。

（5）要保证无菌均质器的底部是空的，如遇样品均质袋意外破裂，可方便清理溢出物。

（6）无菌均质器和样品均质袋应放置在阴凉干燥处，特别是样品均质袋应避酸碱、避阳光，防止其过早的变脆、老化。

（7）无菌均质器用完之后，应先关机再断电，然后将其内外清理干净。

（8）对于一些拍打均质后容易堵塞移液管或移液器枪头的样品，建议使用带过滤网的无菌均质袋。

七、离心机

离心机是根据物体转动时产生离心力这一原理制成的。在微生物检验室内，离心机可以用于沉淀细菌、分离血清和其他相对密度不同的材料。离心机结构如图 1-7 所示。

图 1-7　离心机结构

离心机的使用方法及注意事项如下。

（1）将盛有材料的离心管置于离心机的金属管套内，必要时可在管底垫一层棉花。

（2）将离心管及其套管按对称位置放入离心机转动盘中，将盖子盖好。若仅有一管材料，则可取另一空管盛清水放入其对称位置以保持平衡。

（3）打开电源，慢慢转动速度调节器的指针至所要求的速度刻度上，维持一定时间。有的离心机在转动盘上装有一根玻璃管，从盖中央的小孔中凸出于离心机外，管中盛乙醇，当离心机转动时，因离心作用使乙醇引起一个漩涡，从漩涡的深度即可显示转动速率。

（4）到达一定时间后，将速度调节器的指针慢慢转回至零点，然后关闭电源。

（5）等转动盘自行停止转动后，将离心机盖打开取出离心管。取出时应小心，勿使已经沉淀的物质又因振动而上升。

（6）使用离心机时，如发现离心机机身振动且产生杂声，则表示内部重量不平衡；如发现有金属声，则往往表示内部试管破裂。遇上述两种情况时均应立即停止使用，进行检查。

八、恒温水浴锅

恒温水浴锅广泛应用于干燥、浓缩、蒸馏，浸渍化学试剂，浸渍药品和生物制剂，也可用于水浴恒温加热和其他温度实验，是生物、遗传、病毒、水产、环保、医药、卫生、教育科研领域的必备工具，在食品微生物检验中主要用于熔化培养基。恒温水浴锅结构如图 1-8 所示。

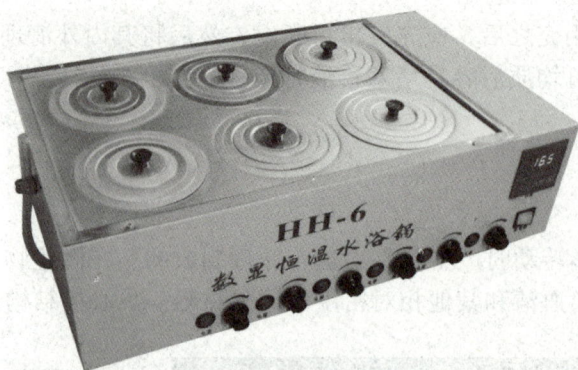

图1-8 恒温水浴锅结构

恒温水浴锅的使用方法及注意事项如下。

（1）使用前，必须先向锅内加水，可按需要的温度加入热水，以缩短加热时间。

（2）接通电源，绿灯亮；锅内加温，红灯亮。观察温度计是否已升到所需要的温度。如锅内温度不够，而红灯已灭，应旋转调节器旋钮来进行调节。顺时针方向旋转，红灯亮，即接通锅内电热管使之加温；逆时针方向转动，红灯灭，即断电降温。如锅内温度和所需要的温度相差有限，要微调旋钮以达到恒温。

（3）当需要锅内水温达100 ℃以进行铜管沸水蒸馏时，可将调节旋钮调至终点，但不可加水过多，以免沸腾时水溢出锅外，并应注意锅内水量不能少于最低水位（即不能使锅内电热管露出水面），以免烧坏电热管。还要注意在锅内中间的铜管内装有玻璃棒（作调节恒温用），切勿碰撞铜管或使之剧烈振动，以免碰断内部玻璃棒，使调节失灵。

（4）避免将水溅到电器盒里，以免引起漏电，损坏电器部件。

（5）水箱内要保持清洁，定期刷洗，水要经常更换。如长时间不用，应将水排尽，将水箱擦干，以免生锈。

（6）电水浴锅一定要接好地线，且要经常检查是否漏电。

九、超净工作台

超净工作台是一种局部层流装置，能在局部造成高洁净度的环境，由3个基本部分组成：高效空气过滤器、风机、箱体。其工作原理是通过风机将空气吸入，经由静压箱通过高效过滤器过滤，再将过滤后的洁净空气以垂直或水平气流的状态送出，使操作区域持续在洁净空气的控制下达到百级洁净度，以确保生产对环境洁净度的要求。超净工作台结构如图1-9所示。

超净工作台使用时的注意事项如下所述。

（1）应安放于卫生条件较好的地方，便于清洁，门窗能够密封以避免外界的空气对室内产生污染。

（2）安放位置应远离有振动及噪声大的地方，以防止振动影响超净工作台的正常操作。若周围有振动，应及时采取措施。

（3）根据环境的洁净程度，定期拆下粗滤布进行清洗，如有破损，应立即更换。

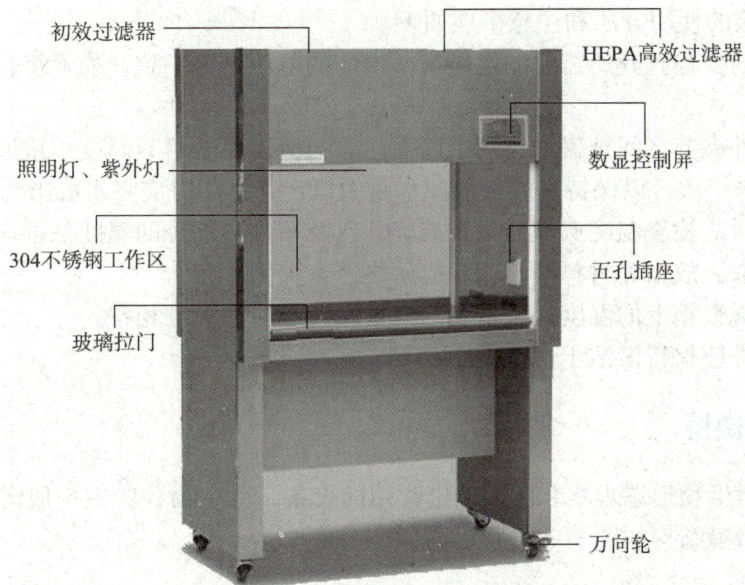

图 1-9　超净工作台结构

（4）要经常用纱布蘸乙醇将紫外线灯表面擦干净，保持表面清洁，否则会影响杀菌能力，紫外线灯累计工作 2 000 h 应进行更换。

十、恒温培养箱

恒温培养箱又称恒温箱，是培养微生物的重要设备。恒温培养箱结构如图 1-10所示。

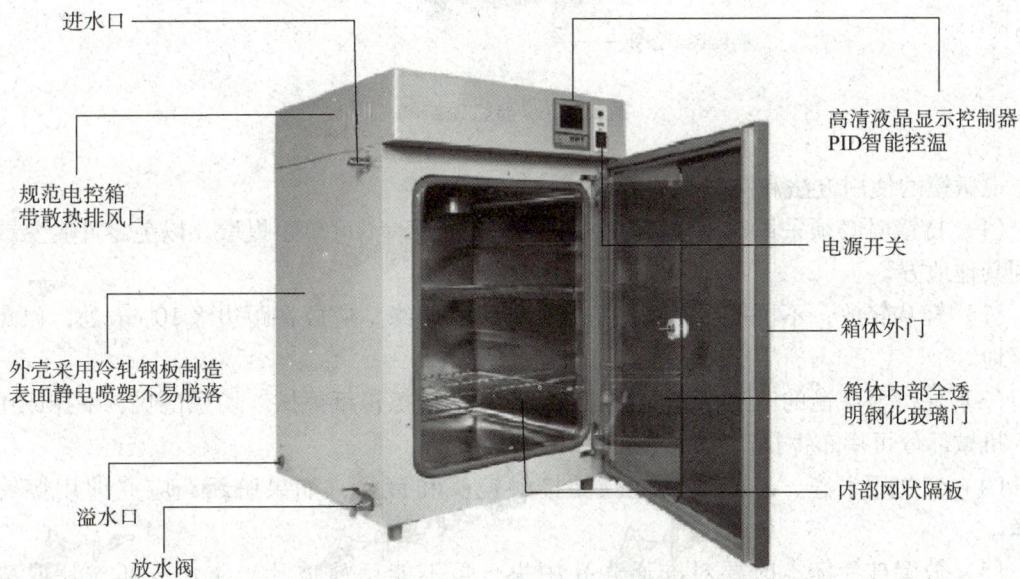

图 1-10　恒温培养箱结构

恒温培养箱的使用方法和注意事项如下。

（1）使用前要检查其所需要的电压与所供应的电压是否一致，如不符合，则应使用变压器。

（2）如内外夹壁之间须盛水，则用前需注入与所需要的培养温度相接近的温水，每隔一定时间应换水一次，以保持水的清洁和水量的恒定，不用时应将水放出。

（3）初用时应检查温度调节器是否准确，以及箱内各部分的温度是否均匀一致。

（4）除了取、放培养材料外，箱门应始终严密关闭。

（5）经常观察箱上的温度计所指示的温度是否与所需标准相符。

（6）箱内外应保持清洁干燥。

十一、显微镜

显微镜是微生物形态观察和菌种鉴定常用的设备，微生物检验室一般需要配备普通光学显微镜。显微镜结构如图 1 – 11 所示。

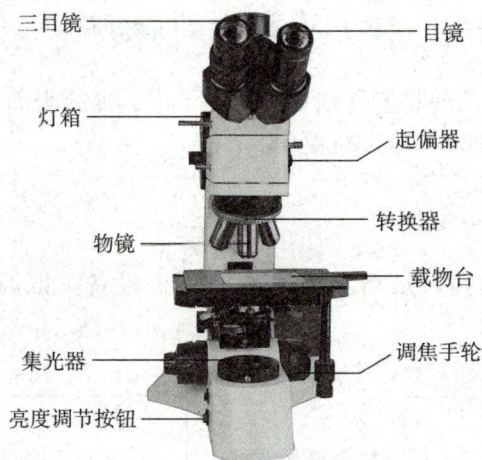

图 1 – 11　显微镜结构

显微镜的使用方法和注意事项如下。

（1）持镜时必须采用右手握臂、左手托座的姿势，不可单手提取，以免零件脱落或碰撞到其他地方。

（2）轻拿轻放，不可把显微镜放置在实验台的边缘，应放在距边缘 10 cm 处，以免碰翻落地。

（3）保持显微镜的清洁，光学和照明部分只能用擦镜纸擦拭，切忌口吹、手抹或用布擦，机械部分可用布擦拭。

（4）切勿用水滴、乙醇或其他药品接触镜头和镜台，如果脏污，应立即用擦镜纸擦净。

（5）放置玻片标本时要对准通光孔中央，且不能反放玻片，防止压坏玻片或碰坏物镜。

（6）要养成两眼同时睁开观察的习惯，以左眼观察物像，以右眼绘图。

（7）不要随意取下目镜，以防止尘土落入物镜，也不要任意拆卸各种零件，以防损坏。

（8）显微镜使用完毕后，必须复原才能放回镜箱内，其步骤为取下标本片，转动旋转器使镜头离开通光孔，下降镜台，平放反光镜，下降集光器（但不要接触反光镜），关闭光圈，推片器回位，盖上绸布和外罩，放回实验台柜内，最后填写使用登记表。

◆ 问题思考

（1）简述超净工作台的工作原理。
（2）简述高压灭菌器的结构组成。
（3）简述显微镜操作的注意事项。

任务三　食品微生物检验常用的玻璃器皿

◎ 学习目标

知识目标

（1）了解食品微生物检验常用玻璃器皿的规格。
（2）掌握食品微生物检验常用玻璃器皿的清洗、包装与灭菌要求。

能力目标

（1）能够正确选用玻璃器皿完成食品微生物检验工作。
（2）能够用合适的方法对常用玻璃器皿进行清洗、灭菌和包装。

素质目标

（1）引导学生认识食品安全对社会的重要性，培养其关注食品安全的意识，增强学生对食品安全问题的责任感。

（2）培养学生的科学伦理观，使其了解科学研究的基本道德准则，认识到科学研究的是为了服务社会和人民群众。

食品微生物检验室内使用的玻璃器皿种类甚多，如吸管、试管、烧瓶、培养皿、培养瓶、毛细吸管、载玻片、盖玻片等。在采购时应注意各种玻璃器皿的规格和质量，一般要求能耐受多次高热灭菌，且以中性为宜。玻璃器皿用前要经过刷洗处理，使之洁净、干燥，有些还需要进行无菌处理。每个从事微生物检验的工作人员都应熟悉和掌握各种玻璃器皿用前用后的处理。现将玻璃器皿的种类及其处理列述如下。

一、常用玻璃器皿的种类及要求

1. 试管

用于细菌及血清学实验的试管应比较坚固、厚实，以便加塞时不致破裂。常用的规格有以下几种。

（1）（2~3）mm×65 mm，用于环状沉淀实验。

（2）（11~13）mm×100 mm，用于血清学反应及生化实验等。

（3）15 mm×150 mm，用于分装5~10 mL的培养基及菌种传代等。

（4）25 mm×200 mm，用于特殊实验或装灭菌滴管等。

2. 锥形瓶

锥形瓶底大口小，放置平稳，便于加塞，多用于盛培养基、配制溶液等。常用的规格有50 mL、100 mL、150 mL、250 mL、500 mL、1 000 mL、2 000 mL、3 000 mL、5 000 mL等。

3. 培养皿

培养皿为可重复使用的硬质玻璃或一次性硬质塑料双碟，常用于分离培养。盖与底的大小应合适。盖的高度较底稍低，底部平面应特别平整。常用的规格（以皿盖直径计）有60 mm、75 mm、90 mm等。

4. 吸管

吸管用于吸取少量液体。常用的吸管有两种：一种为无刻度的毛细吸管；另一种为有刻度吸管，管壁有精细的刻度，一般长为25 cm。常用的容量为0.2 mL、0.5 mL、1.0 mL、2.0 mL、5.0 mL、10 mL。

5. 量筒、量杯

量筒、量杯用于液体的测量。常用规格为10 mL、20 mL、25 mL、50 mL、100 mL、200 mL、500 mL、1 000 mL、2 000 mL。

6. 烧杯

烧杯常用的规格为50~3 000 mL，供盛放液体或煮沸用。

7. 载玻片及盖玻片

载玻片供制作涂片时使用，常用的规格为75 mm×25 mm，厚度为1~2 mm。另有凹玻片供做悬滴标本或做血清学实验时使用。盖玻片为极薄的玻片，用于标本封闭及悬滴标本等。盖玻片有不同的形状，有圆形的，直径为18 mm；正方形的，规格为18 mm×18 mm或22 mm×22 mm；长方形的，规格为22 mm×36 mm等数种。

8. 离心管

离心管常用规格有10 mL、15 mL、100 mL、250 mL等，供分离沉淀用。

9. 试剂瓶

试剂瓶为磨砂口，有盖，分广口和小口两种，规格为30~1 000 mL，可视需要量选择使用。颜色分棕色、无色两种，用于储藏药品和试剂，凡需避光保存的药品试剂均宜用棕色瓶。

10. 玻璃缸

玻璃缸缸内常盛有石炭酸或来苏水等消毒剂，以备放置用过的玻片、吸管等。

11. 染色缸

染色缸有方形和圆形两种，可放6~10片载玻片，供细菌、血液及组织切片标本染色用。

12. 滴瓶

滴瓶有橡皮帽式和玻塞式，颜色分白色和棕色，规格有 30 mL 和 60 mL 等，供储存试剂及染液用。

13. 漏斗

漏斗分短颈和长颈两种。漏斗直径大小不等，视需要而定，用于分装溶液或垫上滤纸、纱布、棉花后过滤杂质。

14. 注射器

注射器规格有 0.25 mL、0.5 mL、1 mL、2 mL、5 mL、10 mL、20 mL、50 mL 和 100 mL 等，供接种实验动物和采血用。

15. 下口瓶

下口瓶包括有龙头和无龙头两种，规格为 2 500～20 000 mL，可用于存放蒸馏水或常用消毒药液，也可在细菌涂片染色时用于冲洗染液。

除了上面提到的玻璃器皿，还有发酵管、玻璃棒、酒精灯、玻璃珠及蒸馏水瓶等玻璃器材。

二、一般玻璃器皿的处理

1. 新购玻璃器皿的清洗

新购玻璃器皿常附有游离碱质，不可直接使用，应先在 2% 盐酸溶液中浸泡数小时，以中和碱性；然后，用肥皂水或洗衣粉洗刷玻璃器皿之内外，再以清水反复冲洗数次，以除去遗留的化学物质；最后，用蒸馏水冲洗。

2. 用后玻璃器皿的清洗

凡被病原微生物污染过的玻璃器皿，在洗涤前必须经过严格的消毒再行处理，其方法如下。

（1）一般玻璃器皿（如平皿、试管、烧杯、烧瓶等）均可置于高压灭菌器内，在 0.105 MPa 下进行 20～30 min 的灭菌。随即趁热将内容物倒净，用温水冲洗后，再用 5% 肥皂水煮沸 5 min，然后按与新购入产品同样的方法进行处理。

（2）吸管使用后，投入 2% 来苏水（甲酚皂溶液）或 5% 石炭酸溶液（苯酚溶液）内 48 h，对其进行消毒，但要在盛来苏水的玻璃缸底部垫一层棉花，以防投入吸管时将其损坏。吸管洗涤时，先在 2% 肥皂水中浸泡 1～2 h，取出，用清水冲洗以后再用蒸馏水冲洗。

（3）载玻片与盖玻片用过后，可先投入 2% 来苏水或 5% 石炭酸液中，然后取出煮沸 20 min，用清水反复冲洗数次，再浸入 95% 乙醇中备用。

若各种玻璃器皿用上述方法处理后，仍未达到清洁目的，则可将其浸泡于重铬酸钾、硫酸和自来水的混合清洁液中过夜，取出后再用水反复冲洗数次，最后用蒸馏水冲洗。

重铬酸钾 60 g、硫酸 60 mL、自来水 100 mL，此混合清洁液可连续使用至液体变绿。此种清洁液内含有硫酸，腐蚀性很强，使用时应注意避免灼烧衣服和皮肤。

凡含油脂（如凡士林、石蜡等）的玻璃器皿，应单独进行消毒及洗涤，以免污染其他的玻璃器皿。这种玻璃器皿在未洗刷之前须尽量去油，然后用煮沸的肥皂水趁热洗刷，再用清水反复冲洗数次，最后用蒸馏水冲洗。

3. 玻璃器皿的干燥

玻璃器皿洗净后，通常应倒置于干燥架上自然干燥，必要时亦可放于干燥箱中50 ℃左右烘干，以加快其干燥速度，但烘干温度不宜太高，以免玻璃器皿碎裂。干燥后以干净的纱布或毛巾拭去干后的水迹，以备做进一步处理之用。

4. 玻璃器皿的包装

玻璃器皿在消毒之前，须包装妥当，以免灭菌后又被杂菌污染。

（1）一般玻璃器皿（试管、锥形瓶、烧杯等）的包装：用做好的大小适宜的棉塞，将试管或锥形瓶的口塞好，外面再用纸张包扎，烧杯可直接用纸张包扎。

（2）吸管的包装：用细铁丝或长针头塞少许棉花于吸管口端，可滤过从洗耳球吹出的空气。塞进的棉花大小要适宜，太松或太紧都对其使用有影响。最后，每个吸管都需用纸分别包卷，有时也可用报纸每5~10支包成一束或装入金属筒内进行干烤灭菌。

（3）培养皿、青霉素瓶、乳钵等器皿的包装：用无油质的纸将其单个或数个包成一包，置于金属盒内或仅包裹瓶口部分直接进行灭菌。

5. 玻璃器皿的灭菌

玻璃器皿经干燥、包装后，可置于干热灭菌器内，调节温度至160 ℃维持1~2 h进行灭菌，灭菌后的玻璃器皿须在1周内用完，过期应重新灭菌后再行使用。必要时，也可将玻璃器皿用油纸包装后，用121 ℃高压蒸汽灭菌20~30 min。

问题思考

（1）简述食品微生物检验室常用仪器设备（含规格、型号、2个生产参考厂家）。

（2）简述食品微生物检验室常用玻璃器皿（含规格、型号、2个生产参考厂家）。

案例介绍

通过手机扫码获取微生物检验安全事件的相关案例，通过阅读网络资源总结微生物对食品保藏的危害，做好食品安全知识的宣传。

1.1 案例

拓展资源

利用互联网、国家标准、微课等，对所学内容进行拓展，查找线上相关知识，深化对相关知识的学习。

1.1 资源

项目二 食品微生物检验样品采集与制备

任务一 食品微生物检验样品采集方案

1.2 PPT

学习目标

知识目标

（1）熟悉食品微生物检验样品采集的原则、目的、要求。

（2）了解采样方案，掌握各类食品样品的采集方法。

（3）熟悉微生物检验样品的处理技术，能对不同种类和状态的样品进行采集和处理，以备检验。

能力目标

（1）能够依据采样原则、采样目的制定合理的采样方案。

（2）依据制定的食品采样方案，正确进行样品的采集与处理。

素质要求

（1）通过掌握采样方案的制定方法，培养学生统筹协调、组织规划的能力。

（2）通过学习采样操作，培养学生敬业爱岗、吃苦耐劳的良好职业道德和团队合作精神。

（3）鼓励学生增强动手与实践能力，培养依据不同样品类型选择最适合采样及样品处理方式的判断力。

样品的采集和制备是食品微生物检验的重要组成部分，样品的检验结果是整批食品质量安全判定的依据。如果在样品的采集、运送、保存或制备过程中操作不当，或者所采集的样品缺乏代表性，就会使实验室的检验结果变得毫无意义，甚至导致错误判断。所以，在食品微生物检验过程中，样品的采集和制备技术至关重要。只有掌握正确的采样技术、样品保存运送技术和样品制备技术，确保样品在从采样到制样整个过程中的一致性，才能获得准确的检验结果。这对采样和制样操作人员提出了较高的专业要求，既要确保样品的代表性和一致性，又要保证整个微生物检验过程在无菌操作条件下进行。

一、食品微生物检验样品的采集

采样（取样）是指从待检测的一大批食品中抽取小部分用于检验的过程。采样的目的是通过选取有代表性的样品，客观真实地反映整批产品的卫生质量。抽样检验的目的是及时掌握食品及原料在流转过程（采购、生产加工、储存、运输、销售、消费等）中的卫生状况；评价食品的卫生质量，如微生物卫生指标是否合格，食物中有何病原菌；发现及分析问题，制定和实施控制措施，以便加强对食品质量的监督管理；为新产品、新资源利用、新食品、新工艺投产前提供卫生鉴定依据。

因此，微生物检验样品采集的核心要求是确保样品的代表性和一致性，并保证整个过程在无菌操作条件下完成。

1. 样品的种类

样品可分为大样、中样、小样 3 种。大样是指整批样品；中样是指从大样的各部分抽取并混合而成的样品，对于定型包装及散装食品，通常采样 250 g（mL）；小样是指分析检验用的样品，又称检样，一般采样 25 g（mL）。

2. 采样原则

（1）准确性原则。

采样前应根据检验目的、食品特点、批量、检验方法及微生物的危害程度等因素确定采样方案。性质不同的样品应分开包装，采样数量应满足检验要求。

（2）代表性原则。

采集的样品应能真实反映整批食品的总体水平。食品的加工批号、原料情况（来源、种类、地区、季节等）、加工方法、运输和保藏条件、销售场所卫生防护措施（如有无防蝇、防污染、防蟑螂及防鼠等设备）以及从业人员的责任心和卫生认识水平都会影响食品的卫生质量。因此，要根据一小份样品的检验结果去推断整批食品的卫生质量或食源性事件的性质，就必须采用随机原则进行采样，确保所采集的样品具有代表性。在每批食品中随机抽取一定数量的样品予以混合，或者在生产过程中的不同时间段各取少量样品予以混合。对于固体或半固体食品，应从表层、中层和底层以及中间和四周等不同部位取样。

（3）及时性原则。

为了确保得到正确结论，采样应及时，采样后应尽快送检。在保存和运输过程中，应采取必要措施防止样品中原有微生物数量的变化，尽可能保持样品的原有状态。采集的非冷冻食品一般应在 0~5 ℃冷藏，不能冷藏的食品应立即检验。采样后一般在 36 h 内进行检验。

（4）不污染原则。

所采集的样品应尽可能保持食品原有的品质及包装形态。所采集的样品不得掺入防腐剂，不得受到其他物质或致病因素的污染。

（5）无菌原则。

采样过程应遵循无菌操作程序，防止一切可能的外来污染。采样工具应无菌，一件工具只能用于一个样品，一件采样器具只能盛装一个样品，以防止交叉污染，确保检验结果真实地反映食品本来的卫生状况。

3. 采样前准备

（1）采样器具的准备和灭菌。

采样用的所有器具都必须事先进行灭菌处理。所以，在采样前，首先要编制一份无菌采样的分析清单，然后根据此清单收集所需器具，并将其包裹起来，进行灭菌处理。待灭菌处理完成后，再将它们装入采样箱中。

①采样工具。

采样工具包括茶匙、角匙、尖嘴钳、采样器、剪刀、镊子、夹子、量筒、烧杯等，所用工具类型一般由采样产品决定。

②盛样容器。

盛样容器包括广（或细）口瓶、聚乙烯袋（瓶）、密封金属容器等。

所有采样设施和盛装容器的灭菌时间应当在其标签和包装上标明。某些器具可以在实验室进行灭菌处理或直接购买无菌器具，在实验室灭菌的器具一般可以保持至少2个月，过期后必须重新灭菌。

有时还需备好 $-20 \sim 100$ ℃，温度间隔 1 ℃的温度计和防护用品，如灭菌工作服、工作帽、手套等，确保在采样过程中样品不污染环境，也不被外界污染。

（2）样品运输工具。

①便携式冰箱、保温箱或生物安全运输箱。

②干冰制冷剂或湿冰，用于保持样品在储运过程中的冷冻状态。湿冰也可以由工厂提供。

③盒子或制冷皿。盒子适用于不需冷冻的样品；制冷皿适用于需冷冻的样品，制冷皿附带着一个塑料袋，样品放在袋内，制冷剂放在袋外，可避免样品被冰污染。

4. 采样要求

（1）无菌操作要求。

采样时须严格遵守无菌操作规程，防止一切可能的外来（交叉）污染。所有采样器具（如铲子、匙、采样器、剪刀、镊子、开罐器、广口瓶、试管等）必须经过严格灭菌。为防止样品变质、损坏、丢失，尽可能采用未开启的样品。

（2）专业技术要求。

采样人员应掌握相关专业知识和操作技能。样品采集和现场测定应至少有两人参加。

（3）生物安全防护要求。

采集致病微生物样器时，须配备与生物安全防护水平相适应的防护设备。

（4）样品标记要求。

所有样品容器均有唯一性标记，标记内容必须完整、清楚且尽可能详尽（包括品名、来源、数量、采样地点、采样人、采样时间及其他需要说明的情况）。标记应牢固、具有防水性，确保字迹不会被擦掉或褪色。

5. 采样方案及采样方法

（1）采样方案。

分析用样品的代表性至关重要，其数量、大小和性质均会影响检验结果。采样方案不是孤立存在的，应与产品卫生标准、检验方法标准等充分结合，才能更加有效。在确定采样方案时，必须考虑下列因素：检验目的、产品及被采样品的性质和分析方法。

常用的采样方案有国际食品微生物标准委员会（International Commission on Microbiological Specification for Foods，ICMSF）采样方案、美国食品药品监督管理局采样方案、联合国粮农组织采样方案、欧盟委员会法令采样方案、新西兰食品安全局采样方案、澳大利亚检验检疫局采样方案和中国食品采样方案。在实践应用中，各类食品的具体采样方案应按相应产品标准中的规定执行。

目前最为流行的采样方案为国际食品微生物标准委员会推荐的抽样方案和随机采样方案，有时也可参照同一产品的品质检验采样数量或者按单位包装件数 N 的开平方值进行采样。无论采用何种方法采样，每批食品的采样数量不得少于 5 件。对于需要检验沙门氏菌的食品，采样数量应适当增加，最低不少于 8 件。

（2）样品的选择。

样品的选择可分为随机选择和有针对性选择。随机选择是指在一批食品中，每个样品都有同样被选中的机会。现场采样时，可利用随机采样表进行随机采样。有针对性选择是指根据已掌握的情况（如怀疑某食品引起食物中毒，或者从感官上已初步判断某食品存在质量问题），有针对性地选择采集样品。

（3）采样方法。

确定了采样方案后，采样方法对于确保采样方案的有效执行，以及样品的有效性和代表性至关重要。采样必须遵循无菌操作程序，采样工具（如整套不锈钢勺子、镊子、剪刀等）应进行高压蒸汽灭菌，防止一切可能的外来污染。盛样容器必须清洁、干燥、防漏、广口、无菌，大小适合盛放样品。在采样的全过程中，应采取必要的措施防止食品中固有微生物的数量和生长能力发生变化。在确定检验批次时，应注意产品的均质性和来源，确保样品的代表性。

◆ 问题思考

（1）食品微生物学检验样品采集的目的和意义是什么？
（2）在进行微生物检验的过程中，采样时要遵守哪些要求？

二、食品微生物检验样品采集实操训练

◎ 任务描述

微生物污染食品具有广泛性和不确定性的特点，这要求我们在实际工作中做好食品微生物检验工作，以保障广大消费者的食品安全。食品微生物检验样品的正确采集是保证微生物检验工作质量的基础，也是影响检验结果的重要因素。除了要采用无菌操作技术避免污染样品，采样时还需要注意样品的代表性，这样才能通过后续检验工作正确评估样品的微生物污染情况。因此，掌握不同食品类型和食品加工环境的样品采集方法是食品检验工作者的必备技能。

◎ 任务要求

（1）能够掌握不同食品类型的样品采集方法。
（2）能够熟练运用无菌操作进行样品采集。

◎ 任务实施

（一）设备和材料

设备和材料见表 1-5。

表 1－5　设备和材料

序号	名称	作用
1	防护装备（如发网、手套、口罩等）	用于采样人员的防护，避免污染样品
2	75% 乙醇（棉）	用于采样人员对手部及环境的消毒
3	无菌采样袋（或无菌采样瓶）	用于盛装采集后的样品
4	记号笔	用于采集后样品的标识
5	无菌剪刀、镊子、勺子、注射器等	用于食品样品的采集
6	无菌涂抹棒和 25 cm^2 无菌采样板	用于环境表面样品的采集
7	90 mm 的营养琼脂平板或胰蛋白胨大豆琼脂（tryptone soya agar，TSA）平板	用于环境空气样品的采集
8	密封袋	用于平板的包装
9	采样包	用于样品及材料的收集、储存和运输

（二）操作步骤

样品采集的具体操作步骤见表 1－6。

表 1－6　不同样品采集的操作步骤

操作	操作步骤	操作说明
样品的采集	1. 采样前的准备	采样员卫生要求：无长指甲，不佩戴首饰，长发需扎起并束在脑后；穿干净整洁的白大褂，佩戴一次性帽子、口罩和手套，帽子需完全罩住头发和耳朵，口罩需完全遮住鼻子和嘴部；采样前，先用流水洗手，烘干或用一次性纸巾擦干双手，佩戴一次性手套，使用 75% 乙醇棉进行消毒
		所有与样品直接接触的工具和材料要确保无菌
	2. 食品样品的采集	（1）液体样品的采集：将样品充分混匀，以无菌操作开启包装，可以用 100 mL 无菌注射器抽取液体样品，注入至无菌容器中。样品的体积应不超过容器容量的 3/4，以便于检验前将样品混匀。 （2）半固体样品的采集：以无菌操作开启包装，可用灭菌勺子从几个不同部位挖取样品，放入无菌容器中。 （3）固体样品的采集：大块整体食品应使用无菌刀具和镊子从不同部位取样，并兼顾表面和深层，确保样品的代表性；小块大包装食品应从不同部位的小块上切取样品，放入无菌容器中。固体粉末样品，应边取样边混合或在取样前进行充分混合并静置一定时间后再在不同位置进行取样。 （4）冷冻样品的采集：大包装小块冷冻食品应按个体大小采样；大块冷冻食品可以用无菌刀从不同部位削取样品或用无菌小手锯从冻块上锯取样品，也可以用无菌钻头钻取碎样品，然后放入无菌容器中。固体样品和冷冻样品采集时还应注意检验目的，若用于检验食品污染情况，可取表层样品；若用于检验其品质情况，应再取深层样品。 注意：一般样品的采样量需要至少是可满足全部项目单次检测用量的 3 倍

操作	操作步骤	操作说明
样品的采集	3. 环境表面样品的采集	对于平整的表面，可以用无菌涂抹棒/棉签在 25 cm² 无菌采样板内擦拭相同面积的区域。对于不规则或面积较小的表面，则涂抹全部表面；若所采表面干燥，则用无菌稀释液润湿涂抹棒/棉签后擦拭；若表面有水分，则用无菌干棉签直接擦拭，擦拭后立即将棉签头用无菌剪刀剪入无菌盛样容器中。如果使用商业化的涂抹棒，可以按照操作说明书进行。推荐的涂抹方法是先按从上到下的方向以"之"字形涂抹整个取样区域，再翻转涂抹棒采样面，按照从左到右的方向涂抹整个取样区域，最后按对角线的方向涂抹整个取样区域。可参照下图进行涂抹操作 A　B　C
	4. 环境空气沉降菌采样	根据环境的面积和洁净度等级将一定数量的直径为 90 mm 的营养琼脂平板或 TSA 平板置于待采集的位置点（如无特殊要求，平皿放置的位置点为地面以上 0.8～1.2 m）。随后，打开平皿盖，将平皿盖斜放在皿边上，暴露于空气中 5～30 min，然后盖上皿盖。每个独立的空间需要同时设置一个阴性对照平皿。将采集后的培养皿倒置放入密封袋中密封储存。采集后的平皿需要及时放入培养箱中培养。培养条件为 36 ℃ ±1 ℃培养 48 h。 注意：（1）采样前应在有培养基的一面标记上米样点位置名称、培养基名称和采样日期。 （2）此采样方式适于检测空气中的菌落总数。如果要检测其他项目，则需要换成适宜目标微生物生长的培养基和培养条件

（三）采样的记录

样品采集后应及时进行记录，可以参考表 1－7 的格式对采集的样品进行记录。

表 1－7　样品采集记录单

样品采集记录单			
客户名称			
客户地址			
样品采集地址			
采样人员			
采样日期			
食品类样品			
样品名称	样品采集数量/个	样品采样量/$(g \cdot mL^{-1})$	检测项目

环境表面类样品			
涂抹棒批号/制备日期			
涂抹点名称	涂抹面积/cm²	涂抹棒数量/个	检测项目
环境空气类样品			
培养基名称			
培养基批号/制备日期			
采样空间名称	采样点数量/个	沉降时间	检测项目

（四）评价反馈

实验结束后，请按照表1-8中的评价要求填写考核结果。

表1-8　样品采集考核评价表

学生姓名：　　　　　　　　　　班级：　　　　　　　　　　日期：

考核项目		评价项目	评价要求	不合格	合格	良好	优秀
知识储备		了解食品微生物检验样品采集无菌操作的基本要求	相关知识输出正确（1分）				
		掌握不同样品类型的采集方法	能说出至少3类不同样品的采集方法（3分）				
采样准备		能正确准备采样所需设备及材料	设备及材料准备正确（6分）				
技能操作		能对不同类型的样品采用合适的方法进行采集	操作过程规范、熟练（15分）				
		能正确、规范记录采样信息	采样信息记录比较全面、规范（5分）				
课前	通用能力	课前预习任务	课前预习任务完成认真（5分）				

考核项目		评价项目	评价要求	不合格	合格	良好	优秀
课中	专业能力	实际操作能力	能够按照操作规范进行食品类样品的采集（15分）				
			能够按照操作规范进行环境表面类样品的采集（15分）				
			能够按照操作规范进行环境空气类样品的采集（15分）				
	工作素养	发现并解决问题的能力	善于发现并解决实验过程中的问题（5分）				
		时间管理能力	合理安排时间，严格遵守时间安排（5分）				
		遵守实验室安全规范	遵守实验室安全规范（5分）				
课后	技能拓展	水样的采集	正确、规范地完成（5分）				
总分							
注：不合格：<60分；合格：60~74分；良好：75~84分；优秀：>85分							

◆ **拓展训练**

查找相关知识，了解环境表面样品不同检测项目采样要求的差异，例如，指示菌与致病菌采样的差异性。

任务二 食品微生物检验用样品的制备

◎ **学习目标**

知识目标

（1）熟悉食品微生物检验不同样品的制备方法。

（2）熟悉微生物检验样品的处理技术，能够对不同种类和状态的样品进行制备，以供检验之用。

能力目标

（1）能够依据样品的种类合理制备样品。

（2）依据制定的食品样品制备方案，正确进行样品的制备。

（1）注重培养学生"术道结合""为耕者谋利、为食者造福、为业者护航"的担当精神。

（2）培养学生良好的心理素质、职业道德素质和科学严谨的工作态度。

由于食品样品种类繁多，来源复杂，各类预检样品并非拿来就能直接检验。根据食品种类的不同性状，需先对预检样品进行预处理，再制备稀释液，才能进行有关的各项检验。样品处理好后，应尽快进行检验。

一、不同种类检样的制备

1. 肉与肉制品检样的制备

（1）鲜肉：先将鲜肉样品进行表面消毒（在沸水内烫 3~5 s，或者灼烧消毒），再用无菌剪子取该样品深层肌肉，放入灭菌乳钵内用灭菌剪子剪碎后，称取 25 g。

（2）鲜、冻家禽：先将家禽样品进行表面消毒，用灭菌剪子或刀去皮后，剪取肌肉 25 g（一般可从胸部或腿部剪取）。其他处理同鲜肉。带毛野禽去毛后，再按照家禽检样制备方法进行处理。

（3）各类熟肉制品：直接切取或称取 25 g，其他处理同鲜肉。

（4）腊肠、香肠等生灌肠：先对生灌肠样品表面进行消毒，用灭菌剪子剪取内容物 25 g。其他处理同鲜肉。

以上样品采集和检样制备的目的都是通过检验肉禽及其制品内的细菌含量来对其质量鲜度做出判断。如需检验肉禽及其制品受外界环境污染的程度或其是否带有某种致病菌，常采用下面的棉拭采样法。

若要检验肉禽及其制品受污染的程度，一般可用 5 cm^2 的金属规格板压在受检样品上，将灭菌棉拭稍蘸湿，在板孔 5 cm^2 的范围内揩抹多次，然后将规格板孔移压另一点，用另一棉拭揩抹，如此共移压揩抹 10 个点，总面积 50 cm^2，共用 10 支棉拭。每支棉拭在揩抹完毕后应立即剪断或烧断后投入盛有 50 mL 灭菌水的锥形瓶或大试管中，立即送检。检验时应充分振荡，吸取瓶、管中的液体作为原液，再按要求进行 10 倍递增稀释。

如果检验目的是检查是否带有致病菌，则不必用规格板，在可疑部位用棉拭揩抹即可。

2. 乳与乳制品检样的制备

（1）鲜乳、酸乳：对于塑料或纸盒（袋）装的鲜乳或酸乳，用 75% 乙醇棉球消毒盒盖或袋口；对于玻璃瓶装鲜乳或酸乳，以无菌操作去掉瓶口的纸罩、纸盒，瓶口经火焰消毒后，以无菌操作吸取 25 mL 作为检样。若酸乳有水分析出于表层，应先去除水分后再做稀释处理。

（2）炼乳：先用温水洗净炼乳瓶或罐的表面，再用点燃的乙醇棉球消毒炼乳瓶或罐的上部，接着用灭菌的开罐器打开炼乳瓶或罐，以无菌操作称取 25 mL（g）作为检样。

（3）奶油：以无菌操作打开奶油的包装，取适量奶油置于灭菌锥形瓶内，放在 45 ℃水浴中加温，待奶油融化后立即将锥形瓶取出，用灭菌吸管吸取奶油 25 mL 放入另一含

225 mL灭菌生理盐水或灭菌奶油稀释液的锥形瓶内（瓶装稀释液应预置于45 ℃水浴中保温，进行10倍递增稀释时也用相同的稀释液），振荡均匀，作为检样。从奶油融化到接种完毕的时间不应超过30 min。

（4）乳粉：罐装乳粉的开罐取样法同炼乳，袋装乳粉应用75%乙醇棉球涂擦消毒包装袋口。以无菌操作开封，并称取乳粉25 g，放入装有适量玻璃珠的灭菌锥形瓶内，将225 mL温热的灭菌生理盐水徐徐加入（先用少量生理盐水将乳粉调成糊状，再全部加入，以免乳粉结块），振荡使其充分溶解和混匀，作为检样。

（5）干酪：先用灭菌刀削去部分表面的封蜡，用点燃的乙醇棉球消毒表面，再用灭菌刀切开干酪，以无菌操作切取表层和深层样品各少许，称取25 g作为检样。

3. 蛋与蛋制品检样的制备

（1）鲜蛋、糟蛋、皮蛋外壳：用经灭菌生理盐水浸湿的棉拭充分擦拭蛋壳，然后将棉拭直接放入培养基内培养；也可将整只鲜蛋放入灭菌小烧杯或平皿中，按检验要求加入定量灭菌生理盐水或液体培养基，用灭菌棉拭将蛋壳表面充分擦洗后，以擦洗液作为检样以供检验。

（2）鲜蛋蛋液：将鲜蛋在流水下洗净，待干后再用75%乙醇棉球消毒蛋壳，然后根据检验要求，打开蛋壳取出蛋白、蛋黄或全蛋液，放入带有玻璃珠的灭菌瓶内，充分摇匀，待检。

（3）巴氏消毒全蛋粉、蛋白片、蛋黄粉：取适量样品放入带有玻璃珠的灭菌瓶内，按比例加入灭菌生理盐水，充分摇匀，待检。

（4）巴氏消毒冰全蛋、冰蛋白、冰蛋黄：将装有冰蛋样品的瓶子浸泡于流动冰水中，待样品融化后取出，放入带有玻璃珠的灭菌瓶中充分摇匀，待检。

4. 水产品检样的制备

（1）鱼类：鱼类采取检样的部位为背肌。先用流水将鱼体体表冲净，去鳞，再用75%乙醇棉球擦净鱼背，待干后用灭菌刀在鱼背部沿脊椎切开5 cm，再切开两端使两块背肌分别向两侧翻开，然后用无菌剪子剪取25 g鱼肉作为检样。

（2）虾类：虾类采取检样的部位为腹节内的肌肉。将虾体在流水下冲净，摘去头胸节，用灭菌剪子剪除腹节与头胸部连接处的肌肉，然后挤出腹节内的肌肉，取25 g虾肉放入灭菌乳钵内，后续处理同鱼类。

（3）蟹类：蟹类采取检样的部位为胸部肌肉。将蟹体在流水下冲净，剥去壳盖和腹脐，去除鳃条，再置于流水下冲净。用75%乙醇棉球擦拭前后外鳃，置于灭菌搪瓷盘上待干。然后用灭菌剪子剪开成左右两片，再用双手将一片蟹体的胸部肌肉挤出（用手指从足根一端向剪开的一端挤压），称取25 g蟹肉置于灭菌乳钵内，后续处理同鱼类。

（4）贝壳类：从缝中徐徐切入，撬开壳盖，再用灭菌镊子取出整个内容物，称取25 g贝肉置于灭菌乳钵内，后续处理同鱼类。

水产品同时受到海洋细菌和陆上细菌的污染，因此，检验时通常将细菌培养温度设定为30 ℃。以上采样方法和检验部位主要是为了检验水产品肌肉内的细菌含量，从而判断其鲜度。如需检验水产食品是否带有特定的致病菌，其检验部位应为胃肠消化道和鳃等呼吸器官：鱼类采取检样的部位为肠管和鳃；虾类采取检样的部位为头胸节内的内脏和腹节外沿处的肠管；蟹类采取检样的部位为胃和鳃条；贝类中的螺条采取检样的部位为腹足肌肉以下的部分；贝类中的双壳类采取检样的部位为覆盖在节足肌肉外层的内脏和瓣鳃。

5. 饮料、冷冻饮品检样的制备

（1）瓶装饮料：用点燃的乙醇棉球灼烧瓶口进行灭菌，并用石炭酸纱布盖好。塑料瓶口可用75%乙醇棉球擦拭灭菌，然后用灭菌开瓶器将盖子启开。含有CO_2的饮料可倒入另一灭菌容器内，容器口勿盖紧，覆盖灭菌纱布，轻轻摇荡，待气体全部逸出后，再进行检验。

（2）冰棍：用灭菌镊子除去包装纸，将冰棍部分放入灭菌磨口瓶内，木棒留在瓶外，盖上瓶盖，用力抽出木棒，或者用灭菌剪子剪掉木棒，然后将该磨口瓶置于45 ℃水浴中30 min，待冰棍融化后立即进行检验。

（3）冰激凌：放在灭菌容器内，待其融化立即进行检验。

6. 调味品检样的制备

（1）瓶装样品：用点燃的乙醇棉球灼烧瓶口进行灭菌，并用石炭酸纱布盖好，再用灭菌开瓶器将盖子启开。对于袋装样品，用75%乙醇棉球消毒袋口后再进行检验。

（2）酱类：以无菌操作称取25 g酱，放入灭菌容器内，加入灭菌蒸馏水225 mL；吸取酱油25 mL，加入灭菌蒸馏水225 mL，制成混悬液。

（3）食醋：用200～300 g/L灭菌碳酸钠溶液调pH值到中性。

7. 冷食菜、豆制品检样的制备

对于定型包装样品，先用75%乙醇棉球消毒包装袋口，用灭菌剪刀剪开后以无菌操作称取25 g样品，放入225 mL灭菌生理盐水之中，用均质器打碎1 min，制成混悬液。

8. 糖果、糕点和蜜饯检样的制备

（1）糕点（饼干）、面包：如为原包装，则用灭菌镊子除去包装纸，取外部及中心部位；如为带馅糕点，则包括馅在内一共取25 g；如为奶油糕点，则取奶油及糕点部分各一半共25 g。

（2）蜜饯：采集不同部位的样品，称取25 g作为检样。

（3）糖果：用灭菌镊子除去包装纸，称取数块糖共25 g，加入预温至45 ℃的灭菌生理盐水225 mL，待溶解后检验。

9. 酒类检样的制备

（1）瓶装酒类：用点燃的乙醇棉球灼烧瓶口进行灭菌，用石炭酸纱布盖好，再用灭菌开瓶器将盖子启开。含有CO_2的酒类可倒入另一灭菌容器内，容器口勿盖紧，覆盖灭菌纱布，轻轻摇荡，待气体全部逸出后，再进行检验。

（2）散装酒类：散装酒类可直接吸取，进行检验。

10. 方便面（速食米粉）检样的制备

（1）未配有调味料的方便面（米粉）、即食粥、速食米粉：以无菌操作开封取样，称取样品25 g，加入225 mL灭菌生理盐水制成1:10的均质液。

（2）配有调味料的方便面（米粉）、即食粥、速食米粉：以无菌操作开封取样，将面（粉）块、干饭粒和全部调味料及配料一起称量，按1:1（kg/L）加入灭菌生理盐水，制成均质液。随后，再量取50 mL均质液加入200 mL灭菌生理盐水中，制成1:10的稀释液。

（1）在微生物检验中，检验前要做好哪些准备工作？

（2）在微生物检验中，样品的制备有哪些要求？

二、食品微生物检验样品制备实操训练

任务描述

样品制备是采样和检测操作之间的衔接环节，并非独立存在的步骤。它不仅包括实验室样品的前处理或预处理，如解冻、混合、均质、称重、稀释、部分特殊处理等侧重于检测分析部分的操作，还包含二次取样、样品缩分和混合等侧重于采样部分的操作。多数情况下，样品的制备是检测工作的第一步。不同性状的样品和不同的检测项目，所适用的样品制备方法各不相同。整个过程既要遵循样品采集过程的要求，也要根据样品基质特性和目标微生物特征进行必要的操作处理，为后续检测环节做好准备，使检测结果客观真实地反映样品的卫生状况。因此，食品检验工作者必须能够掌握不同类型食品的样品制备方法。

任务要求

（1）能够掌握不同类型食品的样品制备方法。

（2）能够熟练运用无菌操作进行样品的制备。

任务实施

（一）设备和材料

设备和材料见表1-9。

表1-9 设备和材料

序号	名称	作用
1	防护装备（如发网、手套、口罩等）	用于采样人员的防护，避免污染样品
2	75%乙醇棉	用于采样人员对手部、环境、样品包装的消毒
3	无菌均质袋或锥形瓶	用于盛装经初始稀释处理后的样品
4	记号笔	用于样品的标识
5	无菌剪刀、刀	用于样品的处理
6	无菌勺子	用于舀取样品
7	无菌量筒	用于测量样品和稀释液的体积
8	无菌纱布	用于样品处理时的防护
9	带有玻璃珠的无菌瓶	用于鲜蛋样品的处理
10	酒精灯	用于火焰消毒

序号	名称	作用
11	电子天平	用于测量样品和稀释液的质量
12	水浴锅	用于样品的水浴处理
13	均质器	用于样品混合物的均匀分散

（二）培养基或试剂

稀释液或增菌液（根据检验项目的测试方法而定）、无菌水、1 mol/L NaOH 溶液、1 mol/L HCl 溶液、灭菌石炭酸钠（苯酚钠）溶液、含有 5% 亚硫酸钾的稀释液或增菌液。

（三）操作步骤

不同类型样品制备的具体操作步骤见表 1-10。

表 1-10　不同类型样品制备的操作步骤

操作	操作步骤	操作说明
样品的制备	1. 开启包装	以无菌操作开启包装或盛放样品的无菌采样容器。对于塑料或纸盒（袋）装，用 75% 乙醇棉球消毒盒盖或袋口，用灭菌剪刀剪开；瓶（桶）装，用 75% 乙醇棉球或火焰消毒对瓶（桶）盖进行消毒，以无菌操作去掉瓶（桶）盖，然后再次对瓶（桶）口进行火焰消毒。液体样品在开启包装前，应上下颠倒混匀样品
	2. 蛋与蛋制品检样的制备	（1）蛋壳：选取蛋壳完整的样品，用一定小容量的稀释液或培养基（按检验方法中的规定）淋洗蛋壳 3~5 次，淋洗时要旋转。收集淋洗液作为待测原始悬液
		（2）鲜蛋：去除鲜蛋壳上的污物，将鲜蛋在流水下洗净，待干后用 75% 乙醇棉球消毒蛋壳，然后根据检验要求打开蛋壳取出蛋白、蛋黄或全蛋液，放入带有玻璃珠的灭菌瓶内，充分摇匀，待检
		（3）再制蛋（咸蛋、皮蛋、茶叶蛋、卤蛋等）：以无菌操作去除外包装和外壳，取可食部分，称取 25 g，加入 225 mL 稀释液或增菌液，均质混匀；如为腌制的蛋品类，初始也可以使用无菌水，避免高浓度盐的影响
	3. 肉与肉制品检样的制备	（1）鲜肉：先将鱼肉样品进行表面消毒，再用灭菌剪子取该样品深层肌肉放入无菌容器内，用灭菌剪子剪碎后，称取 25 g，加入 225 mL 稀释液或增菌液，均质混匀
		（2）鲜、冻家禽：先将家禽样品进行表面消毒，用灭菌剪子或刀去皮后，剪取肌肉 25 g（一般可从胸部或腿部剪取）。其他处理同鲜肉。带毛野禽去毛后，再按照家禽检样制备方法进行处理
		（3）各类熟肉制品：样品用灭菌剪子或刀剪切成小块后，称取 25 g，加入 225 mL 稀释液或增菌液，均质混匀
	4. 饮料、冷冻饮品检样的制备	（1）瓶装饮料：含有气体（如 CO_2）的饮料应先倒入另一灭菌容器内，容器口勿盖紧，轻轻摇晃排出气体。摇晃时需避免含气液体污染操作台面，必要时可覆盖灭菌纱布。待气体全部逸出后，再进行检验

操作	操作步骤	操作说明
样品的制备	4. 饮料、冷冻饮品检样的制备	（2）冰棍：用灭菌镊子除去包装纸，将冰棍部分放入灭菌容器内，木（塑料）棒留在瓶外，盖上盖子，直接用力抽出木（塑料）棒，或者用灭菌剪子剪掉暴露于检样外的木（塑料）棒部分，然后将该灭菌容器置于 45 ℃ 以下水浴中不超过 15 min，或者 18～27 ℃ 水浴中不超过 3 h，或者 2～5 ℃ 水浴中不超过 18 h，待其融化后立即进行检验
		（3）冰激凌：放在灭菌容器内，融化处理方法同冰棍，待其融化后立即进行检验
	5. 调味品检样的制备	（1）固体和半固体调味品：称取适量样品于灭菌容器内粉碎，或用灭菌剪刀剪碎。称量上述混匀后的样品 25 g 放入盛有 225 mL 稀释液或增菌液的锥形瓶或无菌袋中，均质混匀后待检
		（2）液体调味品：称量 25 mL 混匀后的样品，放入盛有 225 mL 稀释液或增菌液的锥形瓶或无菌袋中，充分混匀后检验
		（3）其他特殊处理：食醋样品用 20%～30% 灭菌碳酸钠溶液调 pH 值到中性（pH 值在 6.5～7.5）。对于含有抑菌物质的样品（如洋葱粉、大蒜、胡椒），检验前需要降低样品的抗菌活性，如提高稀释度或在稀释液中加入亚硫酸钾，使终浓度达到 0.5%

（四）样品制备记录

样品制备时，需及时对其制备方式进行记录，可以参考表 1-11 的格式对样品制备方式进行记录。

表 1-11　样品制备记录表

		解冻处理		称样量/	稀释液	稀释液体积/	特殊处理
样品名称	样品状态	解冻温度/℃	解冻时间/min	$(g \cdot mL^{-1})$	名称	mL	

（五）评价反馈

实验结束后，请按照表 1-12 中的评价要求填写考核结果。

表 1-12　不同类型样品制备考核评价表

学生姓名：　　　　　　　　　　　班级：　　　　　　　　　　日期：

考核项目		评价项目	评价要求	不合格	合格	良好	优秀
知识储备		了解样品制备的基本流程	相关知识输出正确（1分）				
		掌握不同类型样品的制备方法	能说出至少3类不同样品的制备方法（3分）				
样品制备准备		能够正确准备样品制备所需设备及材料	材料及设备准备正确（6分）				
技能操作		能够对不同类型的样品采取合适的方法进行检样的制备	操作过程规范、熟练（15分）				
		能够正确、规范记录样品制备信息	样品制备信息记录比较全面、规范（10分）				
课前	通用能力	课前预习任务	课前预习任务完成认真（5分）				
课中	专业能力	实际操作能力（4个）	能够按照操作规范进行蛋与蛋制品检样的制备（15分）				
			能够按照操作规范进行肉与肉制品检样的制备（15分）				
			能够按照操作规范进行饮料、冷冻饮品检样的制备（15分）				
			能够按照操作规范进行调味品检样的制备（15分）				
	工作素养	发现并解决问题的能力	善于发现并解决实验过程中的问题（5分）				
		时间管理能力	合理安排时间，严格遵守时间安排（5分）				
		遵守实验室安全规范	遵守实验室安全规范（5分）				
课后	技能拓展	糖果类样品的制备	正确、规范地完成（5分）				
总分							

注：不合格：<60分；合格：60~74分；良好：75~84分；优秀：>85分

拓展训练

查找相关知识，了解其他特殊样品，例如，高脂肪含量食品检样（脂肪总质量超过20%）的制备方式。

一、选择题

习题答案

1. 微生物固体培养时通常用的器皿是（　　　）。

   A. 三角瓶　　　　　　　　　　　　B. 试管

   C. 试剂瓶　　　　　　　　　　　　D. 培养皿

2. 为了达到无菌操作要求，微生物实验室的无菌间应该配备（　　　）。

   A. 灭火器　　　　　　　　　　　　B. 喷雾器

   C. 紫外灯　　　　　　　　　　　　D. 电扇

3. 带菌玻璃器皿正确的处理方式是（　　　）。

   A. 乙醇浸泡消毒，清水冲净

   B. 用热水和肥皂水刷洗

   C. 自来水直接冲洗

   D. 先在 3% 来苏水或 5% 石炭酸溶液内浸泡数小时或过夜，高压蒸汽灭菌后，用自来水或蒸馏水冲净

4. 下列主要用于实验室检验人员皮肤消毒的化学试剂是（　　　）。

   A. 30% 碘酒　　　B. 80% 碘酒　　　C. 95% 乙醇　　　D. 75% 乙醇

5. 实验室常用于培养细菌的温度为（　　　）。

   A.（28±1）℃　　　B.（36±1）℃　　　C.（42±1）℃　　　D.（50±1）℃

6. 在培养基分装时，液体培养基与固体培养基应分别为试管高度的（　　　）。

   A. 1/4，1/5　　　B. 1/5，1/4　　　C. 1/4，1/3　　　D. 1/5，1/3

7. 实验室常用的培养细菌的培养基是（　　　）。

   A. 牛肉膏蛋白胨培养基　　　　　　B. 马铃薯培养基

   C. 高氏一号培养基　　　　　　　　D. 麦芽汁培养基

8. 琼脂作为最常用的凝固剂，其熔点为（　　　）。

   A. 100 ℃　　　B. 96 ℃　　　C. 75 ℃　　　D. 40 ℃

9. 下列耐热能力最强的是（　　　）。

   A. 营养细胞　　　B. 菌丝　　　C. 孢子　　　D. 芽孢

10. 一般检查细菌形态最常用的显微镜是（　　　）。

   A. 荧光显微镜　　　　　　　　　　B. 暗视野显微镜

   C. 电子显微镜　　　　　　　　　　D. 普通光学显微镜

二、判断题

1. 微生物可浮游于空气中并生长繁殖。（　　　）

2. 放线菌孢子和细菌的芽孢都是繁殖体。（　　　）

3. 原核微生物的主要特征是细胞内无核。（　　　）

4. 细菌芽孢在合适的条件下可萌发形成新的菌体，它是细菌的繁殖体。（　　　）

5. 乙醇的浓度越高，杀菌效果越好。（　　　）

6. 因为细菌是低等原核生物，所以，它没有有性繁殖，只有无性繁殖形式。（　　）
7. 在无氧环境中，细菌、酵母、霉菌都可引起食品变质。（　　）
8. 微生物污染食品，其污染源和污染途径是相同的。（　　）

🔷 案例介绍

　　通过手机扫码获取样品采集与制备安全事件的相关案例，通过阅读网络资源总结样品采集与制备对微生物检验工作的重要性，做好样品采集方案的制定和样品的制备。

1.2　案例

🔷 拓展资源

　　利用互联网、国家标准、微课等，对所学内容进行拓展，查找线上相关知识，深化对相关知识的学习。

1.2　资源

模块二
食品微生物检验操作技术

　　食品微生物检验主要是通过微生物的分离培养、生理生化反应、显微镜检查等方法对食品的微生物数量和种类进行鉴定，从而对食品的质量或加工过程中的卫生情况等进行可靠的评价。微生物检验技术是由医学、生物学、化学等多个学科领域交叉融合而形成的的前沿技术，其通过对微生物的形态、结构、生理生化特性等进行观察、测定和分析，为疾病诊断、病原体鉴定、流行病学调查等方面提供重要依据。

　　微生物检验基本操作技术以经典微生物学为基础，通过形态学、生理生化等特征对微生物进行鉴定和分类。相关操作方法具有简单、直观、快速等优点，但易受主观因素和经验限制，且无法对某些微生物进行准确鉴定。

1. 显微镜检查

　　显微镜检查是微生物检验的基本方法之一，主要是通过观察微生物的形态、大小、结构等特征，对微生物进行初步鉴定。该方法主要用于细菌、真菌等微生物的鉴定。

2. 培养基培养

　　培养基培养是一种常用的微生物分离培养方法，主要是通过在培养基中接种微生物，观察其生长情况，并对其进行分离、鉴定和计数。该方法可用于细菌、真菌等微生物的鉴定。

3. 生化鉴定

　　生化鉴定是通过测定微生物对各种生理生化试剂的反应，对其进行鉴定和分类的方法。该方法可用于细菌、酵母菌等微生物的鉴定。

项目一　微生物菌落形态鉴别技术

任务一　微生物显微镜检查技术

学习目标

知识目标

（1）了解普通光学显微镜的结构及其功能。

（2）掌握普通光学显微镜的工作原理。

（3）掌握普通光学显微镜的操作流程。

能力目标

（1）能够通过查找相关资料正确获取普通光学显微镜的相关知识。

（2）能够正确使用普通光学显微镜观察微生物形态并绘图。

（3）能够正确维护和保养普通光学显微镜。

素质目标

（1）深刻理解"抱德炀和""讲信修睦"的内涵，感悟食品人所肩负的为中国食品安全保驾护航的使命，激励学生将个人理想信念融入国家和民族的事业中，提升专业认同感，激发探索精神和学习欲望。

（2）树立社会主义核心价值观，培养成求实的科学态度和严谨的工作作风，领会工匠精神，不断增强团队合作精神和集体荣誉感。

2.1　PPT

一、普通光学显微镜的结构及性能

显微镜包括普通光学显微镜、相差显微镜、暗视野显微镜、荧光显微镜和电子显微镜等。光学显微镜是利用光学原理，把人眼所不能分辨的微小物体放大成像，以供人们提取微细结构信息的光学仪器。显微镜作为一种精密的光学仪器，已有 300 多年的发展史。自从有了显微镜，人们看到了过去看不到的许多微小生物和构成生物的基本单元——细胞。借助于能放大千余倍的光学显微镜，以及放大几十万倍的电子显微镜，我们对生物体的生命活动规律有了进一步的认识。

微生物个体微小，必须用放大倍数高、结构精密的显微镜，才能了解其个体的形态特征及特殊的繁殖方式等。因此，显微镜是人们认识微生物的重要工具，只有熟练地掌握显微镜的正确使用方法，才能研究和观察微生物的形态。

1. 普通光学显微镜的构造

普通光学显微镜由机械系统和光学系统两部分组成，如图 2 – 1 所示。

（1）普通光学显微镜的机械系统。

普通光学显微镜的机械系统是其重要组成部分，主要用于固定与调节光学镜头、固定与移动标本等。其主要结构包括镜座、镜臂、镜筒、物镜转换器、载物台、推进器、调节螺旋和聚光器升降螺旋等部件。

①镜座。镜座是普通光学显微镜的基本支架，位于显微镜的底部，通常呈马蹄形、长方形或三角形，以使显微镜能够被平稳地放置在平台上。

②镜臂。镜臂是连接镜座和镜筒之间的部分，呈圆弧形，作为移动显微镜时的握持部分。

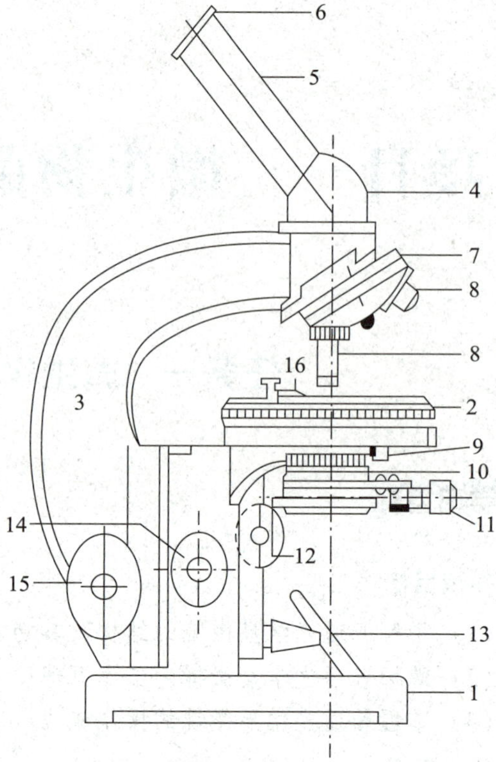

③镜筒。镜筒是连接目镜和物镜的金属圆筒，上接目镜，下接转换器，形成目镜与物镜间的暗室。从镜筒的上缘到物镜转换器螺旋口之间的距离称为机械筒长（镜筒长度）。因为物镜的放大率是针对一定的镜筒长度而言的。镜筒长度变化，

图 2 – 1　普通光学显微镜的构造

1—镜座；2—载物台；3—镜臂；4—棱镜套；5—镜筒；6—目镜；7—转换器；8—物镜；9—聚光器；10—虹彩光圈；11—光圈固定器；12—聚光器升降螺旋；13—反光镜；14—细调节螺旋；15—粗调节螺旋；16—标本夹

不仅放大率随之变化，而且成像质量也会受到影响。因此，使用显微镜时，不能任意改变镜筒长度。国际上将显微镜的标准镜筒长度定为 160 mm，此数值标在物镜的外壳上。

④物镜转换器。物镜转换器位于镜筒下端，由两个金属圆盘叠合而成，可安装 3 ~ 4 个不同放大倍数的物镜。为了方便使用，物镜一般按由低倍到高倍的顺序安装。转动转换器，可以按需要选用合适的物镜，从而与镜筒上面的目镜构成一个放大系统。转换物镜时，必须用手旋转圆盘，切勿用手推动物镜，以免使物镜松脱，导致损坏。

⑤载物台和推进器。载物台又称镜台，通常呈方形或圆形，中央有一孔可供光线通过，是放置标本的地方。台上装有弹簧标本夹和推进器，旋转推进器的螺旋，可使推进器做横向或纵向的推进。推进器上刻有刻度标尺，构成了一个精密的平面坐标系。如需要重复观察已检查标本的某一物象，可在第一次检查时记下纵横标尺的数值，下次直接按数值移动推进器，即可找到原来标本的位置。

⑥调节螺旋。调节螺旋位于镜筒的两旁，用于调节物镜与标本之间的距离，使物像更清晰。调节螺旋分为粗调节螺旋（也称粗调节器）和细调节螺旋（也称细调节器），粗调节螺旋在上，细调节螺旋在下。粗调节螺旋用于粗放调节物镜和标本的距离（即焦距）。细调节螺旋用于进一步精细调节焦距。粗调节螺旋转动一圈可使载物台升降约 10 cm，细调节螺旋

转动一圈可使镜筒升降约0.1 cm。粗、细调节螺旋配合调节焦距，可观察到清晰的物像。

⑦聚光器升降螺旋。聚光器升降螺旋装在载物台下方，可使聚光器升降，用于调节反光镜反射出来的光线。

（2）普通光学显微镜的光学系统。

普通光学显微镜的光学系统主要包括反光镜、聚光器、物镜和目镜4个部件。广义上也包括照明光源、滤光器、盖玻片和载玻片等。光学系统可使标本物像放大，形成倒立的放大影像。

①反光镜。反光镜位于镜座上，是普通光学显微镜的取光设备，其功能是采集光线，并将光线射向聚光器。对于光线较强的天然光源，一般宜用平面镜；对光线较弱的天然光源或人工光源，则宜用凹面镜。电光源显微镜镜座上装有人工光源，并有电流调节螺旋，可通过调节电流大小来调节光照强度。

②聚光器。聚光器在载物台下面，位于反光镜上方，作用是把平行的光线汇聚成光锥照射于标本上，以增强照明度并提高物镜的分辨率。聚光器可根据光线的需要，上下调整。一般用低倍镜时需降低聚光器，用油浸物镜（简称油镜）时需升高聚光器。

聚光器由聚光镜和虹彩光圈组成，聚光镜由透镜组成，虹彩光圈由薄金属片组成，这组结构在中心形成圆孔，推动把手即可随意调整入射光的强弱。若虹彩光圈开放过大，超过物镜的数值孔径，便产生光斑；若虹彩光圈收缩过小，虽反差增大，但分辨率下降。因此，在观察时一般是通过虹彩光圈的调节把视场光阑开启到视场周缘的外切处，使不在视场内的物体得不到任何光线的照明，以避免散射光的干扰。

③物镜。物镜是决定成像质量和分辨率的重要部件，安装在转换器的螺口上，作用是将被检物像进行第一次放大，形成一个倒立的实像。物镜上通常标有数值孔径（numerical aperture，NA）、放大倍数、镜筒长度、焦距等主要参数，如 $10 \times /0.25$ 和 $160/0.17$，$10 \times$ 是放大倍数，0.25 是数值孔径，160/0.17 分别表示镜筒长度和所需盖玻片的厚度（mm）。

物镜一般包括低倍物镜（$4 \times$ 或 $10 \times$）、中倍物镜（$20 \times$）、高倍物镜（$40 \times \sim 60 \times$）和油镜（$100 \times$）。使用时，可以通过镜头侧面所刻的放大倍数来确认。一般放大倍数越高的物镜，工作距离越小；油镜的工作距离只有0.19 mm。

④目镜。目镜装在镜筒上端，作用是把物镜已放大的实像再次放大，并把物像映射到观察者的眼中。目镜一般由两块透镜组成，上面一块称为接目透镜，下面一块称为场镜。两块透镜之间或在场镜下方有一光阑，其大小决定着视野的大小，故又称视野光阑，标本成像于光阑限定的范围之内。进行显微测量时，目镜测微尺安装在视野光阑上。目镜上通常刻有表示放大倍数的标志，如 $5 \times$、$10 \times$、$15 \times$ 和 $20 \times$ 等。目镜中可安置目镜测微尺，用于测量微生物的大小。

2. 普通光学显微镜的使用

普通光学显微镜利用物镜和目镜两组透镜来放大成像，故又称复式显微镜。使用普通光学显微镜观察标本时，标本先通过物镜被第一次放大，再通过目镜被第二次放大。所谓放大率是指放大物像与原物体的大小之比。因此，显微镜的放大率（V）是物镜放大倍数（V_1）和目镜放大倍数（V_2）的乘积，即

$$V = V_1 \cdot V_2$$

如果物镜放大40倍，目镜放大10倍，则显微镜的放大率为400倍。常见物镜（如油镜）

的最高放大倍数为 100 倍，目镜的最高放大倍数为 15 倍，因此一般显微镜的最高放大率是 1 500 倍。

使用显微镜时，一定要正确操作，避免粗心或操作错误造成仪器损坏。显微镜的操作注意事项和基本操作步骤如下。

（1）将显微镜放在实验台上时，应先放稳镜座的一端，再放稳整个镜座。

（2）显微镜应保持清洁。

（3）目镜和物镜不要随意抽出和卸下，不可擅自拆卸显微镜的任何部件，以免造成损坏。

（4）粗调节螺旋、细调节螺旋、标本推进器要保持灵活。调节螺旋拧到限位以后，就拧不动了，此时绝不能强拧，应将细调节螺旋退回 3~5 圈，再进行调焦。

（5）油镜的透镜很小，需要较强的光线，使用时，应将聚光器升至最高位置，并将光圈开至最大。

（6）油镜的放大倍数高于高倍镜，观察视野小于高倍镜，所以，在使用油镜之前，可先使用低倍镜和高倍镜观察，并将所观察的标本物像移到视野的中心。

（7）转动物镜转换器，移开高倍镜，在载玻片标本上需观察的部位滴一滴香柏油（或液体石蜡）作为介质，然后转动油镜至工作状态，此时应确保油镜的下端正好浸在油滴中或与油滴接触。

（8）通过目镜进行观察，同时小心而缓慢地旋转细调节螺旋，直至出现完全清晰的物像为止。如油镜已离开油面，而仍未见到物像，需重复操作步骤（6）和（7）。

（9）油镜使用后，一定要用擦镜纸擦拭干净，香柏油在空气中暴露时间过长就会变稠或干涸，难以擦拭。若镜头上留有油渍，则清晰度必然下降。

（10）使用完毕后，将物镜调至标准角度，降至载物台上。

（11）显微镜出现故障时不应继续使用，否则可能导致更严重的故障或不良后果。例如，粗调节螺旋不灵活时，如果强行旋动，则会使其齿轮、齿条变形或损坏。

（12）搬拿显微镜时，务必一手托着镜座，一手握着镜臂，不可单手拿取，更不可倾斜显微镜。

问题思考

（1）为何用显微镜进行检测时要先用低倍镜观察再用高倍镜观察？

（2）如何对显微镜视野亮度进行调节？

二、微生物标本观察实操训练

任务描述

显微镜是开展微生物学研究的基本工具，也是微生物实验室的常用仪器之一。在进行食品微生物检验的过程中，需要经常使用显微镜来观察微生物形态。因此，熟练掌握显微镜的使用、维护和保养，是食品微生物检验人员必备的基本技能。本任务是使用显微镜观察霉菌、酵母菌和乳酸杆菌的形态。

任务要求

（1）了解普通光学显微镜的结构及其功能。

（2）能够正确使用普通光学显微镜观察微生物形态并绘图。

（3）能够正确维护和保养普通光学显微镜。

（4）完成课前预习任务。

任务实施

（一）设备和材料

设备和材料见表2-1。

表2-1 设备和材料一览表

序号	名称	作用
1	普通光学显微镜	观察标本
2	微生物标本片	练习显微镜标本观察
3	香柏油	油镜观察
4	无水乙醇	显微镜维护
5	擦镜纸	显微镜维护

（二）操作步骤

微生物标本观察的具体操作步骤见表2-2。

表2-2 微生物标本观察的操作步骤

操作	操作步骤	操作说明
低倍镜下观察	（1）观察前准备： ①把显微镜放在自己身体的左前方，离桌子边缘约10 cm，右侧可放记录本或绘图本； ②用手转动粗调节螺旋，使载物台上升	（1）显微镜属于贵重、精密仪器，使用时要小心，轻拿轻放。 （2）当转动转换器时听见"咔"声，或感觉有阻力时，应立即停止转动，此时物镜已与镜筒成一条直线
	（2）调节光源： ①将聚光器升到最高位置； ②打开光源开关，通过调节电流旋钮来调节光照强弱； ③转动转换器，将10×物镜对准光孔； ④将聚光器上的虹彩光圈打开并调至最大，使视野的光照明亮、均匀	（1）调节光照强弱的方法：扩大或者缩小聚光器上的虹彩光圈、升降聚光器、调节电流旋钮、旋转反光镜。 （2）通常情况下，使用低倍镜时光线应暗一些，使用高倍镜或油镜时，光线应亮一些；观察染色深的标本，光线应亮一些；观察染色浅的标本，光线应暗一些。 （3）不要随意取下目镜，以防灰尘落入物镜；也不要拆卸任意零件，以防损坏。 （4）通常情况下，使用低倍镜时应降低聚光器，缩小虹彩光圈；使用高倍镜时应上升聚光器，扩大虹彩光圈
	（3）固定标本： 取微生物玻片标本放在载物台上，有盖玻片的一面朝上，两端用弹簧夹固定，旋转标本推进器来调节玻片位置，使玻片中的标本对准中央圆孔	载物台上的刻度可以标示玻片的坐标位置

操作	操作步骤	操作说明
低倍镜下观察	（4）调节焦距： ①从侧面观察物镜与玻片的距离，转动粗调节螺旋，使低倍镜距玻片标本约 0.5 mm； ②从目镜中观察时，用手慢慢转动粗调节螺旋至视野中出现模糊物像时，调节细调节螺旋至视野中出现清晰物像为止； ③左手旋转标本推进器来移动标本，眼睛从目镜中找到合适的观察区域	（1）转动粗调节螺旋时，必须从显微镜侧面观察物镜与玻片的距离，此时切勿用目镜同时观察，以防止镜头碰撞玻片造成损坏。 （2）先用粗调节螺旋调节至物像出现，再用细调节螺旋调节至物像清晰，然后寻找最适宜的观察部位
	（5）观察、绘图： 观察并描绘微生物形态，准备用高倍镜观察	应养成两眼同时睁开操作的习惯，以左眼观察，用右眼绘图
高倍镜下观察	（1）低倍镜下寻找视野： 按照用低倍镜观察的操作方法，在低倍镜下找到合适的观察区域，并将其移至视野中	低倍镜视野较大，易于发现目标和确定检查位置，因此，要养成镜检时先用低倍镜再用高倍镜的习惯
	（2）转动转换器，使高倍镜对准载物台中央圆孔	转换高倍镜时速度要慢，需从侧面观察，避免镜头碰撞载玻片；如果载玻片碰触到低倍镜的物镜，说明低倍镜的物距没有调节好，应该重新进行操作
	（3）调节焦距： ①调节虹彩光圈至光线亮度适宜； ②左眼从目镜观察，先旋转粗调节螺旋，缓慢提升载物台，直至模糊物像出现； ③旋转细调节螺旋，直至物像清晰； ④左手旋转标本推进器，移动标本，寻找最适宜观察的区域	（1）调节粗调节螺旋时应从侧面观察，防止镜头碰撞载玻片。 （2）调节细调节螺旋时，应从目镜观察，以方便找到清晰的物像
	（4）观察、绘图： 观察并描绘微生物形态，准备用油镜观察	观察高倍镜下的标本图片
油镜下观察	（1）低倍镜下寻找视野： 按照用低倍镜观察的操作方法，在低倍镜下找到合适的观察区域，并将其移至视野中	低倍镜视野较大，易于发现目标和确定检查位置，因此，要养成镜检时先用低倍镜再用高倍镜的习惯
	（2）调节转换器： 升高镜筒 2 cm 左右，转动转换器，使油镜对准载物台中央圆孔	转换物镜时速度要慢、心要细，并同时从侧面观察，防止镜头碰撞载玻片
	（3）加香柏油： ①滴 1~2 滴香柏油至欲观察部位的涂片上； ②从侧面观察，慢慢下降镜筒，使油镜浸入香柏油中	香柏油不要加太多，镜头与载玻片之间以香柏油相连即可
	（4）调节焦距： ①调节虹彩光圈至光线亮度适宜； ②从目镜观察，用粗调节螺旋缓慢调节至物像出现； ③再用细调节螺旋缓慢调节至物像清晰； ④左手旋转标本推进器来移动标本，寻找最适宜观察的区域	如果油镜已离开油面却仍未见到物像，可能是因为油镜下降还不到位，或者是油镜上升太快，以致眼睛未观察到物像，遇到以上情况应重新操作
	（5）观察、绘图： 观察并描绘微生物形态	

（三）记录原始数据

将微生物镜检结果的原始数据填入表2-3中。

表2-3　微生物镜检结果记录表

记录人：　　　　　　　　　　　　　　　　　　　　　　　　日期：

微生物	霉菌	酵母菌	细菌
绘图			
放大倍数	目镜： 物镜：	目镜： 物镜：	目镜： 物镜：
菌体形态描述			
显微镜型号			

注：①用铅笔绘图。
②微生物形态、大小应与视野中观察的结果保持一致

（四）评价反馈

实验结束后，请按照表2-4中的评价要求填写考核结果。

表2-4　普通光学显微镜的使用考核评价表

学生姓名：　　　　　　　　　　　班级：　　　　　　　　　　日期：

考核项目	评价项目	评价要求	不合格	合格	良好	优秀
知识储备	了解普通光学显微镜的工作原理	相关知识输出正确（1分）				
	掌握普通光学显微镜各部分的结构及功能	能够说出普通光学显微镜各部分的结构和功能（3分）				
检验准备	能够正确准备仪器	仪器准备正确（6分）				
技能操作	能够熟练使用普通光学显微镜进行观察（亮度调节、物镜切换、调节螺旋使用、视野定位准确、油镜调节、清洁维护等），操作规范	操作过程规范、熟练（15分）				
	能够正确、规范地记录信息	信息记录准确、规范（5分）				

考核项目		评价项目	评价要求	不合格	合格	良好	优秀
课前	通用能力	课前预习任务	课前预习任务完成认真（5分）				
课中	专业能力	实际操作能力	能够按照操作规范进行普通光学显微镜操作，能够准确切换物镜倍数，视野定位准确、清晰（10分）				
			普通光学显微镜观察方法正确，调节螺旋使用方法正确（10分）				
			普通光学显微镜维护方法正确，油镜的维护方法正确（10分）				
			绘图方法规范（10分）				
	工作素养	发现并解决问题的能力	善于发现并解决实验过程中的问题（5分）				
		时间管理能力	合理安排时间，严格遵守时间安排（5分）				
		遵守实验室安全规范	进行普通光学显微镜搬运和使用、物镜切换、焦距调节、实验台整理等操作时，遵守实验室安全规范（5分）				
课后	技能拓展	高倍镜观察	正确、规范地完成（5分）				
		油镜观察	正确、规范地完成（5分）				
总分							

注：不合格：<60分；合格：60~74分；良好：75~84分；优秀：>85分。

拓展训练

（1）用高倍镜观察霉菌，用油镜观察放线菌，绘制相关操作流程小报并录制视频上传到课程平台。

（2）对所学内容进行拓展，查找线上相关知识，深化对相关知识的学习。

任务二　放线菌的形态观察

学习目标

知识目标

（1）了解菌落与菌落形态的基本含义。

（2）掌握放线菌的菌落形态特征。

能力目标

（1）掌握观察放线菌形态的基本方法。

（2）观察放线菌菌落特征和个体形态特征。

素养目标

（1）能够树立食品安全责任意识，增强食品安全责任感。

（2）能够逐步培养起无菌操作意识，形成求实的科学态度和严谨的工作作风，领会工匠精神。

放线菌（*Actinomyces*）是一类主要呈菌丝状生长，主要以孢子繁殖的陆生性较强的原核生物，因在固体培养基上呈辐射状生长而得名。由于放线菌与细菌十分接近，且目前已发现的放线菌大多数呈革兰氏阳性，因此可以将放线菌定义为一类主要呈丝状生长和以孢子繁殖的革兰氏阳性菌。

多数放线菌在中性到微碱性环境中生长，能产生分生孢子且耐干燥。放线菌的分生孢子可以随风、尘埃、水滴等散播，因而广泛分布于自然界中。在含水量低、有机物丰富的土壤中，放线菌的菌数最多，平均每克土壤中放线菌的孢子数可达到10^7个。多数放线菌种类能产生土腥味素，使土壤带有特殊的味道。

放线菌与人类生产、生活关系极为密切，绝大多数为有益菌，对人类健康的贡献尤为突出。目前报道的抗生素中，约70%（或其合成前体）都是由放线菌产生的，包括常见的链霉素、庆大霉素、卡那霉素、红霉素等。近年来，还筛选到许多新的放线菌次级代谢产物，它们具有新的生化活性，如酶抑制剂、抗癌剂、免疫抑制剂、抗寄生虫剂和农用杀虫（菌）剂等。放线菌还是许多酶、维生素等的产生菌。此外，放线菌在甾体转化、石油脱蜡、污水处理中也有重要应用，因此其在医药工业领域占据着重要地位。只有极少数放线菌能引起人或动物、植物的病害。

一、放线菌形态与制片方法

1. 放线菌的个体形态

常见的放线菌大多能形成菌丝体，根据菌丝的着生部位、形态和功能的不同，放线菌的菌丝可分为基内菌丝、气生菌丝和孢子丝。

（1）基内菌丝。

放线菌孢子落在固体培养基表面并萌发后，会不断伸长、分枝，并以放射状向培养基表面和内部扩展，形成大量具有吸收营养和排泄代谢废物功能的基内菌丝，基内菌丝又称营养菌丝或一级菌丝。基内菌丝直径很小，长度差别很大。有的基内菌丝无色素，有的有色素，可呈黄、橙、红、绿、褐、黑等不同颜色；水溶性的色素可使菌落周围培养基呈现相同的颜色；脂溶性的色素，只能观察到菌落呈现特定的颜色。链霉菌色素是菌种鉴定的重要依据，也是判定链霉菌的次级代谢产物（尤其是抗生素）产量的重要依据。

（2）气生菌丝。

培养基上的菌丝可不断向空间方向生长，分化出颜色较深、直径较粗的分枝菌丝，称为气生菌丝或二级菌丝。气生菌丝或直或弯，有的可产生色素。

（3）孢子丝。

放线菌生长到一定阶段后，在成熟的气生菌丝上分化出可形成孢子的菌丝，称为孢子丝。孢子丝的形状多样，在气生菌丝上的排列方式也随着菌种的不同而不同，有直形、波浪形、螺旋形等，其中螺旋状的孢子丝最为常见。螺旋的松紧、大小、转数和转向（多数为左旋）等特征都较为稳定，是链霉菌属中不同种的重要特征。另外，孢子丝的排列方式多种多样，有的交替生长，有的丛生或轮生。孢子丝的形状及其在气生菌丝上的排列方式都是菌种鉴别的重要依据。

2. 放线菌的菌落形态

放线菌菌落形态特征随种类而异，菌落通常为圆形，表面光滑或有皱褶，呈毛状、绒状或粉状。普通光学显微镜下可见菌落周围有辐射状菌丝，菌落一般较小且不扩散，大小略大于细菌菌落。

3. 放线菌的制片方法

有的放线菌只产生基内菌丝而无气生菌丝，在显微镜下直接观察时，气生菌丝较暗，而基内菌丝较透明。孢子丝有直形、波浪形、螺旋形等形状，轮生、丛生或交替生长等不同形态。孢子有球形、椭圆形、杆状和柱状等形状。这些形态特征都是放线菌分类鉴定的重要依据。普通的制片方法往往很难观察到放线菌的整体形态，因此，采用适当的培养方法，可以将自然生长的放线菌直接置于显微镜下观察。通常采用的方法有玻璃纸法、插片法和印片法。

（1）玻璃纸法。玻璃纸法是将一种透明的灭菌玻璃纸覆盖在琼脂平板表面，然后将放线菌接种于该玻璃纸上，经培养，放线菌在玻璃纸上生长形成菌苔。观察时，揭下玻璃纸，固定在载玻片上，直接镜检。这种方法既能保持放线菌的自然生长状态，又便于观察不同生长期的形态特征。

（2）插片法。插片法是将放线菌接种在琼脂平板上，插上灭菌盖玻片后培养，使放线菌菌丝沿着培养基表面与盖玻片的交接处生长而附着在盖玻片上。观察时，轻轻取出盖玻片，置于载玻片上直接镜检。这种方法也可观察到放线菌自然生长状态下的形态，并有助于观察不同生长期的特征。

（3）印片法。放线菌的孢子丝形状和孢子排列情况是放线菌分类的重要依据。为了不打乱孢子的排列情况，常采用印片法进行制片观察。

◆ 问题思考

（1）为什么在培养基上放了玻璃纸后放线菌仍能生长？
（2）印片法成败的关键在哪里？
（3）如何从菌落形态上鉴别放线菌菌种？

二、放线菌形态观察实操训练

任务描述

放线菌是指一类呈丝状生长、不分隔的单细胞革兰氏阳性菌，因其菌落在固体表面呈放射状生长而得名。放线菌主要存在于土壤中，大部分为腐生菌，少数为寄生菌，也有一些与植物共生进行固氮。

任务要求

（1）掌握放线菌制片的 3 种方法。

（2）熟练运用印片法。

（一）设备和材料

设备和材料见表 2－5。

表 2－5　设备和材料

序号	名称	作用
1	高压灭菌器	培养基、培养皿等的灭菌
2	普通光学显微镜	观察标本
3	玻璃纸	玻璃纸琼脂培养基制备
4	香柏油	油镜观察
5	擦镜纸	显微镜维护
6	无水乙醇	显微镜维护
7	无菌载玻片	染色制片
8	接种环	接种
9	接种铲	接种
10	蒸馏水（或生理盐水）	染色、制片、清洗
11	无菌培养皿	菌种培养
12	无菌水	孢子悬浮液制备
13	1 mL 无菌吸管	无菌水吸取
14	无菌镊子	将玻璃纸与培养基分离
15	无菌玻璃涂布棒	菌种涂布
16	无菌剪刀	将玻璃纸剪成小块

（二）菌种、培养基和试剂

1. 菌种

培养 5~7 天的细黄链霉菌、青色链霉菌或弗氏链霉菌的斜面菌种。

2. 培养基

制备灭菌的高氏1号琼脂培养基：准备可溶性淀粉20 g，硝酸钾1 g，磷酸氢二钾0.5 g，七水合硫酸镁0.5 g，氯化钠0.5 g和七水合硫酸亚铁0.01 g。配制时，先用少量冷水将淀粉调成糊状，然后倒入少于所需水量的沸水中，在火上边加热边搅拌，并依次逐一加入其他成分，待其完全溶解后，补足水分至1 000 mL，调pH值为7.2~7.6，121 ℃灭菌20 min。

3. 试剂

石炭酸品红染液。

A液：将0.3 g碱性品红溶于10 mL 95%乙醇中。

B液：将5.0 g石炭酸溶于95 mL蒸馏水中。

将A液和B液混合、摇匀并过滤。

（三）操作步骤

放线菌观察的具体操作步骤见表2-6。

表2-6 放线菌观察的操作步骤

操作步骤	操作说明
1. 玻璃纸法	（1）玻璃纸的选择与灭菌。选择能够允许营养物质透过的玻璃纸，也可使用商品包装用玻璃纸。首先将玻璃纸加水煮沸，然后用冷水冲洗。若经此处理后的玻璃纸变硬，则不可用。将玻璃纸剪成培养皿大小，经水浸湿后，放入培养皿中，121 ℃高压蒸汽灭菌30 min。 （2）孢子悬液的制备。将放线菌斜面菌种制成10^{-3}的孢子悬液。 （3）倒平板。将高氏1号琼脂培养基熔化后倒入无菌培养皿内，每皿约15 mL。 （4）铺玻璃纸。待培养基凝固后，在无菌操作下用无菌镊子将无菌玻璃纸紧贴在琼脂平板上，玻璃纸和琼脂平板之间不能留有气泡，即制成玻璃纸琼脂平板培养基。 （5）接种。用1 mL无菌吸管取0.2 mL链霉菌孢子悬液滴加在玻璃纸琼脂平板培养基上，并用无菌玻璃涂布棒涂匀。 （6）培养。将已接种的玻璃纸琼脂平板倒置，放在28~30 ℃下培养。 （7）镜检。当培养至3天、5天、7天时，从培养箱中取出培养皿，在无菌环境下打开培养皿，用无菌镊子将玻璃纸与培养基分离，用无菌剪刀取小片置于无菌载玻片上用显微镜观察，先用低倍镜，再用高倍镜。也可将培养皿直接置于显微镜下观察
2. 插片法	（1）直接插片法。 ①孢子悬液的制备。同玻璃纸法。 ②倒平板。同玻璃纸法。 ③接种。同玻璃纸法。 ④插片。以无菌操作用无菌镊子将灭过菌的盖玻片以约45°角插入琼脂中，插片数量可根据需要而定。 ⑤培养。将插片平板倒置，放在28~30 ℃下培养，培养时间根据观察的目的而定，通常为3~5天。 ⑥镜检。用无菌镊子小心拔出盖玻片，擦去背面培养物，然后将有菌的一面朝上放在无菌载玻片上，直接镜检。先用低倍镜，再用高倍镜。如果用0.1%亚甲蓝染液对培养后的盖玻片进行染色后观察，效果会更好。 观察菌丝和孢子丝自然生长的性状，包括气生菌丝（较粗）、基内菌丝（较细）和孢子丝的形状，以及它们的生长状况和孢子丝的卷曲情况等，并绘图说明。寻找插入培养基的界面分界线，观察基内菌丝和气生菌丝的形态及生长情况。

操作步骤	操作说明
2. 插片法	（2）浸染法插片法。 ①插片与培养（高氏1号培养基）。放线菌菌丝沿着培养基表面与盖玻片的交接处生长，并附着在盖玻片上。观察时，轻轻取出盖玻片。 ②浸染。把盖玻片上长有放线菌的部分，放入石炭酸品红染液池中浸染0.5~1 min。 ③染色。染色时，将A液和B液混合，再将混合液稀释5倍即得到染液。将染液滴加到玻片上染色1 min。 ④干燥。染色完毕后，用吸水纸吸掉盖玻片上多余的染液，将盖玻片放于酒精灯火焰上部烘干。注意温度不宜过高，以免盖玻片碎裂。 ⑤镜检。取一片洁净载玻片，滴入适量蒸馏水，用镊子将干燥好的盖玻片放在滴有蒸馏水的位置，有菌的一面朝上。操作中尽量避免气泡产生。盖玻片紧紧地贴附在载玻片上后，切勿随意移动，随即进行显微观察
3. 印片法	（1）制片。取一片干净载玻片，用无菌接种铲将平板上的放线菌菌苔连同培养基切下一小块，放在载玻片上。另取一片洁净载玻片在火焰上微热后，对准菌苔的气生菌丝轻轻按压，使培养物（气生菌丝、孢子丝或孢子）"印"在后一片载玻片中央，然后将载玻片垂直拿起。注意印制时不要使培养基在玻片上滑动，以免打乱孢子丝的自然形态。 （2）固定。将有放线菌印迹的一面朝上，匀速通过酒精灯火焰上方2~3次以加热固定。 （3）染色。用石炭酸品红染液染色1 min，然后用去离子水轻轻水洗。 （4）晾干。注意不能用吸水纸吸干。 （5）镜检。先用低倍镜，再用高倍镜，最后用油镜观察孢子丝、孢子的形态以及孢子的排列情况

（四）记录原始数据

将放线菌镜检结果的原始数据填入表2-7中。

表2-7　放线菌镜检结果记录表

记录人：　　　　　　　　　　　　　　　　　　　　　　　　　　　　日期：

项目		玻璃纸法	插片法		印片法
			直接插片法	浸染法插片法	
绘图					
放大倍数	目镜：	目镜：	目镜：	目镜：	目镜：
	物镜：	物镜：	物镜：	物镜：	物镜：
菌体形态描述					
显微镜型号					

注：①用铅笔绘图。
②微生物形态、大小应与视野中观察的结果保持一致

（五）评价反馈

实验结束后，请按照表2-8中的评价要求填写考核结果。

表 2 - 8 放线菌观察考核评价表

学生姓名：　　　　　　　　　　班级：　　　　　　　　　　日期：

考核项目		评价项目	评价要求	不合格	合格	良好	优秀
知识储备		了解放线菌观察操作的基本要求	相关知识输出正确（1分）				
		掌握3种放线菌制片方法	能够说出3种放线菌制片方法的操作要点（3分）				
采样准备		能够正确准备制片所需设备及材料	设备及材料准备正确（6分）				
技能操作		能够分别使用3种放线菌制片方法进行制片，并进行观察	操作过程规范、熟练（15分）				
		能够正确、规范记录信息	信息记录准确、规范（5分）				
课前	通用能力	课前预习任务	课前预习任务完成认真（5分）				
课中	专业能力	实际操作能力	能够按照操作规范进行放线菌的制片（20分）				
			能够按照操作规范进行放线菌的观察（25分）				
	工作素养	发现并解决问题的能力	善于发现并解决实验过程中的问题（5分）				
		时间管理能力	合理安排时间，严格遵守时间安排（5分）				
		遵守实验室安全规范	遵守实验室安全规范(5分)				
课后	技能拓展	链霉菌的观察	正确、规范地完成（5分）				
总分							

注：不合格：＜60分；合格：60～74分；良好：75～84分；优秀：＞85分

拓展训练

（1）绘出链霉菌自然生长的个体形态图。

（2）绘出所观察链霉菌的孢子丝和孢子的形态图。

任务三　酵母菌的形态观察

学习目标

知识目标

（1）掌握酵母菌的形态及出芽繁殖方式。

（2）熟悉鉴别酵母菌死、活细胞的染色原理和方法。

能力目标

（1）能够利用显微镜观察酵母菌的个体形态。

（2）能够鉴别酵母菌死、活细胞。

素质目标

（1）注重培养学生的实际技能，同时强化他们守护食品安全、筑牢食品安全防线的责任感和使命感。

（2）培养学生良好的职业素养，养成精益求精、严谨求实的工作作风和科学探究的精神。

酵母菌广泛分布于自然界中，含糖量较高、酸度较大的环境最适合其生长。酵母菌常见于水果蔬菜和牛乳中，同时也存在于土壤和空气中。某些酵母菌可以利用烃类物质，因此，在油田和炼油厂附近的土层中也可找到这类可利用石油的酵母菌。酵母菌多数为腐生菌，少数为寄生菌。酵母菌是不运动的单细胞真核微生物，细胞核与细胞质有明显的分化，其个体直径通常比细菌大 10 倍左右且并不运动，因此，不必染色即可用显微镜观察其形态。酵母菌细胞呈圆形、卵圆形或腊肠形，有些酵母菌还能够形成假菌丝。酵母菌的繁殖分为无性繁殖和有性繁殖，以无性繁殖为主。芽殖是酵母菌最普遍的繁殖方式，少数还可进行分裂繁殖。

一、酵母菌的形态结构

1. 酵母菌的细胞结构

酵母菌具有完整的细胞结构。无鞭毛，不能游动。在光学显微镜下，可清晰分辨其个体细胞，且能模糊地看到细胞内的结构（见图 2-2）。

（1）细胞壁。幼龄细胞的细胞壁较薄且有弹性，随细胞的生长而逐渐变厚变硬。细胞壁的主要成分是甘露聚糖（31%）、葡聚糖（29%）、蛋白质（13%）和类脂质（8.5%），还含有几丁质，几丁质的含量因种类而异。

（2）细胞膜。细胞膜位于细胞壁内侧，由双层磷脂分子构成，蛋白质镶嵌其中。细胞膜的功能是选择性地从环境吸收细胞代谢所必需的营养物质，并将一些废物排出体外。

（3）细胞质及储藏物。细胞质是细胞新陈代谢的场所，呈黏稠胶体状。幼龄细胞的细胞质较稠密且均匀，老龄细胞的细胞质则出现较大的液泡和各种储藏物。液泡的成分为有机酸及其盐类水溶液，储藏物以颗粒状态存在。

（4）细胞核。酵母菌为真核生物，具有完整的细胞核（核膜、核仁和核质）。酵母菌细胞核内含有脱氧核糖核酸（deoxyribonucleic acid，DNA），是细胞代谢活动的控制中心。

（5）线粒体。线粒体是酵母菌细胞质内的细胞器，主要作为呼吸酶系统的载体。其功能是为细胞运动、物质代谢等提供足够的能源，是细胞的"动力工厂"。

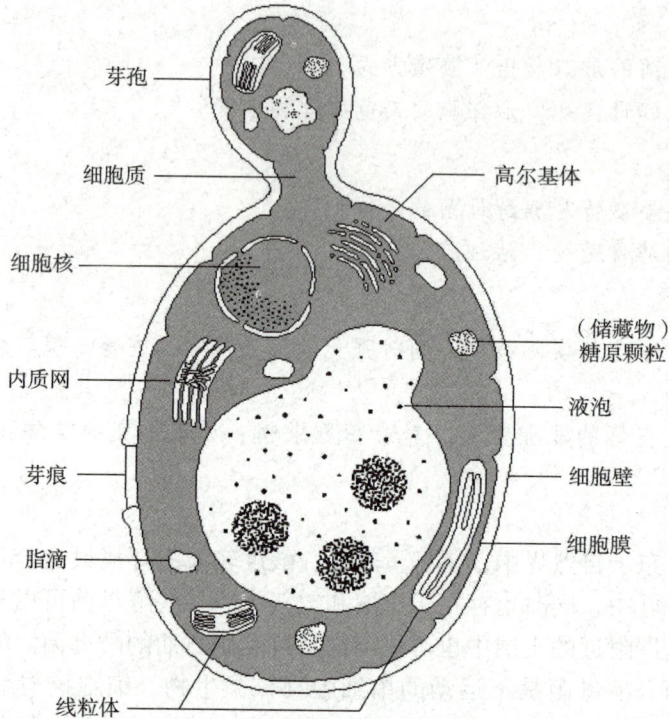

图 2-2　酵母菌细胞结构

2. 酵母菌的繁殖方式

酵母菌的繁殖方式分为无性繁殖和有性繁殖两大类。大多数酵母菌主要采用无性繁殖方式，包括芽殖、裂殖和芽裂，其中以芽殖（即出芽繁殖）为主。仅裂殖酵母属以分裂方式进行繁殖。酵母菌的有性繁殖主要通过产生子囊孢子进行。

（1）芽殖。

芽殖是酵母菌最常见的繁殖方式。在适宜的生长条件下，成熟的酵母菌细胞会长出芽体，而芽体长到一定程度则会脱离母细胞继续生长，然后形成新个体（见图 2-3）。

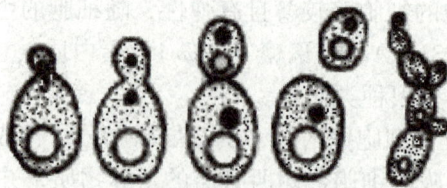

图 2-3　酵母菌的出芽繁殖

酵母菌出芽的方式因种类不同，其所形成的子细胞形状也各异。

①多边出芽。在母细胞的各个方向均可出芽，子细胞为圆形、椭圆形或柱形。多数酵母菌以此方式繁殖。

②两端出芽。在母细胞的两端出芽，子细胞通常呈柠檬状。

③三边出芽。在母细胞的三边产生芽体，子细胞通常呈三角形。

（2）裂殖。

少数种类的酵母菌与细菌一样，通过横二分裂（细胞在与细胞轴线平行的方向上分裂）方式，产生一个较大的母细胞和一个较小的子细胞，完成繁殖。

（3）芽裂。

母细胞始终在一端出芽，并在芽基处形成隔膜，产生的子细胞呈瓶状。这种繁殖方式较为少见。

（4）有性繁殖。

当营养状况不好时，一些能够进行有性繁殖的酵母菌细胞以形成子囊和子囊孢子的方式进行有性繁殖。其过程是：邻近的细胞通过各伸出一根管状原生质凸起而相互接触并融合形成通道，进而进行细胞质融合（质配）和细胞核结合（核配），形成一个双倍体细胞，并随即进行减数分裂，产生4个或8个子核。每一个子核与其周围的原生质结合，并在表面形成一层孢子壁，最终形成一个子囊孢子。当环境条件适宜时，孢子会再次萌发。然而，一些酵母菌，如假丝酵母，无法进行有性繁殖。

3. 酵母菌的应用与危害

酵母菌与人类生活密切相关，是最早被人类应用的"家养微生物"。我国古代劳动人民就利用酵母菌来酿酒。

现代酵母菌的应用非常广泛。①食品方面：酵母菌可用于酿酒、制作面包和生产调味品等。另外，因为酵母菌细胞中的蛋白质占细胞干重的50%以上，并含有人体必需的氨基酸，所以可以将酵母菌添加在婴儿食品、健康食品中作为食品营养强化剂。②医药方面：由于酵母菌含有丰富的蛋白质、维生素和酶等生物活性物质，可以被制成酵母片。另外，从酵母菌中提取的核酸、麦角甾醇、辅酶A、细胞色素C和维生素等还可用于生化药物的生产。③化工方面：酵母菌可以对石油及油品进行脱蜡，以石油为原料生产柠檬酸等。④农业方面：酵母菌广泛用作动物饲料的蛋白质补充物。⑤生物工程方面：作为最好的模式真核微生物，酵母菌常被用作表达外源蛋白的优良"工程菌"。

然而，某些酵母菌是有害的。例如，腐生型酵母菌能使食物、纺织品和其他原料腐败变质；少数耐高渗酵母菌（如鲁氏酵母、蜂蜜酵母）可使蜂蜜和果酱等腐败；少数酵母菌能引起人或动物的某些疾病，是人和动物的病原菌，如白色假丝酵母（也称白念珠菌，*Candida albicans*）会生长在湿润的人体上皮组织上，引起皮肤、黏膜、呼吸道、消化道及泌尿系统的多种疾病，而新型隐球酵母还能引起慢性脑膜炎、肺炎等疾病。

问题思考

（1）酵母菌与细菌在形态、大小和细胞结构上有何区别？

（2）如何鉴别死、活酵母菌？

二、酵母菌观察和死、活细胞鉴别实操训练

🔵 任务描述

    亚甲蓝染液是一种弱氧化剂，它的氧化型呈蓝色，还原型呈无色。用亚甲蓝对酵母菌的活细胞进行染色时，由于活细胞的新陈代谢旺盛、还原力强，能使亚甲蓝从蓝色的氧化型还原为无色的还原型，而死细胞或代谢作用微弱的衰老细胞则无还原能力。因此，在酵母菌活细胞检验中，酵母菌活细胞是无色的，而死细胞或代谢作用微弱的衰老细胞则呈蓝色或淡蓝色。借此，我们便可对酵母菌的死、活细胞进行鉴别。

🔵 任务要求

（1）能够掌握亚甲蓝染液水浸片和水 – 碘液水浸片的制备。
（2）能够熟练制备浸片，观察酵母菌芽殖的过程、方式及其结构。

🔵 任务实施

（一）设备和材料

设备和材料见表 2 – 9。

表 2 – 9　设备和材料

序号	名称	作用
1	普通光学显微镜	观察标本
2	酒精灯	染色制片中干燥涂片
3	擦镜纸	显微镜维护
4	无水乙醇	显微镜维护
5	无菌载玻片	染色制片
6	无菌盖玻片	染色制片
7	接种环	菌种挑取
8	无菌镊子	夹取盖玻片

（二）菌种和试剂

1. 菌种

酿酒酵母斜面菌种。

2. 试剂

（1）吕氏亚甲蓝染液。

A 液：将 0.3 g 含染料 90% 的亚甲蓝溶于 30 mL 95% 乙醇中。

B 液：100 mL 氢氧化钾溶液（质量分数 0.01%）。

将 A 液和 B 液混合摇匀备用。

（2）革兰氏碘液。

材料：碘 1.0 g，碘化钾 2.0 g，蒸馏水 300 mL。

制法：将碘与碘化钾先行混合，然后加入少许蒸馏水充分振摇，待完全溶解后，再加蒸馏水至 300 mL。

（三）操作步骤

酵母菌形态结构观察和死、活细胞鉴别的具体操作步骤见表 2－10。

表 2－10　酵母菌形态结构观察和死、活细胞鉴别的操作步骤

操作步骤	操作说明
1. 亚甲蓝染液浸片的观察	（1）制片。在无菌洁净载玻片中央加 1 小滴吕氏亚甲蓝染液，然后以无菌操作用接种环挑取少量酵母菌放在染液中，混合均匀，染色 3～5 min。 （2）加盖玻片。用无菌镊子取 1 片无菌盖玻片，先将盖玻片一端与菌液接触，然后慢慢将整个盖玻片放下使其盖在菌液上。盖玻片不宜直接平放，以免产生气泡影响观察。 （3）镜检。将制片立即放在显微镜下镜检，先用低倍镜，后用高倍镜，观察酵母的形态、构造、内含物和出芽情况，并根据颜色来区别死、活细胞。 （4）将制片放置约 5 min 后镜检，注意死细胞数量是否增加。 （5）染色约 30 min 后再次观察，注意死细胞数量是否增加。 （6）整理。清洗载玻片，整理实验台
2. 水－碘液浸片的观察	在无菌载玻片中央加 1 小滴革兰氏染色用碘液，然后在其上加 3 小滴水，取少许酵母菌放入水－碘液中混匀，盖上无菌盖玻片后镜检
3. 菌落特征和菌苔特征的观察	用划线分离的方法将酵母接种在平板上，28～30 ℃培养 3 天，观察菌落表面湿润程度、隆起形状、边缘整齐度、大小和颜色等，并用接种环挑菌，注意观察酵母菌与培养基结合是否紧密。取斜面的菌种观察菌苔特征

（四）记录原始数据

将酵母菌镜检结果的原始数据填入表 2－11 中。

表 2－11　酵母菌镜检记录表

记录人：　　　　　　　　　　　　　　　　　　　　　　　　　日期：

项目	亚甲蓝染液浸片	水－碘液浸片	菌落特征和菌苔特征
绘图			
放大倍数	目镜：	目镜：	目镜：
	物镜：	物镜：	物镜：
描述			
显微镜型号			

注：①用铅笔绘图。
　　②微生物形态、大小应与视野中观察的结果保持一致

（五）评价反馈

实验结束后，请按照表2-12中的评价要求填写考核结果。

表2-12 酵母菌观察和死、活细胞鉴别考核评价表

学生姓名：　　　　　　　　　　　　　班级：　　　　　　　　　　　　　日期：

考核项目		评价项目	评价要求	不合格	合格	良好	优秀
知识储备		了解酵母菌观察操作的基本要求	相关知识输出正确（1分）				
		掌握酵母菌制片方法和死、活细胞的鉴别方法	能够说出制片操作要点和死、活细胞鉴别要点（3分）				
采样准备		能够正确准备制片所需设备及材料	设备及材料准备正确（6分）				
技能操作		能够制备亚甲蓝染液浸片和水-碘液浸片来进行酵母菌的观察	操作过程规范、熟练（15分）				
		能够正确、规范记录信息	信息记录准确、规范（5分）				
课前	通用能力	课前预习任务	课前预习任务完成认真（5分）				
课中	专业能力	实际操作能力	能够按照操作规范进行水-碘液浸片的制备（15分）				
			能够按照操作规范进行亚甲蓝染液浸片的制备（15分）				
			能够按照操作规范进行菌落特征和菌苔特征的观察（15分）				
	工作素养	发现并解决问题的能力	善于发现并解决实验过程中的问题（5分）				
		时间管理能力	合理安排时间，严格遵守时间安排（5分）				
		遵守实验室安全规范	遵守实验室安全规范（5分）				
课后	技能拓展	霉菌的观察	正确、规范地完成（5分）				
总分							

注：不合格：＜60分；合格：60~74分；良好：75~84分；优秀：＞85分

◆ 拓展训练

思考鉴别酵母菌死、活细胞时，染液的用量对观察结果的影响。

任务四　霉菌形态的观察

学习目标

知识目标

(1) 学习并掌握观察霉菌形态的基本方法。

(2) 了解四类常见霉菌的基本形态特征。

(3) 认识霉菌菌落特征与个体形态。

(4) 掌握区分细菌、酵母菌和放线菌菌落特征的方法。

能力目标

(1) 能够查阅与解读《食品安全国家标准　食品微生物学检验　常见产毒霉菌的形态学鉴定》(GB 4789. 16—2016)。

(2) 能够根据检验方案完成霉菌形态观察的描述。

(3) 能够分析处理与判定不同的霉菌，按格式要求撰写微生物检验报告。

素质目标

(1) 树立学生的诚信意识，培养学生的职业道德。

(2) 培养学生勇往直前、坚韧不拔的精神，激励学生提高自我学习和团队协作的能力。

霉菌意即"会引起物体霉变的真菌"。凡生长在营养基质上，能形成绒毛状、网状或絮状菌丝的真菌，统称霉菌。霉菌与酵母菌一样，喜偏酸性、糖质环境，最适生长温度为25～30 ℃。霉菌大多好氧，多数为腐生菌，少数为寄生菌。

一、霉菌

1. 霉菌的形态结构

霉菌是多细胞微生物，由菌丝和孢子构成。菌丝是构成霉菌营养体的基本单位，许多分枝菌丝相互交织在一起构成菌丝体。在光学显微镜下，霉菌为可见直径 2～10 μm 的中空管状细丝结构，大多无色透明，比细菌、放线菌粗几倍至几十倍。

1) 菌丝

(1) 按菌丝中是否存在隔膜分类。

根据菌丝中是否存在隔膜，可把霉菌菌丝分成以下两种类型（见图 2-4）。

无隔膜菌丝：为长管状单细胞。菌丝中没有隔膜，内含多个细胞核。在菌丝生长过程中，只有细胞核的分裂和原生质的增加，表现为菌丝延长和细胞核增多，但并没有细胞数目的增多。这类菌丝通常见于低等真菌。

有隔膜菌丝：菌丝中有隔膜，将菌丝分隔成多个细胞。在菌丝生长过程中，细胞核的分裂伴随着细胞的分裂，每个细胞中可含有一个至多个细胞核。不同霉菌的菌丝中，隔膜的结构各不相同，有的为单孔式，有的为多孔式，还有的为复式结构。但无论是哪种类型的隔膜，都能让相邻两细胞内的物质相互流通。这类菌丝通常见于高等真菌。

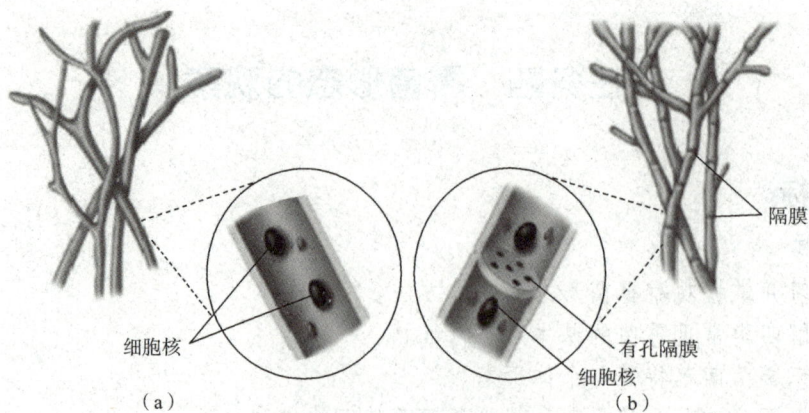

图 2 - 4　霉菌菌丝

（a）无隔膜菌丝；（b）有隔膜菌丝

（2）按菌丝功能分类。

菌丝按功能可分为以下 3 种类型。

基内菌丝（营养菌丝）：密布在固体培养基内，以吸收营养物质为主的菌丝。

气生菌丝：伸展到空中的菌丝。

孢子丝（生殖菌丝）：部分气生菌丝发育到一定阶段，分化为孢子丝，产生孢子。

2）孢子

孢子是生殖结构，由孢子丝产生。根据其形成过程可分为无性孢子和有性孢子。

（1）无性孢子。无性孢子是由菌丝上的细胞直接分化或出芽形成的，包括分生孢子、芽孢子、节孢子、厚垣孢子和孢囊孢子（见图 2 - 5）。

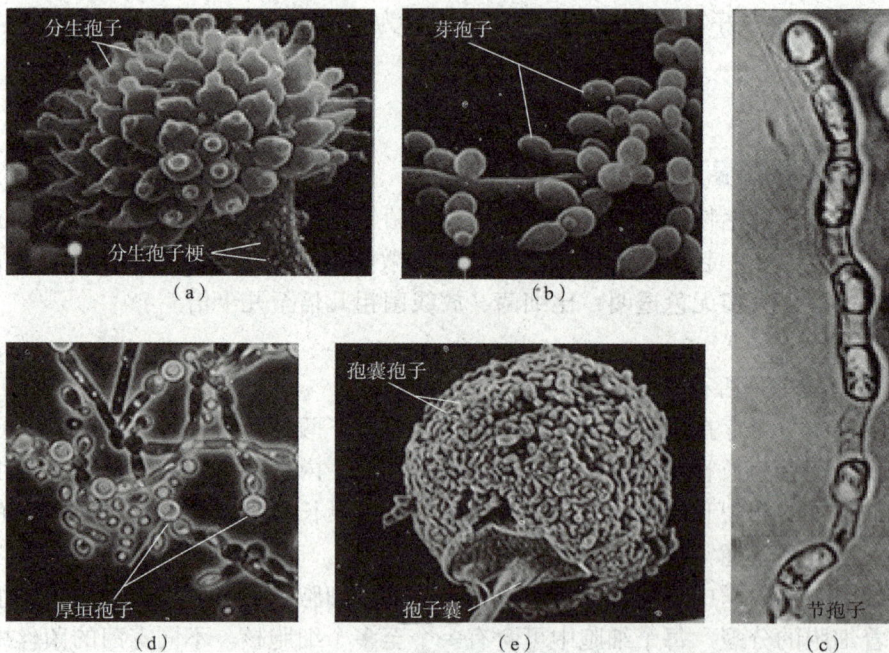

图 2 - 5　霉菌的无性孢子

（a）分生孢子；（b）芽孢子；（c）节孢子；（d）厚垣孢子；（e）孢囊孢子

分生孢子：由菌丝顶端或分生孢子梗出芽特化而成，是一种外生孢子。分生孢子是最常见的无性孢子。有隔膜菌丝的霉菌（如青霉、曲霉）主要形成的是分生孢子。

芽孢子：又称酵母状孢子，是通过出芽方式形成的无性孢子。在无性繁殖过程中，首先在母细胞上出芽，然后芽体逐渐膨大，最后芽体与母细胞脱离，就形成了芽孢子。

节孢子：又称粉孢子，是由菌丝中间的细胞通过多个隔膜顺次断裂而形成的一种外生孢子，通常呈圆柱形（如白地霉的孢子）。

厚垣孢子：又称厚壁孢子，由菌丝顶端或中间的个别细胞膨大，原生质收缩变圆，细胞壁加厚形成的球形或纺锤形的休眠体。厚垣孢子对外界环境有较强的抵抗力，如总状毛霉的孢子。

孢囊孢子：气生菌丝的顶端细胞膨大成囊状，囊内的原生质形成许多原生质小团，这些小团再由周围形成的一层壁包裹成为孢囊孢子，是一种内生孢子。无隔膜菌丝的霉菌（如毛霉菌、根霉菌）主要形成的是孢囊孢子。

（2）有性孢子。同一菌体或不同菌体的两个细胞或性器官融合后，经减数分裂而产生的孢子，称为有性孢子。有性孢子的形成过程一般经过质配、核配和减数分裂3个阶段。大多数真菌的菌体是单倍体，双倍体仅限于接合子（zygote）。在霉菌中，有性生殖不及无性生殖普遍，仅发生于特定条件下，而且在一般培养基上不常出现。常见的真菌有性孢子有卵孢子、接合孢子、子囊孢子和担孢子。

卵孢子：是指由菌丝分化成的形状不同的雄器和藏卵器结合而形成的有性孢子。藏卵器内有一至多个卵球，雄器常呈棒状或圆柱形，内有多个雄核。雄核通过受精管流入藏卵器中与卵球融合，形成受精卵球，受精卵球最终生出外壁，发育成卵孢子（见图2-6）。

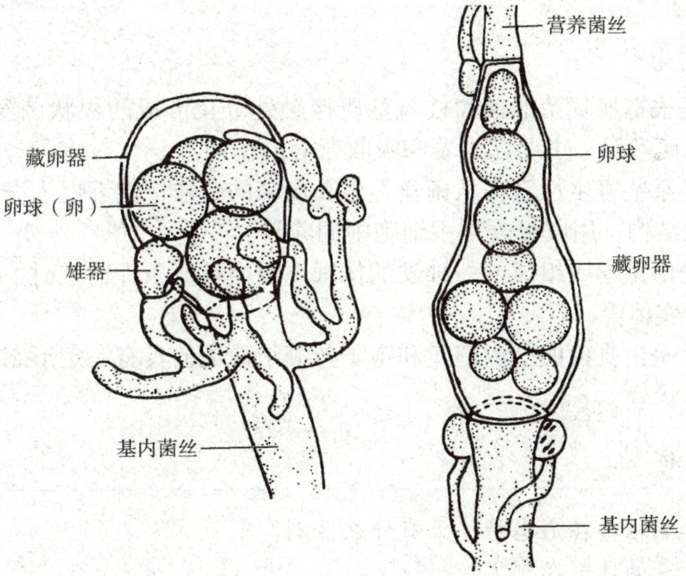

图2-6 卵孢子

接合孢子：是指由菌丝分化成的两个形状相同但性别不同的配子囊结合而形成的有性孢子。当相邻菌丝相遇时，各自向对方生出极短侧枝，称为原配子囊；原配子囊接触后，顶端各自膨大并形成横隔，分别形成两个配子囊细胞；随后，这两个配子囊之间的横隔消失，发生质配和核配，同时外部形成厚壁，即为接合孢子。

接合孢子的形成分为两种类型：①异宗配合，由两种不同性菌系的菌丝结合而成；②同宗配合，可由同一菌丝结合而成。接合孢子萌发时厚壁破裂，长出芽管，其上形成芽孢子囊。接合孢子的减数分裂过程发生在萌发之前或萌发过程中（见图2-7）。

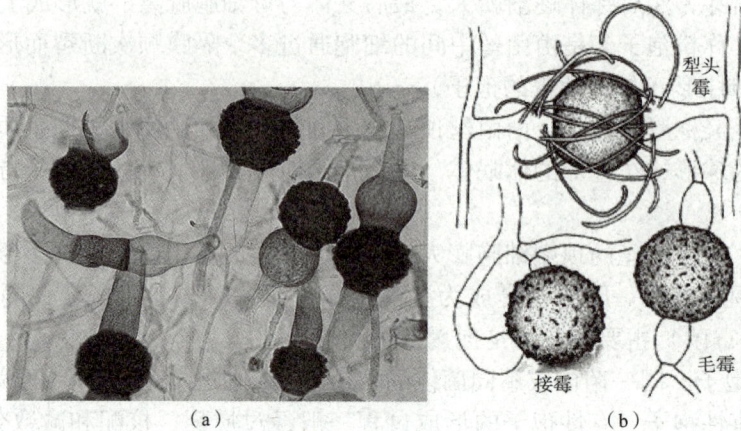

图2-7 接合孢子
(a) 异宗配合；(b) 同宗配合

子囊孢子：在子囊内形成的有性孢子。子囊是由在同一菌丝或相邻两菌丝上分化成的产囊器和雄器结合形成的造囊丝经质配、核配和减数分裂后形成的。形成子囊孢子是子囊菌纲的主要特征。不同子囊菌纲的子囊孢子的形状、大小和颜色也各不相同。

担孢子：菌丝经过特殊分化和有性结合形成担子，在担子上形成的有性孢子即为担孢子。

2. 菌丝的特异化

（1）假根：是根霉属真菌的匍匐枝与基质接触处分化形成的根状菌丝。在显微镜下，假根的颜色比其他菌丝深，主要起固着和吸收营养的作用。

（2）吸器：是某些寄生性真菌从菌丝上生长出来的旁枝，能够侵入寄主细胞内形成指状、球状或丛枝状结构，用以吸收寄主细胞中的养料。

（3）菌核：是由菌丝团组成的一种硬的休眠体，当环境条件适宜时，可以生长出分生孢子梗、菌丝、子实体等。

（4）子实体：是由真菌的基内菌丝和孢子丝缠结而成的具有一定形态的产孢结构，如伞菌的子实体呈伞状。

问题思考

（1）黑曲霉和黑根霉在形态特征上有什么区别？
（2）根霉和毛霉的区别在哪里？

二、霉菌形态结构观察实操训练

任务描述

鉴别霉菌的主要依据包括其菌丝有无隔膜，其基内菌丝有无假根，足细胞等特殊形态的分化，其孢子丝形成的孢子着生的部位和排列情况，以及是否形成有性孢子等。镜检时，应注意仔细观察。

由于霉菌是真核微生物，其菌丝一般比放线菌粗、长几倍至几十倍，而且菌丝生长比较松散，生长速度比放线菌快，因此，其菌落多呈大而疏松的绒毛状或棉絮状。

观察霉菌时，可以采取直接制片法、透明胶带法或载玻片培养观察法。在载玻片培养观察法中，先通过无菌操作将薄层培养基琼脂置于载玻片上，接种后盖上盖玻片培养，使菌丝体在盖玻片和载玻片之间的培养基中生长，然后将培养物直接置于显微镜下，可观察到霉菌的自然生长状态，并可观察到不同发育期的菌体结构特征变化。此外，还可利用乳酸石炭酸棉蓝染液对霉菌进行染色，随后盖上盖玻片制成霉菌制片进行镜检。石炭酸可以杀死菌体及孢子并具有防腐作用，乳酸可以保持菌体不变形，棉蓝可使菌体着色。同时，这种霉菌制片不易干燥，能防止孢子飞散，用树胶封固后可制成永久标本长期保存。

《食品安全国家标准　食品微生物学检验　常见产毒霉菌的形态学鉴定》（GB 4789.16—2016）适用于曲霉属、青霉属、镰刀菌属及其他菌属中常见产毒真菌的鉴定。

◉ 任务要求

（1）能够利用显微镜观察霉菌的自然生长状态。

（2）能够观察不同发育期的菌体结构特征变化。

◉ 任务实施

（一）设备和材料

设备和材料见表 2–13。

表 2–13　设备和材料

序号	名称	作用
1	冰箱（±1 ℃）	放置样品
2	恒温培养箱（±1 ℃）	培养测试样品
3	无菌载玻片	用于菌种的放置，以便于显微镜观察
4	无菌盖玻片	固定、观察菌种
5	普通光学显微镜（10~100 倍）	观察，放大物像
6	Ⅰ级生物安全柜	保护操作人员
7	恒温水浴箱（±1 ℃）	调节培养基温度为恒温
8	无菌接种钩	接种菌种
9	无菌分离针	菌种分离挑取
10	无菌不锈钢小刀或眼科手术小刀	挑取菌种

（二）培养基或试剂

霉菌形态学鉴定常用培养基见表 2–14。

表 2 – 14　霉菌形态学鉴定常用培养基

乳酸 – 苯酚液	配方	苯酚（纯结晶）10 g，乳酸 10 g，甘油 20 g，蒸馏水 10 mL
	制法	将苯酚置于水浴中至结晶液化后加入乳酸、甘油和蒸馏水
察氏培养基	配方	硝酸钠 3 g，磷酸氢二钾 1 g，氯化钾 0.5 g，七水合硫酸镁 0.5 g，七水合硫酸亚铁 0.01 g，蔗糖 30 g，琼脂 15 g，蒸馏水 1 000 mL
	制法	量取 600 mL 蒸馏水，将蔗糖、硝酸钠、磷酸氢二钾、氯化钾、七水合硫酸镁、七水合硫酸亚铁逐一依次加入水中，待完全溶解后加入琼脂，加热使之融化，然后，补加蒸馏水至 1 000 mL，分装后，121 ℃灭菌 15 min
马铃薯葡萄糖琼脂培养基	配方	马铃薯（去皮切块）200 g，葡萄糖 20 g，琼脂 20 g，蒸馏水 1 000 mL
	制法	将马铃薯去皮切块，加 1 000 mL 蒸馏水，煮沸 10～20 min。用纱布过滤，补加蒸馏水至 1 000 mL。随后，加入葡萄糖和琼脂，加热使之融化，分装后，121 ℃灭菌 20 min
麦芽汁琼脂培养基	配方	麦芽汁提取物 20 g，蛋白胨 1 g，葡萄糖 20 g，琼脂 15 g，蒸馏水 1 000 mL
	制法	称取蛋白胨、葡萄糖、琼脂，加入麦芽汁提取物，再加入适量蒸馏水，然后，加热使之融化，补加蒸馏水至 1 000 mL，分装后，121 ℃灭菌 20 min
无糖马铃薯琼脂培养基	配方	马铃薯（去皮切块）200 g，琼脂 20 g，蒸馏水 1 000 mL
	制法	将马铃薯去皮切块，加 1 000 mL 蒸馏水，煮沸 10～20 min。用纱布过滤，补加蒸馏水至 1 000 mL，加入琼脂，加热融化，分装后，121 ℃灭菌 20 min

（三）操作步骤

霉菌形态结构观察的具体操作步骤见表 2 – 15。

表 2 – 15　霉菌形态结构观察的操作步骤

操作步骤	操作说明
1. 菌落特征观察	为了培养完整的菌落以供观察记录，可将纯培养物点种于平板上。曲霉、青霉通常接种于察氏培养基，镰刀菌通常需要同时接种多种培养基，其他真菌一般使用马铃薯葡萄糖琼脂培养基。接种时，将平板倒转，向上接种 1 个点或 3 个点，每个菌株接种 2 个平板，正置于 25 ℃±1 ℃恒温培养箱中进行培养。当刚长出小菌落时，以无菌操作取出 1 个平皿，用无菌不锈钢小刀或眼科手术小刀将菌落连同培养基切下 1 cm×2 cm 的小块，置于菌落一侧，继续培养，并于 5～14 天进行观察。此法可代替小培养法，用于观察子实体的着生状态
2. 斜面观察	将真菌纯培养物划线接种或点种于斜面培养基上，培养 5～14 天，观察菌落形态，同时还可以直接将试管斜面置于低倍显微镜下观察孢子的形态和排列情况
3. 直接制片观察	制片时，取无菌载玻片加 1 滴乳酸 – 苯酚液，用无菌接种钩取一小块真菌培养物，置于乳酸 – 苯酚液中，用 2 支无菌分离针将培养物轻轻撕成小块，切忌涂抹，以免破坏真菌结构。然后加无菌盖玻片，如有气泡，可在酒精灯上加热排除。制片时应在生物安全柜、无菌接种罩、接种箱、手套箱内操作，以防孢子飞扬

操作步骤	操作说明
4. 透明胶带法	（1）加 1 滴乳酸 – 苯酚液于载玻片上。 （2）用食指和拇指捏住一段透明胶带的两端，使透明胶带呈 U 形，胶面朝下。 （3）将透明胶带的胶面轻轻触及菌落表面，确保接触到菌体。 （4）将粘在透明胶带上的菌体浸入载玻片上的乳酸 – 苯酚液中，并将透明胶带两端固定在载玻片两端。随后，用低倍镜和高倍镜镜检
5. 镜检	观察真菌菌丝和孢子的形态、特征以及孢子的排列情况等并记录。 （1）曲霉：观察菌丝体有无隔膜和足细胞，注意观察分生孢子梗、顶囊、小梗及分生孢子的着生状况及形状。 （2）青霉：观察菌丝体的分枝状况，有无隔膜。注意观察分生孢子梗及其分枝方式、梗基、小梗，分生孢子的形状及分生孢子穗、帚状分枝的层次状况。 （3）根霉：观察菌丝有无隔膜、假根、匍匐枝、孢子囊梗、孢子梗及孢囊孢子。注意观察孢囊破裂后的囊托及囊轴。 （4）毛霉：观察菌丝有无隔膜和孢囊孢子，以及菌丝的分枝情况

（四）记录原始数据

将菌落形态特征和镜检结果的原始数据填入表 2 – 16。根据菌落形态及镜检结果，参照上述对各种霉菌形态的描述，确定菌种名称，报告霉菌菌种鉴定结果。

表 2 – 16　霉菌菌落形态特征和镜检结果

菌号	外观形态	颜色	透明度	湿润度	边缘	结合程度
菌号	菌丝形态	菌丝有无隔膜	孢子的形态	孢子的排列	—	—
					—	—
					—	—
					—	—
					—	—

（五）评价反馈

实验结束后，请按照表 2 – 17 中的评价要求填写考核结果。

表 2 – 17 霉菌形态结构观察考核评价表

学生姓名：   班级：   日期：

考核项目		评价项目	评价要求	不合格	合格	良好	优秀
知识储备		了解霉菌形态结构观察操作的基本要求	相关知识输出正确（1 分）				
		掌握 4 类常见霉菌的基本形态特征	能够说出 4 类常见霉菌的基本形态特征要点（3 分）				
采样准备		能够正确准备霉菌形态结构观察所需设备及材料	设备及材料准备正确（6 分）				
技能操作		能够通过斜面观察、直接制片观察和透明胶带法观察等方式进行制片并完成霉菌形态结构的观察	操作过程规范、熟练（15 分）				
		能够正确、规范记录信息	信息记录准确、规范（5 分）				
课前	通用能力	课前预习任务	课前预习任务完成认真（5 分）				
课中	专业能力	实际操作能力	能够按照操作规范进行斜面观察（15 分）				
			能够按照操作规范进行直接制片观察（15 分）				
			能够按照操作规范进行透明胶带法观察（15 分）				
	工作素养	发现并解决问题的能力	善于发现并解决实验过程中的问题（5 分）				
		时间管理能力	合理安排时间，严格遵守时间安排（5 分）				
		遵守实验室安全规范	遵守实验室安全规范（5 分）				
课后	技能拓展	菌落特征观察	正确、规范地完成（5 分）				
总分							

注：不合格：<60 分；合格：60 ~ 74 分；良好：75 ~ 84 分；优秀：>85 分

◆ **拓展训练**

查找相关知识，了解其他菌类的菌落特征。

案例介绍

通过手机扫码获取细菌和真菌污染食品的相关案例，总结细菌和真菌污染对食品品质产生的影响，学习了解不同食品的安全储存知识。

2.1　案例

拓展资源

利用互联网、国家标准、微课等，对所学内容进行拓展，查找线上相关知识，深化对相关知识的学习。

2.1　资源

项目二 微生物染色观察技术

任务一 细菌的简单染色

2.2 PPT

学习目标

知识目标

(1) 掌握微生物涂片、染色的基本技术。

(2) 掌握简单染色的原理，理解着色机理。

(3) 熟悉细菌的个体形态和菌落特征。

能力目标

(1) 能够熟练进行细菌的简单染色，并能正确染色。

(2) 能够熟练观察细菌的个体形态和菌落特征。

素质目标

(1) 充分领会"食品安全重于泰山"的含义，树立求真务实的职业担当意识，增强自身的社会责任感和职业认同感，培养良好的职业素养。

(2) 分析不同微生物的特征，认识微生物对食品的益处和害处，树立为食品产业的良性发展保驾护航的理想。

细菌染色镜检观察是微生物检验过程中一个必不可少的操作环节。由于细菌个体微小且呈无色、半透明状态，与周围环境的折射率差别甚小，因此，在显微镜下极难观察到。经过染色后，细菌与环境形成鲜明对比，可以清楚地观察到细菌的形态和结构特征，有助于进行细菌的分类鉴定。

细菌染色方法分为单染法和复染法。单染法是使用单一染料使细菌着色，常用的有美蓝和番红染液；复染法是用2种或2种以上的染料染色，有助于细菌的鉴别，故又称鉴别染色法。常用的复染法有革兰氏染色法、抗酸性染色法和芽孢染色法等。细菌的染色鉴别与细菌的结构有关。

一、细菌的基本结构与观察

细菌的基本结构包括细胞壁、细胞膜、细胞质、拟核与质粒，是所有细菌都必须具备的与生命活动密切相关的细胞结构。

1. 细胞壁

细胞壁是菌体最外层的结构，其内侧紧贴细胞膜，呈无色透明状，坚韧且富有弹性，厚度为 10～80 nm。其组成较为复杂，且因细菌种类不同而有所差异。

1）细胞壁的功能

细胞壁可以维持细菌的固有外形，保护细胞免受外力损伤，并保护细菌抵抗低渗环境。如果以溶菌酶或低浓度青霉素抑制细菌细胞壁肽聚糖的合成，则可导致细菌的细胞壁形成缺陷，原来的杆菌可能会变为球形。细菌细胞内由于浓集了大量营养物质和高浓度的无机盐，渗透压可以达到 5～25 个大气压[①]，在外界相对低渗的环境中，如果没有坚韧的细胞壁保护，细胞膜会破裂，导致细菌死亡。细胞壁是细菌鞭毛运动的支点，可协助细胞进行运动。细胞壁有一定的屏障作用，并且参与菌体内外的物质交换。细胞壁上有许多微孔，只允许水分子和小于 2 nm 的小分子物质自由通过；对大分子或有害物质起阻拦作用。细胞壁表面带有多种抗原表位，可以诱发机体的免疫应答，是细菌具有特定的抗原性和致病性以及对抗生素和噬菌体具有敏感性的物质基础。细胞壁是细胞正常分裂增殖所必需的结构。

2）细胞壁的化学组成与结构

细菌细胞壁的主要成分是肽聚糖（peptidoglycan），又称黏肽（mucopeptide）。细胞壁的机械强度有赖于肽聚糖的存在。肽聚糖是原核细胞特有的化学物质，合成肽聚糖是原核生物特有的能力。肽聚糖是由 N－乙酰葡萄糖胺和 N－乙酰胞壁酸构成的双糖单元，通过 β－1，4－糖苷键交替相连而组成线状多糖链；相邻多糖链之间由 4 个氨基酸残基组成的短肽相接，形成肽聚糖片层，进而聚合成的一个机械性很强的多层网状大分子。所有细菌细胞壁的肽聚糖中的多糖链均相同，而肽链却存在种间差异。

根据细菌细胞壁的构造和化学组成差异，可将细菌分为革兰氏阳性菌（G^+）和革兰氏阴性菌（G^-）。

（1）革兰氏阳性菌的细胞壁：革兰氏阳性菌的细胞壁较厚，厚度为 20～80 nm，主要是由肽聚糖（约 90%）网架结构中填充磷壁酸（teichoic acid）（约 10%）而组成的致密网状结构。磷壁酸是革兰氏阳性菌细胞壁的特有物质，分为壁磷壁酸和膜磷壁酸，构成革兰氏阳性菌的重要表面抗原，这与细菌分型有关。膜磷壁酸可以黏附宿主细胞，这与细菌的致病性有关。

（2）革兰氏阴性菌的细胞壁：革兰氏阴性菌的细胞壁较薄，厚度为 10～15 nm。细胞壁分为两层，内层为肽聚糖层，肽聚糖含量较低，占细胞壁干重的 5%～10%，网状结构疏松；外层为脂蛋白和脂多糖层，脂多糖位于脂质双层外侧，是革兰氏阴性菌的内毒素。

革兰氏阳性菌和革兰氏阴性菌细胞壁化学组成及结构比较见表 2－18。

表 2－18　革兰氏阳性菌和革兰氏阴性菌细胞壁化学组成及结构比较

特征	革兰氏阳性菌	革兰氏阴性菌
强度	较坚韧	较疏松
厚度	厚，20～80 nm	薄，10～15 nm

---

① 此单位非法定计量单位，1 个标准大气压 = 101 325 Pa。

特征	革兰氏阳性菌	革兰氏阴性菌
肽聚糖层数	多，可达50层	少，1~2层
肽聚糖含量	多，可占细胞壁干重50%~80%	少，占细胞壁干重5%~20%
磷壁酸	有	无
外膜	有	无
结构	三维空间立体结构	二维空间平面结构

2. 细胞膜

细胞膜是典型的单位膜结构，厚8~10 nm，位于细胞壁内侧，是包围细胞质的柔软、脆弱且具有弹性的半渗透性薄膜。其功能主要有以下几方面。

（1）选择性控制细胞内外物质的运送、交换，使细菌能在各种化学环境中吸收所需的各种营养物质，排出多余代谢产物。

（2）通过屏障作用维持细胞内正常的渗透压。

（3）参与合成膜脂、细胞壁的各种组分和荚膜。

（4）参与产能代谢（呼吸链），提供运动所需能量。

（5）作为鞭毛的着生点。

3. 细胞质

细胞质是细胞膜内除拟核外的一切半透明、胶状、颗粒状物质的总称。细胞质的化学组成主要是水、蛋白质、脂类、核酸、多糖及无机盐等。细胞质含有核糖体、质粒、储藏物颗粒等内含物，是营养物质合成、转化、代谢的场所。

4. 拟核与质粒

拟核：拟核是原核生物所特有的，是由环状双链DNA经不规则折叠或缠绕而构成的无核膜和核仁的区域；拟核无固定形态且负载遗传信息。

质粒：质粒是位于核区染色体外的闭合环状双链DNA，能够进行自我复制。质粒可携带多个基因，一个细菌细胞可以有一至多个质粒。质粒可通过细菌的接合而转移，也可随细胞的分裂而传递。

二、简单染色观察技术

简单染色法是利用单一染料对细菌进行染色，使经染色后的菌体与背景形成明显的色差，从而使其形态结构能够更加清楚地呈现出来。

1. 染料种类

染料是一类苯环上带有发色基团和助色基团的有机化合物。

按来源，染料可分为天然染料和人工染料。天然染料，如胭脂虫红、地衣素、石蕊和苏木素等，多从植物体中提取得到，成分较为复杂，有些至今尚不完全清楚。目前主要采用的是人工染料，又称煤焦油染料。这种染料多从煤焦油中提取获得，是苯的衍生物。

染料按其电离后所带电荷的性质，分为4大类：①酸性染料，如伊红、刚果红、澡红、苯胺黑、苦味酸和酸性复红等；②碱性染料，如美蓝、甲基紫、结晶紫、碱性复红、中性红、孔雀绿和番红等；③中性（复合）染料，如瑞氏（Wright）染料和吉姆萨（Giemsa）染料等；④单纯染料，如苏丹（Sudan）类染料。

染色效果因染料不同而异：石炭酸复红染液，着色快，时间短，菌体呈红色；美蓝染液，着色慢，时间长，效果清晰，菌体呈蓝色；草酸铵结晶紫染液，染色迅速，着色深，菌体呈紫色。

2. 染色原理

微生物染色的基本原理是借助物理和化学因素的作用而进行染色。物理因素包括细胞及细胞物质对染料的毛细现象、渗透和吸附作用等；化学因素则是根据细胞物质和染料的不同性质而发生的各种化学反应。

微生物细胞由蛋白质、核酸等两性电解质及其他化合物组成，所以，微生物细胞表现出两性电解质的性质。细菌细胞带负电荷多，容易与带正电荷的碱性染料结合，因此，常用碱性染料对细菌进行简单染色。由于在 pH 为中性、碱性或弱酸性的溶液中，细菌细胞通常带负电荷，而碱性染料在电离时，其分子的染色部分带正电荷，因此碱性染料的染色部分很容易与细菌结合并使其着色。但是，当细菌分解糖类产酸，使培养基 pH 下降而处于酸性条件时，细菌所带正电荷增加，此时可用伊红、刚果红等酸性染料进行染色。

染色效果还会受到其他因素的影响，如菌体细胞的构造（如膜孔的大小）、细胞结构的完整性以及其外膜的通透性，都对染色效果上有一定影响。此外，培养基的组成、菌龄、染色液中的电解质含量和 pH 值、温度以及药物的作用等，也都会对细菌的染色结果产生影响。

◆ 问题思考

（1）为什么要求制片完全干燥后才能用油镜观察？

（2）简单染色的注意事项有哪些？

三、细菌简单染色实操训练

◎ 任务描述

简单染色法是利用单一染料使细菌着色以显示其形态的染色方法。微生物细胞是由蛋白质、核酸等两性电解质及其他化合物组成的。所以，微生物细胞表现出两性电解质的性质。两性电解质兼有碱性基和酸性基，在酸性溶液中离解出碱性基，呈碱性，带正电；在碱性溶液中离解出酸性基，呈酸性，带负电。常用于微生物染色的染料主要有碱性染料、酸性染料和中性染料 3 大类。碱性染料在电离时，其分子的染色部分带正电荷，因此，能和带负电荷的物质结合。细菌蛋白质等电点较低，pI 值为 2～5，通常情况下带负电荷，常采用碱性染料使其着色，如亚甲蓝、结晶紫、碱性复红或孔雀绿等。酸性染料的离子带负电荷，能与带正电荷的物质结合。当细菌生长繁殖时可使培养基的 pH 值降低，所带的正电荷增加，易被酸性染料着色，如伊红、酸性复红、刚果红等。中性染料是酸性染料和碱性染料的结合物，亦称复合染料，如伊红亚甲蓝、伊红天青等。细菌的菌体很小，活细胞含水量为 80%~90%，因此其对光的吸收和反射与水溶液相差不大，呈无色透明状态，与周围背景没有明显的色差，在普通光学显微镜下不易识别，所以，若要观察其细胞结构，必须染色，使经染色后的菌体与背景形成明显的色差，从而能更清楚地观察其形态和结构。

任务要求

（1）能够掌握简单染色的操作。
（2）能够熟练运用显微镜进行细菌染色的镜检。

任务实施

（一）设备和材料

设备和材料见表 2-19。

表 2-19　设备和材料

序号	名称	作用
1	普通光学显微镜	观察标本
2	酒精灯	染色制片中干燥涂片
3	擦镜纸	显微镜维护
4	无水乙醇	显微镜维护
5	无菌载玻片	染色制片
6	接种环	菌种挑取
7	蒸馏水（或生理盐水）	染色、制片、清洗

（二）菌种和试剂

1. 菌种

培养 12~16 h 的苏云金芽孢杆菌或枯草杆菌斜面菌种，培养 24 h 的大肠埃希氏菌斜面菌种。

2. 试剂

石炭酸品红、吕氏碱性亚甲蓝、无水乙醇、95% 乙醇（脱色液）、香柏油。

（三）操作步骤

简单染色的基本流程：涂片、干燥、固定、染色、水洗、干燥、镜检。其具体操作步骤见表 2-20。

表 2-20　细菌简单染色的操作步骤

操作步骤	操作要点	操作说明
涂片	取洁净无菌载玻片，在其中央滴加 1 滴生理盐水（或无菌水），用接种环以无菌操作挑取欲观察的菌体，与水充分混匀，涂成直径约 1 cm 的极薄菌膜；若为液体培养物或从固体培养物中洗下制备的菌液，则直接涂布于载玻片上	生理盐水和取菌量不宜过多，涂片要涂抹均匀

操作步骤	操作要点	操作说明
干燥	可在酒精灯火焰上端高处微热烘干或自然干燥，制成菌膜，也可用电吹风低温吹干	不能直接在火焰上烘烤，以防止涂片被烤干枯而变形，电吹风应与载玻片保持适当距离，不要温度过高，以防破坏细胞形态
固定	手持已干燥的涂有菌膜的载玻片，涂面朝上匀速通过酒精灯火焰2~3次	用手指轻触涂片反面，以不烫手为宜
染色	将热固定的细菌涂片平放在载玻片架上，待玻片冷却后滴加染料1~2滴于涂片上，覆盖涂面染色1~2 min（吕氏碱性美蓝染色1~2 min；石炭酸复红染色约1 min。）	以染液刚好覆盖涂片薄膜为宜；若以草酸铵结晶紫染色，则需合理控制染色时间
水洗	将涂片上的染液倒入废液缸中；手持细菌染色涂片，置于废液缸上方，用洗瓶冲洗，自玻片一端轻轻冲洗，至流下的水变无色为止	不要直接冲洗涂面，而应使水从载玻片的一端流下；水流不宜过急、过大，以免涂片薄膜脱落
干燥	自然干燥、吸水纸吸干或用电吹风吹干	用吸水纸吸干时，切勿将菌体擦掉
镜检	先用低倍镜观察，再用高倍镜观察，找到样品区域，将载物台下降，油镜转到工作位置；在待观察的样品区域滴加香柏油，从侧面观察，将载物台小心地上升，使油镜浸入香柏油中，然后用细调节螺旋调节，在油浸镜状态下观察菌体形态和染色结果	标本干燥后才可镜检；玻片放置位置要正确，以免压碎；镜检时应以视野内能观察到细胞的染色反应为标准
实验完毕后的处理	先用擦镜纸拭去镜头上的香柏油，然后用擦镜纸蘸少许二甲苯擦去镜头上残留的油迹，最后用干净的擦镜纸擦去残留的二甲苯；关闭显微镜电源，套上镜罩，按号码放入显微镜柜中；染色玻片放入装有灭菌液的回收容器内；清理实验台，归还实验物品	拿取显微镜时，要注意小心轻拿，油镜头务必清洁干净；带菌的玻片应灭菌后再清洗

（四）记录原始数据

将细菌简单染色结果的原始数据填入表2-21。

表2-21　细菌简单染色结果记录表

菌名	菌体颜色	菌体形态

（五）任务评价

实验结束后，请按照表2-22中的评价要求填写考核结果。

表2-22 细菌简单染色考核评价表

学生姓名：　　　　　　　　　　班级：　　　　　　　　　　日期：

考核项目		评价项目	评价要求	不合格	合格	良好	优秀
知识储备		了解细菌简单染色的工作原理	相关知识输出正确（5分）				
		掌握细菌的基本结构及功能	能够说出细菌的基本结构和功能（4分）				
检验准备		能够正确准备仪器	仪器准备正确（6分）				
技能操作		能够按操作步骤熟练操作并使用显微镜进行观察	操作过程规范、熟练（15分）				
		能够正确、规范记录信息	信息记录准确、规范（5分）				
课前	通用能力	课前预习任务	课前预习任务完成认真（10分）				
课中	专业能力	实际操作能力	正确涂片、干燥、固定（10分）				
			染色、水洗、干燥流程熟练、正确（10分）				
			镜检及显微镜维护正确（10分）				
	工作素养	发现并解决问题的能力	善于发现并解决实验过程中的问题（5分）				
		时间管理能力	合理安排时间，严格遵守时间安排（5分）				
		遵守实验室安全规范	遵守实验室安全规范（5分）				
课后	技能拓展	带菌的玻片灭菌后再清洗	正确、规范地完成（10分）				
总分							

注：不合格：<60分；合格：60~74分；良好：75~84分；优秀：>85分

◆ 拓展训练

（1）用简单染色观察技术，对多种细菌的形态特征进行观察，并记录结果。

（2）拓展所学内容，上网查找常见细菌的简单染色反应结果，深化对相关知识的学习。

任务二　细菌的革兰氏染色

学习目标

知识目标

（1）能够通过染色和镜检技术区分革兰氏阳性菌与革兰氏阴性菌。

（2）掌握革兰氏染色的原理，理解其着色机理。

能力目标

（1）能够正确选择、使用各种染色方法完成染色任务。

（2）能够通过染色和镜检技术区分革兰氏阳性菌与革兰氏阴性菌。

（3）能够正确使用普通光学显微镜观察微生物形态，并对光学显微镜进行正确保养。

素质目标

（1）树立社会主义核心价值观，严格遵守实验现场7S管理规范。

（2）领会工匠精神，不断增强团队合作精神和集体荣誉感。

（3）培养勇于实践、严谨求实的科学态度和科学精神。

一、革兰氏染色观察技术

革兰氏染色法是微生物检验与鉴别中广泛应用的染色法，属于复染法。此方法常用于细菌的分类鉴定：最终染色反应呈蓝紫色的细菌属于革兰氏阳性菌；呈红色（复染颜色）的细菌属于革兰氏阴性菌。

1. 基本步骤

革兰氏染色观察一般包括制片、初染、媒染、脱色、复染、镜检等步骤，具体操作流程如下。

（1）制片。

①涂片。

液体培养菌：左手持菌液试管，在酒精灯火焰附近5 cm左右打开管盖；右手持接种环在火焰中烧灼灭菌，待接种环冷却后从试管中蘸取菌液1环，在洁净无脂的载玻片上涂布直径2 mm左右的涂膜，最后将接种环在火焰上烧灼灭菌。

固体培养菌：先在载玻片上滴1小滴无菌生理盐水，再用接种环以无菌操作从待测菌面上挑取少量菌体，使其薄而均匀地涂布于生理盐水水滴中。

②干燥。

室温自然干燥，或借用酒精灯火焰上方的微热量，使之迅速干燥，但勿靠近火焰。

③固定。

待涂片干燥后，手持载玻片一端，标本面朝上，在酒精灯的火焰外侧快速来回移动3~4次，共3~4 s，此操作又称热固定。其目的是使细胞蛋白质变性凝固，以固定细胞形态，并使之牢固附着在载玻片上。但要求载玻片温度不超过60 ℃，以免菌体破裂甚至炭化，以载玻片背面触及手背皮肤不觉过烫为宜，放置待冷却后以备染色。

（2）初染。

用草酸铵结晶紫染液初染：将涂片置于水平位置，滴加草酸铵结晶紫染液于载玻片的涂面上（以刚好覆盖涂片薄膜为宜），染色 1~2 min，倒去染色液，细水冲洗至洗出液为无色，将载玻片上的水甩净。

（3）媒染。

用卢戈氏碘液媒染：在载玻片上涂膜部位加适量卢戈氏碘液染色 1 min，倒去染色液，细水冲洗至洗出液为无色，将载玻片上的水甩净。

（4）脱色。

乙醇脱色：将载玻片倾斜，在白色背景下，用滴管流加95%的乙醇于涂片上方，至流出的乙醇刚刚不出现紫色时为止（20~30 s），立即水洗，终止脱色，将载玻片上的水甩净。乙醇脱色是革兰氏染色操作的关键环节。若脱色不足，革兰氏阴性菌会被误染成革兰氏阳性菌，称为假阳性；若脱色过度，革兰氏阳性菌被误染成革兰氏阴性菌，称为假阴性。

（5）复染。

番红液复染：在涂片上滴加番红染液复染 1~2 min，水洗，干燥。

（6）镜检。

干燥后，通过油镜观察。根据染色结果对菌体进行鉴别。菌体被染成蓝紫色的细菌为革兰氏阳性菌，被染成红色的细菌为革兰氏阴性菌。以分散开的细菌的革兰氏染色反应为准；若菌体过于密集，常常呈假阳性。此外，菌龄也会影响染色结果，如革兰氏阳性菌培养时间过长、细菌已死亡或部分细菌自行溶解，都常呈阴性反应。

2. 革兰氏染色的原理

革兰氏染色结果差异主要由革兰氏阳性菌与革兰氏阴性菌的细胞壁成分和构造的差异造成。通过结晶紫初染和碘液媒染后，细胞壁内形成不溶于水的结晶紫与碘的复合物。革兰氏阳性菌细胞壁较厚，肽聚糖网层次较多且交联致密，经乙醇脱色处理时，细胞壁失水进而使网孔缩小，再加上它不含类脂，故乙醇处理不会出现缝隙，从而能把结晶紫与碘复合物牢牢留在壁内，使其仍呈紫色。而革兰氏阴性菌因细胞壁薄，外膜层类脂含量高，肽聚糖层薄且交联度差，在遇乙醇脱色剂后，以类脂为主的外膜迅速溶解，增加了细胞壁的通透性，薄而松散的肽聚糖网不能阻挡结晶紫与碘复合物的溶出，因此通过乙醇脱色后呈无色，再经番红等红色染色液复染，就使革兰氏阴性菌呈现为红色。

3. 革兰氏染液的作用

革兰氏染液包括碱性初染液、媒染剂、脱色剂和复染液。碱性初染液的作用详见本项目二任务一的"简单染色观察技术"下的"染色原理"一段所述。革兰氏染色的初染液一般为结晶紫。媒染剂能增加染料与细胞之间的亲和力或附着力，即以某种方式帮助染料固定在细胞上，使其不易脱落。不同类型的细胞脱色反应不同，有的能被脱色，有的不能，常用的脱色剂为95%乙醇。复染液是一种颜色不同于初染液的碱性染料。复染的目的是使被脱色的细胞染上不同于初染液的颜色，而未被脱色的细胞仍然保持初染的颜色，从而区分出革兰氏阳性菌和革兰氏阴性菌。常用的复染液为番红。

二、细菌的革兰氏染色实操训练

◎ 任务描述

革兰氏染色法是 1884 年由丹麦病理学家 C. Gram 所创立的。革兰氏染色法可将所有的细菌区分为革兰氏阳性菌和革兰氏阴性菌,是细菌学上最常用的鉴别染色法。该染色法之所以能将细菌分为革兰氏阳性菌和革兰氏阴性菌,是因为这两类细菌的细胞壁结构和成分不同。革兰氏阴性菌的细胞壁中含有较多易被乙醇溶解的类脂,而且肽聚糖层较薄、交联度低,所以在用乙醇或丙酮脱色时,类脂被溶解,细胞壁的通透性增加,使初染的结晶紫和碘的复合物易于渗出,菌体被脱色,随后再经番红复染后就呈现为红色。革兰氏阳性菌细胞壁中的肽聚糖层厚且交联度高,类脂含量少,经脱色剂处理后反而使肽聚糖层的孔径缩小,通透性降低,因此细菌仍保留初染时的颜色。本任务是通过简单染色和革兰氏染色观察细菌。

◎ 任务要求

(1)学习微生物涂片、染色的基本技术,并掌握革兰氏染色法。

(2)了解革兰氏染色法的原理及其在细菌分类鉴定中的重要性。

(3)巩固显微镜的使用方法。

◎ 任务实施

(一)设备和材料

设备和材料见表 2 – 23。

表 2 – 23 设备和材料

序号	名称	作用
1	载玻片	染色制片
2	普通光学显微镜	观察标本
3	接种环	接种、取样
4	酒精灯	加热、灭菌等
5	洗瓶	冲洗
6	香柏油	油镜观察
7	无水乙醇	显微镜维护
8	擦镜纸	显微镜维护
9	无菌镊子	夹取样品
10	乙醚	显微镜维护

(二)菌种或试剂

菌种或试剂有:枯草杆菌(*Bacillus subtilis*)或大肠杆菌(*Escherichia coli*)、碱性美

蓝、结晶紫、卢戈氏碘液、95%乙醇、番红。

（三）操作步骤

细菌革兰氏染色的具体操作步骤见表2-24。

表2-24　细菌革兰氏染色的操作步骤

操作步骤	操作要点	操作说明
涂片	取一洁净载玻片，涂片前应先标记好菌种名称，滴加1小滴蒸馏水于载玻片中央，然后用接种环以无菌操作取少量菌体轻轻混入水中，涂成一薄层并使细胞均匀分散	取菌时不能取得太多，要用活跃生长期的幼培养物。涂片要均匀，勿使细菌密集重叠，涂片太厚，则可能将革兰氏阴性菌染成紫色；涂片太薄，则可能将革兰氏阳性菌染成红色
干燥	在空气中自然干燥或在酒精灯火焰上端高处微微加温	干燥时勿过于靠近火焰
固定	把涂有细菌的面朝上，使载玻片在酒精灯火焰上通过3次，目的是杀死菌体细胞以改变其对染色剂的通透性，同时使涂片的菌体紧贴载玻片而不易被水冲洗脱落	热固定温度不宜过高，以载玻片背面不烫手为宜，否则会改变甚至破坏细胞形态
初染	用草酸铵结晶紫染液初染1 min，倒去染色液，加1滴卢戈氏碘液媒染1 min，此时用细水冲洗至洗出液为无色，将载玻片上的水吸干	染液以刚好完全覆盖菌膜为宜，否则部分菌膜未受处理，可能会造成假象；水洗后，应吸去载玻片上的残水，以免染液被稀释而影响染色效果
媒染	在载玻片的涂膜部位加适量卢戈氏碘液染色1 min，形成碘复合物，水洗，吸干	卢戈氏碘液会因存储过久或受光照后失去媒染作用，要注意检查
脱色	将载玻片倾斜，在白色背景下，滴加95%乙醇脱色20~30 s，直至流出的乙醇无紫色时，立即水洗，终止脱色，用滤纸吸去载玻片上的残水	脱色时间长短要适宜，如果涂片较厚应相应延长脱色时间，如涂片较薄则相应地缩短脱色时间
复染	用番红液复染1~2 min，水洗	染色时间应根据季节、气温进行调整
干燥	自然干燥或用吸水纸吸干或电吹风吹干	用吸水纸吸干时，切勿将菌体擦掉
镜检	先用低倍镜观察，再用高倍镜找到要观察的区域后，将油镜转到工作位置：在显微镜油浸镜状态下检查革兰氏阳性菌和阴性菌染色的差异，并观察菌体形态	镜检时应以视野内呈分散状态的细胞的染色反应为准，若菌体过于密集，常常会呈假阳性
实验完毕后的处理	将油镜头擦拭干净，关闭显微镜电源，套上镜罩，按号码放入显微镜柜中；将观察后的染色玻片放入装有灭菌液的回收容器内；清理实验台，归还实验物品	油镜镜头先用擦镜纸蘸取二甲苯擦拭一次，再用干净的擦镜纸擦拭一次

（四）记录原始数据

将细菌革兰氏染色结果的原始数据填入表2-25中。

表 2-25　细菌的革兰氏染色结果记录表

菌名	形状	颜色	革兰氏染色反应结果（革兰氏阳性菌或革兰氏阴性菌）

（五）评价反馈

实验结束后，请按照表 2-26 中的评价要求填写考核结果。

表 2-26　细菌的革兰氏染色考核评价表

学生姓名：　　　　　　　　　　班级：　　　　　　　　　日期：

考核项目		评价项目	评价要求	不合格	合格	良好	优秀
知识储备		了解革兰氏染色的工作原理	相关知识输出正确（1分）				
		掌握细菌细胞壁的结构及功能	能够说出细菌细胞壁的结构和功能（3分）				
检验准备		能够正确准备仪器	仪器准备正确（6分）				
技能操作		能够按操作步骤熟练操作并使用显微镜进行观察	操作过程规范、熟练（15分）				
		能够正确、规范记录信息	信息记录准确、规范（5分）				
课前	通用能力	课前预习任务	课前预习任务完成认真（5分）				
课中	专业能力	实际操作能力	革兰氏染色操作流程准确、规范（10分）				
			染色时间正确（10分）				
			镜检操作及显微镜维护操作正确（10分）				
			根据染色结果进行正确判断（10分）				
	工作素养	发现并解决问题的能力	善于发现并解决实验过程中的问题（5分）				
		时间管理能力	合理安排时间，严格遵守时间安排（5分）				
		遵守实验室安全规范	遵守实验室安全规范（5分）				
课后	技能拓展	带菌的玻片灭菌后再清洗	正确、规范地完成（5分）				
		掌握革兰氏染色成败的关键控制点	涂片厚度、染色时间、乙醇脱色的程度控制准确（5分）				
总分							
注：不合格：<60分；合格：60~74分；良好：75~84分；优秀：>85分							

拓展训练

（1）用革兰氏染色观察技术，对多种细菌的形态特征进行观察，并记录结果。

（2）拓展所学内容，上网查找常见细菌的革兰氏染色反应结果，深化对相关知识的学习。

案例介绍

通过手机扫码获取相关菌种的革兰氏染色案例，通过阅读网络资源总结革兰氏染色对于鉴别各菌种菌株的意义。

2.2 案例

拓展资源

利用互联网、国家标准、微课等，对所学内容进行拓展，查找线上相关知识，深化对相关知识的学习。

2.2 资源

项目三　微生物接种培养与消毒技术

任务一　培养基的制备与验收

2.3　PPT

学习目标

知识目标

（1）掌握微生物的营养需求与营养类型，了解微生物的营养吸收方式。

（2）熟悉培养基的类型与应用，能够根据需求正确选用不同类型的培养基。

能力目标

（1）能够查阅与解读《食品安全国家标准　食品微生物学检验　培养基和试剂的质量要求》（GB 4789.28—2024），并能进行标准比对工作。

（2）能够根据企业产品类型确定培养基的类型。

（3）能够熟练进行培养基的配制与灭菌。

（4）能够正确填写培养基配制记录。

素质目标

（1）鼓励学生关注新技术、新方法，培养学生的创新精神。

（2）培养学生在实验过程中求真务实、客观公正的检验态度，形成严谨的工作作风。

培养基是微生物检验工作中必不可少的实验材料，主要用于微生物的分离、培养、鉴定及菌种保藏等。培养基的质量直接影响检验结果的准确性、可靠性。因此，了解微生物的营养需求，正确掌握培养基的制备技术和使用方法是从事微生物检验工作的基础。

一、微生物营养

微生物与其他生物一样，需要不断地从其生长的外部环境中摄取所需的各种营养物质，用于合成自身物质和为机体提供各种生理活动所需的能量，从而使机体能够进行正常的生长与繁殖，保证其生命的连续性。营养（nutrition）是指生物体从外部环境中摄取其生命活动所必需的能量和物质，以满足其正常生长和繁殖的基本生理需求。

营养物质或营养素（nutrient）是指能够支持机体生长、繁殖和完成各种生理活动的物质。在微生物学中，营养物质还包括光能等非物质形式的能源。微生物的营养物质可为它们正常生命活动提供必需的结构物质、能量、代谢调节物质和良好的生理环境。

1. 微生物细胞的化学组成

（1）化学元素。

各种化学元素（chemical element）是构成微生物细胞的物质基础。根据微生物对不同化学元素需要量的大小，可将它们分为大量元素和微量元素。大量元素包括碳、氢、氧、氮、磷、硫、钾、镁、钙、铁等，其中碳、氢、氧、氮、磷、硫这6种主要元素可占细菌细胞干重的97%。微量元素包括锌、锰、氯、钼、硒、钴、铜、钨、镍、硼等。组成微生物细胞的各类化学元素的比例常因微生物种类的不同而有所不同，也常随菌龄及培养条件的不同而在一定范围内发生变化。例如，就氮元素含量而言，幼龄微生物比老龄微生物含氮量高；氮源丰富的培养基上生长的细胞比在氮源相对贫乏的培养基上生长的细胞含氮量高。

（2）元素在细胞内存在的形式。

从微生物细胞的化学成分来看，微生物细胞与其他细胞的化学组成并没有本质上的差异。各种化学元素主要以有机物、无机物和水的形式存在于细胞中。有机物主要包括蛋白质、糖、脂、核酸、维生素及它们的降解产物和一些代谢产物等。无机物是指参与有机物的结构组成或单独存在于细胞中的无机盐等物质。水是细胞维持正常生命活动所不可缺少的物质，一般可占细胞质量的70%~90%，可分为游离水和结合水。

2. 微生物的营养要素

微生物的营养要素与摄食型动物（包括人类）以及光合自养型植物非常相似，存在着营养上的统一性。具体来说，微生物的营养要素有6种，即碳源、氮源、能源、生长因子、无机盐和水。

（1）碳源。

凡能够提供微生物营养所需的碳元素（碳架）的营养源统称碳源（carbon source）。碳源在微生物体内通过一系列复杂的化学变化合成细胞物质，并为机体提供生理活动所需的能量。微生物细胞的含碳量约占干重的50%，是除水分以外含量最高的营养物质，又称大量营养物（macronutrients）。微生物可利用的碳源范围（碳源谱）极其广泛（见表2-27）。

表2-27　微生物的碳源谱

类型	元素水平	化合物水平	培养基原料水平
有机碳	C·H·O·N·X	复杂蛋白质、核酸等	牛肉膏、蛋白胨、花生饼粉等
	C·H·O·N	多数氨基酸、简单蛋白质等	一般氨基酸、明胶等
	C·H·O	糖、有机酸、醇、脂类等	葡萄糖、蔗糖、各种淀粉、糖蜜
	C·H	烃类	天然气、石油及其不同馏分、液体石蜡等
无机碳	C·O	CO_2	CO_2
	C·O·X	碳酸氢钠、碳酸钙	碳酸氢钠、碳酸钙等
注：X指除C、H、O、N外的任何一种或几种元素			

碳源分为有机碳源与无机碳源。凡必须利用有机碳源的微生物，称为异养型微生物，大多数微生物都属于这一类。凡能利用无机碳源的微生物，称为自养型微生物。对异养型微生物来说，它的碳源同时又可充作能源，所以，可认为碳源是一种双功能的营养物质。

在微生物发酵工业中，常根据不同微生物的营养需要，利用各种农副产品（如玉米粉、米糠、麦麸、马铃薯、甘薯）及各种野生植物的淀粉，作为微生物生产的廉价碳源。这类碳源往往包含了几种营养要素，只是其中各要素的比例不一定适合各种微生物的要求。

（2）氮源。

微生物细胞中的含氮量为 $5\% \sim 13\%$。氮是蛋白质和核酸的主要成分。氮源（nitrogen source）对微生物的生长发育具有重要的意义，微生物可利用它在细胞内合成氨基酸和碱基，进而合成蛋白质、核酸等细胞成分及含氮的代谢产物。无机氮源物质一般不提供能量，只有极少数的化能自养型细菌（如硝化细菌）可在利用铵态氮和硝态氮作为氮源的同时，通过氧化作用产生代谢能。

凡能提供微生物生长繁殖所需氮元素的营养源，均称为氮源。与碳源相似，微生物能利用的氮源范围（氮源谱）也十分广泛（见表 2 – 28）。

表 2 – 28　微生物的氮源谱

类型	元素水平	化合物水平	培养基原料水平
有机氮	N·C·H·O·X	复杂蛋白质、核酸等	牛肉膏、酵母膏、蚕蛹粉等
	N·C·H·O	尿素、一般氨基酸、简单蛋白质等	尿素、蛋白胨、明胶等
无机氮	N·H	氨气、铵盐等	硫酸铵等
	N·O	硝酸盐等	硝酸钾等
分子氮	N	氮气	空气

与碳源谱相似，微生物的氮源谱远比动物或植物更为广泛。一般说来，异养型微生物对氮源的利用顺序是 N·C·H·O 类或 N·C·H·O·X 类优于 N·H 类，更优于 N·O 类，而最不易被利用的是单一的 N 类。

在实验室和发酵工业生产中，常以铵盐、硝酸盐、牛肉膏、玉米浆、蛋白胨、酵母膏、鱼粉、血粉、蚕蛹粉、豆饼粉和花生饼粉作为微生物的氮源。其中，牛肉膏、玉米浆和无机氮源被微生物吸收后能直接被利用，称为速效氮源；而蛋白胨等被吸收后还需要还原降解才可被利用，称为迟效氮源。微生物对迟效氮源的利用具有选择性。从微生物所能利用的氮源种类来看，大多数微生物可以利用无机氮化合物（如铵态氮（NH_4^+）和硝态氮（硝酸钾））和简单的有机氮化物（如尿素），把非氨基酸的简单氮源（如尿素、铵盐、硝酸盐和氮气）合成生命活动所需的氨基酸，这种微生物称为氨基酸自养型微生物。大多数寄生性微生物和一部分腐生性微生物需要有机氮化合物（如蛋白质、氨基酸）作为氮素营养，这类微生物可称为氨基酸异养型微生物。所有的动物和大量的异养型微生物均属于氨基酸异养型生物，而所有的绿色植物和许多微生物则是氨基酸自养型生物。

（3）能源。

能源（energy source）指能为微生物的生命活动提供最初能量来源的营养物质或辐射能。化能异养型微生物的能源就是其碳源，所有真菌、放线菌和大部分细菌都是化能异养型微生物。化能自养型微生物的能源物质主要是一些还原态的无机物质（如 NH_4^+、NO_2^-、S、H_2S、H_2 和 Fe^{+2} 等）；这些微生物包括硝酸细菌、亚硝酸细菌、硫化细菌、硫细菌、氢细菌和铁细菌等。光能自养型微生物和光能异养型微生物的能源主要是太阳能，如蓝细菌、紫色非硫细菌等。

一种营养物质通常可以有一种以上的营养要素功能，如还原态无机物 NH_4^+ 常具有双功能，它既是硝酸细菌的能源，又是其氮源；有机物常有双功能或三功能，如 N·C·H·O 类营养物质常是异养型微生物的能源、碳源兼氮源，如氨基酸类。

（4）生长因子。

生长因子（growth factor）是一类对微生物正常代谢必不可少且不能用简单的碳源或氮源自我合成的有机物，一般需要量很少，能构成酶的辅基或辅酶。狭义的生长因子一般仅指维生素，广义的生长因子还包括碱基、卟啉及其衍生物、甾醇、胺类、短链（$C_4 \sim C_6$）的支链或直链脂肪酸，有时还包括氨基酸营养缺陷突变株所需要的氨基酸。生长因子虽是重要的营养要素，但与碳源、氮源和能源不同，并非所有微生物都需从外界吸收生长因子。按对生长因子的需要与否，可将微生物分为以下几类。

①生长因子自养型微生物。

生长因子自养型微生物（auxoautotrophs）不需要外界提供生长因子。多数真菌、放线菌和某些细菌（如大肠埃希氏菌）等均为此类微生物。

②生长因子异养型微生物。

生长因子异养型微生物（auxoheterotrophs）需从外界吸收多种生长因子才能维持正常生长，如乳酸菌、各种动物致病菌、原生动物和支原体等。例如，乳酸菌（lactic acid bacteria，LAB）生长需多种维生素；许多微生物及其营养缺陷型（突变株）都需要不同的嘌呤、嘧啶碱基；流感嗜血杆菌（*Haemophilus influenzae*）需要卟啉及其衍生物作为生长因子；支原体常需要甾醇；副溶血性嗜血杆菌（*Haemophilus parahaemolyticus*）需要胺类；一些瘤胃微生物需要 $C_4 \sim C_6$ 的支链或直链脂肪酸；某些厌氧菌（如产黑色素拟杆菌（*Bacteroides melaninogenicus*））需要维生素和氯高铁血红素等。

③生长因子过量合成的微生物。

有些微生物在其代谢活动中会合成大量的维生素及其他生长因子，因此，可以作为维生素等的生产菌。最突出的是生产维生素的阿舒假囊酵母菌（*Eremotheciumashbya*），其发酵液中维生素 B_2 产量可达 2.5g/L；棉阿舒囊霉（*Ashbya gossypii*）也可生产维生素 B_2；谢氏丙酸杆菌（*Propionibacterium shermanii*）可生产维生素 B_{12}。

因此在配制培养基时，可加入富含生长因子的酵母膏（yeast extract）、玉米浆（corn steep liquor）、肝浸液（liver infusion）、麦芽汁（malt extract）或其他新鲜的动植物组织浸液，也可加入复合维生素溶液。

（5）无机盐。

无机盐为微生物细胞生长提供碳源、氮源和多种重要元素，其中包括必需的金属元素，是微生物生长必不可少的一类营养物质。一般微生物生长所需要的无机盐浓度在 $10^{-4} \sim 10^{-3}$ mol/L 范围内的，称为大量元素，如 P、S、K、Ca、Na、Fe 等。凡所需浓度在 $10^{-8} \sim 10^{-6}$ mol/L 范围内的，称为微量元素，如 Cu、Zn、Mn、Mo、Co 等。这些必需的金属元素在机体中的生理作用包括：①构成微生物细胞的组成成分；②参与酶的组成，构成酶活性基的组成成分，调节酶的活性，如 Mg^{2+}、Ca^{2+}、K^+ 是多种酶的激活剂；③维持细胞结构的稳定性，调节与维持细胞的渗透压平衡；④控制细胞的氧化还原电位；⑤有些无机盐如 S、Fe 还可作为某些自养型微生物的能源等。

（6）水。

水是微生物细胞的重要组成成分，占活细胞总量的 90% 左右，在微生物代谢中起着重要作用：①营养物质的吸收与代谢产物的分泌都是通过水来完成的，水起到溶剂与运输介质的作用；②机体内的一系列生理生化反应都离不开水，水参与细胞内的一系列化学反应；③维持蛋白质、核酸等生物大分子稳定的天然构象；④水的比热容高，是热的良好导体，能有效地吸收代谢过程中放出的热，并迅速地散发出去，避免细胞内温度突然升高，能有效减小温度的变化；⑤通过水合作用与脱水作用调节由多亚基组成的结构。

3. 微生物的营养类型

微生物的营养类型因划分标准的不同而各有不同，大多是根据微生物生长所需要的主要营养要素（即能源和碳源）的不同来划分（见表2-29）。

表2-29 微生物的营养类型

营养类型	能源	氢供体	基本碳源	实例
光能自养型	光	无机物	CO_2	蓝细菌、紫硫细菌、绿硫细菌、藻类
光能异养型	光	有机物	CO_2 及简单有机物	紫色无硫细菌
化能自养型	无机物	无机物	CO_2	硝化细菌、硫化细菌、铁细菌等
化能异养型	有机物	有机物	有机物	绝大多数细菌和全部真核微生物

表2-29中所列的4种微生物营养类型的划分并不绝对，它们在不同条件下生长时，营养类型往往可以相互转变。例如，紫色无硫细菌在有光和厌氧条件下生长时，可以利用光来还原 CO_2，这时它们属于光能自养型微生物；但当它们在有机物存在的条件下生长时，又可以利用有机物与光能来生长，此时它们属于光能异养型微生物。异养型微生物也不是绝对不能利用 CO_2，它们当中有许多微生物可以利用 CO_2，只是不能以 CO_2 作为唯一碳源或主要碳源来进行生长，而是在有机物存在的条件下也可以利用 CO_2，将其还原成部分的细胞物质。自养型微生物能利用 CO_2 作为唯一碳源进行生长，但这并不是说它们绝对不能利用有机物来进行生长。

4. 微生物的营养吸收方式

大多数微生物属于渗透营养型，即借助生物膜的半渗透性及其结构特点，按照不同方式来吸收营养物质和水分。一般认为，细胞膜通过4种方式控制物质的运输，即单纯扩散、促进扩散、主动运输和基团移位，其中以主动运输最为重要。4种运输方式的比较见表2-30。

表2-30 4种运输方式的比较

运输方式	特异性载体蛋白	运输速率	溶质运输方向	平衡时内外浓度	运输分子	能量消耗	运输抑制剂	运输对象
单纯扩散	无	慢	由浓至稀	相等	无特异性	不需要	无	水、O_2、CO_2、甘油、乙醇等

运输方式	特异性载体蛋白	运输速率	溶质运输方向	平衡时内外浓度	运输分子	能量消耗	运输抑制剂	运输对象
促进扩散	有	快	由浓至稀	相等	特异性	不需要	有	SO_3^{2-}、PO_4^{3-}等
主动运输	有	快	由稀至浓	内部高得多	特异性	需要	有	氨基酸、乳糖等，Na^+、Ca^{2+}等
基团移位	有	快	由稀至浓	内部高得多	特异性	需要	有	葡萄糖、果糖、甘露糖、嘌呤、核苷、脂肪酸等

（1）单纯扩散。

单纯扩散（simple diffusion），又称被动运输（passive transport），是通过细胞膜进行内外物质交换的最简单方式。营养物质依靠分子不规则运动，通过细胞膜中的小孔进入细胞。其特点是物质由高浓度的胞外环境向低浓度的胞内环境扩散（浓度梯度），这是一种单纯的物理扩散作用。单纯扩散是非特异性的，细胞既不能通过这种方式来选择必需的营养物质，也不能逆浓度梯度运输营养物质。营养物质不与膜上的分子发生反应，本身无结构变化。物质运送的速率随细胞内外该物质浓度差的缩小而减小，最后降低到零即达到动态平衡。利用单纯扩散方式运输的物质主要是一些小分子物质，如水、溶于水的气体（O_2、CO_2）、无机离子及小的极性分子（甘油、乙醇等）。

（2）促进扩散。

促进扩散（facilitated diffusion）与单纯扩散类似，物质在运输过程中不需要消耗能量，物质本身的分子结构也不会发生变化，不能逆浓度梯度运输，运输速率随着细胞内外物质浓度差的缩小而减小，直到膜内外的浓度差消失，达到动态平衡。不同之处是物质在运输过程中，需要借助于膜上的一种名为渗透酶的特异性载体蛋白（运载营养物质）来加速营养物质的运输，以满足微生物细胞代谢的需要。每种载体蛋白只运输相应的物质，即对被运输的物质具有高度的立体专一性。促进扩散的运输方式多见于真核微生物中，如酵母菌运输糖类就是通过这种方式，但在原核生物中较为少见。在厌氧微生物中，某些物质的吸收和代谢产物的分泌也是通过这种方式完成的。

通过促进扩散进入细胞的营养物质主要有氨基酸、单糖、维生素及无机盐等，这种特异性扩散只对生长在高营养浓度下的微生物发挥作用，且主要存在于真核微生物中。

（3）主动运输。

主动运输（active transport）是微生物吸收营养物质的主要方式。主动运输指营养物质由低浓度向高浓度运输，是逆浓度梯度的运输方式。因此，物质在主动运输过程中不仅需要特异性载体蛋白的参与，还需要消耗能量，如腺嘌呤核苷三磷酸（adenosine triphos-phate，ATP）等。载体蛋白对被运输的物质具有高度的立体专一性，其与被运输物质之间亲和力的改变是由于载体蛋白构型的变化而引起的。主动运输不依赖于细胞膜内外被运输物质的浓度差，因而可在低浓度的营养物质环境中吸收营养物质。这种方式运输的营养物质主要有无机离子、有机离子（如氨基酸）和一些糖类（如乳糖、蜜二糖或葡萄糖）等。

（4）基团移位。

基团移位（group translocation）是另一种类型的主动运输，在此过程中，被运输的物质在膜内受到化学修饰，以被修饰的形式进入细胞。其特点是营养物质在运输过程中需要特异性载体蛋白和消耗能量（ATP等），由一个复杂的运输系统来完成物质的运输，并且被运输物质在运输前后还会发生分子结构的变化。基团移位主要存在于厌氧型和兼性厌氧型细菌中，主要用于运送各种糖类（葡萄糖、果糖、甘露糖和N-乙酰葡糖胺等）、核苷酸、丁酸和腺嘌呤等物质。

二、培养基的类型与应用

培养基是按照科研、检验或生产需要，由人工配制的、适合于不同微生物生长繁殖或积累代谢产物的营养基质（混合养料）。所有培养基都应具备微生物生长所必需的碳源、氮源、无机盐、生长因子及水分等，且比例应适当。另外，培养基还应具有适宜的pH值，以及pH缓冲能力。培养基一经制成，应及时彻底灭菌，一般采用高压蒸汽灭菌。

培养基种类繁多，可按其成分来源、物理状态和用途分成多种类型。

1. 按培养基成分的来源分类

（1）天然培养基。

天然培养基（natural medium）指利用各种动植物或微生物体（包括提取物）制成的培养基，如由牛肉膏、蛋白胨、麸皮、马铃薯、玉米浆等制成的培养基，其成分难以准确获得。天然培养基的优点是取材广泛，营养全面而丰富，制备方便，价格低廉，适用于微生物的大规模培养；其缺点是成分复杂，每批成分不稳定。实验室常用的牛肉膏蛋白胨培养基就属于这一类。

（2）合成培养基。

合成培养基（synthetic medium）是按微生物的营养需求精确设计后，用多种高纯化学试剂配制成的培养基，如实验室常用的高氏1号培养基、察氏培养基等。这类培养基成分精确，化学成分和含量完全清楚，培养过程重复性强，一般用于实验室的营养代谢、分类鉴定和选育菌种等工作。合成培养基配制较复杂，微生物在其上生长缓慢，且价格较高，不适于大规模生产。

（3）半合成培养基。

半合成培养基（semi-defined medium）主要以化学试剂配制，同时加入某种或某些天然成分的培养基，如培养真菌的马铃薯蔗糖培养基。这类培养基能更有效地满足微生物对营养物质的需要，兼具天然与合成培养基的优点，价格合理，应用最广。

2. 按培养基的物理状态分类

（1）固体培养基。

固体培养基（solid medium）是指在液体培养基中加入一定量的凝固剂（如琼脂、明胶、硅胶等），使其成为固体状态的培养基。固体培养基包括琼脂固体培养基、明胶固体培养基、硅胶固体培养基和天然固体基质等。

琼脂固体培养基中琼脂含量一般为1.2%～1.5%。固体培养基常用来进行微生物的分离、鉴定、活菌计数及菌种短期保藏。

（2）半固体培养基。

半固体培养基（semi - solid medium）是在液体培养基中加入少量凝固剂（如0.2% ～ 0.7%琼脂）而呈半固体状态的培养基。半固体培养基常用于观察细菌的运动特征、鉴别菌种和测定噬菌体的效价等方面。

（3）液体培养基。

液体培养基（liquid medium）是把各种营养物质溶解于水中，不加任何凝固剂，混合制成水溶液，调节适宜的 pH 值而形成的液体状态的培养基。这类培养基有利于微生物的生长和积累代谢产物，常用于大规模工业生产、实验室观察微生物生长特征以及进行微生物的基础理论和应用方面的研究。

（4）脱水培养基。

脱水培养基又称预制干燥培养基，是指含有除水分外的其他营养成分的商品培养基，使用时只需加入适量水溶解并灭菌即可。

3. 按培养基的用途分类

（1）基础培养基。

基础培养基（minimal medium）是含有一般微生物生长繁殖所需基本营养物质的培养基，又称基本培养基。基础培养基中加入特定物质可满足某种细菌的特定营养需求。

（2）加富培养基。

加富培养基（enrichment medium）是根据培养菌种的生理特性，在基础培养基中加入有利于该种微生物生长繁殖所需要的某些特殊营养物质而制成的培养基。特殊营养物质包括血液、血清、酵母浸膏、动植物组织液等，用来培养营养要求比较苛刻的异养型微生物，如培养百日咳博德氏菌（*Bordetella pertussis*）需要使用含有血液的加富培养基。加富培养基主要用于菌种的保藏或菌种的分离筛选。

（3）选择培养基。

选择培养基（selective medium）指用来将某种或某类微生物从混杂的微生物群体中分离出来的培养基。利用微生物对某种或某些化学物质的敏感性不同，在基础培养基中加入特殊化学物质，以抑制不需要的微生物的生长，有利于所需生物的生长，从而将目标微生物筛选出来。例如，SS［（*Salmonella shigella*），沙门志贺氏菌］琼脂培养基，加入胆盐等抑制剂，对沙门氏菌等肠道致病菌无抑制作用，而对其他肠道细菌有抑制作用。

（4）鉴别培养基。

鉴别培养基（differential medium）是根据微生物的代谢特点，通过指示剂的显色反应来鉴定不同微生物的培养基。在基础培养基中加入某种指示剂，这种指示剂能与目标菌种的无色代谢产物发生显色反应，当目标微生物在这种培养基上生长后，会发生特征性显色反应，通过辨认颜色即可将目标微生物与其他微生物区别开，从而实现微生物的鉴别和区分。

三、培养基的配制原则

根据微生物对营养的需求不同，需要有针对性地对培养基的配方进行选择与配制。配制时，应该遵循以下原则。

（1）培养基组分应适合微生物的营养特点。

尽管所有微生物生长繁殖均需要培养基含有碳源、氮源、无机盐、生长因子、水及能源，但由于微生物种类繁多、营养类型复杂，不同营养类型的微生物，对营养物质的需求差异很大。所以在配制培养基时，首先要考虑培养基的营养搭配。

自养型微生物能用简单的无机碳合成自身需要的糖类、脂类、蛋白质、核酸、维生素等复杂的有机物，因此其培养基完全可以（或应该）由简单的无机物质组成。例如，化能自养型的氧化硫硫杆菌（*Thiobacillus thiooxdans*）的培养基配制过程中不需专门加入其他碳源物质，而是依靠空气和水中的 CO_2 为氧化硫硫杆菌提供碳源。而异养型微生物的培养基中至少需要含有一种有机物，但有机物的种类需适应所培养微生物的特点。例如，在培养乳酸菌时，要求在培养基中加入一些氨基酸和维生素等，乳酸菌才能很好地生长。

生物种类不同，它们所需要的培养基成分也不同：在实验室中常用牛肉膏蛋白胨培养基（也称普通肉汤培养基）培养细菌，用高氏 1 号培养基培养放线菌，培养酵母菌一般用麦芽汁培养基，培养霉菌则一般用察氏培养基。

因此，配制培养基时，首先要根据不同微生物的营养需求，配制针对性强的培养基。当对实验菌营养需求特点不清楚时，可以采用生长谱法进行测定。

（2）营养物质的浓度与比例应恰当。

培养基中的营养物质只有浓度合适时，微生物才能生长良好，营养物质浓度过高或过低都会影响微生物的正常生长。营养物质浓度过低时，不能满足微生物正常生长的营养需求；浓度过高时，则可能对微生物生长起抑制作用。例如，高浓度糖类物质、无机盐、重金属离子等不仅不能维持和促进微生物的生长，反而有抑菌或灭菌作用。

另外，培养基中各营养物质之间的浓度配比也直接影响微生物的生长繁殖和（或）代谢产物的形成及积累。明确培养基的用途，即培养微生物的目的是培养菌种还是发酵生产，发酵生产的目的是获得大量菌体还是获得次级代谢产物等。根据不同的菌种及不同的培养目的来确定各营养成分的浓度比例，其中碳氮比（C/N）的影响较大。严格地讲，C/N 指培养基中碳元素与氮元素的物质的量比值（C/N＝碳源中的碳原子物质的量/氮源中所含的氮原子物质的量），有时也指培养基中还原糖与粗蛋白之比。C/N 直接影响微生物的生长与繁殖以及代谢物的形成与积累，不同微生物对 C/N 的要求各不相同：细菌约为 4/1，酵母菌约为 6/1，霉菌约为 8/1。同一菌种在不同的生长时期对 C/N 也有不同的要求，故常将 C/N 作为考察培养基组成的一个重要指标。一般在配制发酵生产用培养基时，由于 C/N 对发酵产物的积累影响很大，因此对 C/N 的要求比较严格。

一般在发酵工业上，对于发酵用种子的培养，要求培养基的营养成分越丰富越好，尤其是氮源要丰富；而对以积累次级代谢产物为目的的发酵培养基，则要求提高 C/N，即提高碳源物质的含量。例如，在利用微生物发酵生产谷氨酸的过程中，当培养基 C/N 为 4/1时，菌体大量繁殖，谷氨酸积累少；当培养基 C/N 为 3/1 时，菌体繁殖受到抑制，谷氨酸产量则大大增加。再如，在抗生素发酵生产过程中，可以通过控制培养基中速效氮（或碳）源与迟效氮（或碳）源的比例来控制菌体生长与抗生素的合成。

（3）物理化学条件适宜。

除营养成分外，培养基的物理化学条件也直接影响微生物的生长和正常代谢。

①pH 值。

微生物的生长不仅依赖丰富的营养，还需要在适宜的 pH 值范围内才能正常生长繁殖或体现其生物学特性。

各类微生物生长繁殖或产生代谢产物的最适 pH 值条件各不相同。一般来讲，各类微生物适宜生长的 pH 值，细菌为 7.0～8.0，放线菌为 7.5～8.5，酵母菌为 3.8～6.0，霉菌为 4.0～5.8。配制的培养基 pH 值必须控制在适宜的范围内，以满足所培养微生物的生长繁殖或产生代谢产物的条件要求。值得注意的是，在微生物生长繁殖和代谢过程中，营养物质被分解利用和代谢产物的形成与积累会导致培养基 pH 值发生变化，若不对培养基 pH 值进行调节控制，往往会导致微生物生长速率下降或代谢产物产量下降。因此，为了维持培养基 pH 值的相对恒定，在微生物的培养过程中要及时调节培养基的 pH 值。

②渗透压。

微生物细胞膜是半透膜，多数微生物能忍受生长环境中渗透压较大幅度的变化，然而等渗溶液最适宜微生物生长。但当培养基中营养物质的浓度过大，即为高渗溶液时，会使细胞失水而发生质壁分离；当培养基的渗透压低于细胞原生质的渗透压，即为低渗溶液时，则会使细胞吸水膨胀而破裂。所以，配制培养基时要注意渗透压的大小，掌握好营养物质的浓度。通常的做法是在培养基中加入适量的氯化钠来调节渗透压。

（4）重视培养基中各成分的来源和价格。

配制培养基时，应尽量考虑利用来源广泛、价格低廉且易于获得的原料作为培养基的成分。在保证微生物生长与积累代谢产物需要的前提下，提倡以粗代精、以废代好。特别是在发酵工业中，培养基用量很大，利用低成本的原料更能体现出其经济价值。大量的农副产品或制品，如麸皮、米糠、玉米浆、酵母浸膏、酒糟、豆饼、花生饼、蛋白胨等都是常用的发酵工业原料。

当然，一些对于微生物检验要求比较高的行业，如食品饮料行业、制药行业及第三方检测、科研机构等，就需要高质量的原料作为培养基原料，以保证培养基的品质稳定，检验结果准确。

四、培养基质量控制技术

目前，微生物检验的快速方法和自动化方法已在微生物分离、早期检测、鉴别和计数等工作中取得重要进展，但就微生物检验领域，尤其是对于食品微生物检验来说，传统方法仍然是主要方法，即运用培养法对微生物进行培养、分离和生化鉴定。培养基的质量好坏往往直接影响到检验质量的高低，是检验过程中的关键材料。

1. 培养基的质量要求

（1）基本（感官和物理化学）要求。

培养基的质量由基础成分的质量、培养基的配方、制备过程的控制、微生物污染的消除以及包装和储存条件等因素决定。

供应商或制备者应确保培养基的物理化学特性满足相关标准的要求，以下特性的质量评估结果应符合相应的规定：分装的量、厚度、外观、色泽、琼脂凝胶的硬度、水分含量、20～25 ℃的 pH 值、缓冲能力、微生物污染性。

对培养基的各种成分、营养添加剂或选择剂应进行适当的质量评价。

国家标准中提到的培养基通常可以直接使用。但因其中一些基础生物成分质量不稳定，可允许对其用量进行适当的调整，例如，根据营养需要改变蛋白胨、牛肉浸出物、酵母浸出物的用量；根据所需凝胶作用的效果改变琼脂的用量；根据缓冲要求决定缓冲物质的用量；根据选择性要求决定胆盐、胆汁抽提物和脱氧胆酸盐、抗菌染料的用量；根据抗生素的效价决定其用量。

（2）微生物学要求。

培养基的微生物性能应满足检测需要的生长特性（生长率、选择性和特异性）要求，具体可参考《食品安全国家标准　食品微生物学检验　培养基和试剂的质量要求》（GB 4789.28—2024）。对培养基的微生物性能进行评价时，应选择能代表整批培养基的样品进行微生物学性能测试。

①即用型培养基的微生物污染控制。

生产商应根据每种平板或液体培养基的数量，规定或建立其污染限值，并记录培养基成分、制备要素和包装类型。分别从初始和最终制备的培养基中抽取或制备至少一个（或1%）平板或试管，按特定标准中规定的温度、时间进行培养。

实验室对已购买的即用型培养基按批次、批量抽取适量样品在适当条件下培养，测定其是否存在污染，若出现污染，则不予接收。

②生长特性。

对每批配置好的培养基测试营养成分或添加剂，可选择定量、半定量和定性方法进行培养基微生物生长特性评价。

测试菌株是指具有其代表种的稳定特性并能有效证明实验室特定培养基最佳性能的一套菌株。测试菌株主要购置于标准菌种保藏中心，也可以是实验室自己分离的具有良好特性的菌株。实验室应检测和记录标准储备菌株的特性；或选择具有典型特性的新菌株；最好使用从食品或水中分离的菌株。

培养基的测试菌株应包括具有典型反应特性的强阳性菌株、弱阳性菌株（如对培养基中选择剂等试剂敏感性强的菌株）、显示阴性特性的菌株（非特异性但能生长的菌株）、部分或完全受抑制的菌株。

对不含指示剂或选择剂的培养基，只需采用一株阳性菌株进行测试；对含有指示剂或选择剂的培养基，应使用能证明其指示或选择作用的菌株进行实验；复合培养基（既含指示剂又含选择剂的培养基）需要同时用上述4类菌株进行验证，也就是说，针对不同类型的培养基，考察其性能，需要测试以下3个指标。

生长率：按规定用适当方法将适量测试菌株的工作培养物接种至固体、半固体和液体培养基中。每种培养基上菌株的生长率应达到所规定的最低限值。

选择性：为定量评估培养基的选择性，应按照规定以适当方法将适量测试菌株的工作培养物接种至选择性培养基和参考培养基中，培养基的选择性应达到规定值。

特异性（生理生化特性）：确定培养基的菌落形态学、鉴别特性和选择性，以获得培养基的基本特性。

2. 培养基的性能测试

对于不同培养基的微生物性能测试方法，培养基生产商、用户实验室可选择参考《食

品安全国家标准　食品微生物学检验　培养基和试剂的质量要求》（GB 4789.28—2024）。

问题思考

（1）琼脂在培养基中的作用是什么？
（2）阐述培养基的类型与应用以及鉴别培养基的原理。

五、培养基的制备与验收实操训练

任务描述

培养基是微生物检验工作中必不可少的实验材料，主要用于微生物的分离、培养、鉴定及菌种保藏等。培养基的质量直接影响检验结果的准确性、可靠性。因此，了解微生物的营养需求，正确掌握培养基的制备技术和验收方法是从事微生物检验工作的重要基础。

《食品安全国家标准　食品微生物学检验　培养基和试剂的质量要求》（GB 4789.28—2024）介绍了培养基的定义、分类，并就培养基和试剂的质量保证、质量要求、性能测试方法、质量控制标准以及培养基配制中常见问题和原因等方面展开详细的描述，以帮助实验人员对培养基的质量进行综合判断。

任务要求

（1）能够正确掌握培养基制备的程序与步骤。
（2）能够掌握培养基验收方法。

任务实施

（一）设备和材料

设备和材料见表 2-31。

表 2-31　设备和材料

序号	名称	作用
1	高压蒸汽灭菌器	用于物品或容器的灭菌
2	恒温培养箱	用于微生物样品的生长、培养、繁殖
3	电子天平	用于称量物体的质量
4	漩涡混匀仪	用于试剂的均匀混合，避免手动操作的误差
5	pH 计	用于测定溶液酸碱度值
6	移液器	用于精准量取液体
7	无菌吸头	用于吸取或运输液体
8	无菌锥形瓶	用于微生物的培养、试剂的灭菌

（二）培养基和试剂

准备 TSA、缓冲蛋白胨水（buffered peptone water，BPW）、结晶紫中性红胆盐琼脂（violet red bile agar，VRBA）、Baird – Parker 琼脂、亚碲酸盐卵黄增菌液、7.5% 氯化钠肉汤、月桂基硫酸盐胰蛋白胨（lauryl sulfate tryptose，LST）肉汤、0.1% 蛋白胨水、三糖铁（tripe sugar iron，TSI）琼脂、无菌磷酸盐缓冲液、无菌生理盐水、1 mol/L 氢氧化钠溶液、1 mol/L 盐酸溶液。

操作视频 2.3.1 – 1

（三）操作步骤

培养基制备和验收的具体操作步骤见表 2 – 32。

表 2 – 32　培养基制备和验收操作步骤

操作	操作步骤	操作说明
培养基制备	1. TSA 配制	称取本品 40.0 g，溶解于 1 000 mL 蒸馏水中，不断搅拌，加热溶解后分装于三角瓶中。121 ℃高压灭菌 15 min 后制成平板备用
	2. BPW 配制	称取本品 20.0 g，加热溶解于 1 000 mL 蒸馏水中，121 ℃高压灭菌 15 min 备用
	3. VRBA 配制	称取本品 41.5 g，加热溶解于 1 000 mL 蒸馏水中，煮沸不要超过 2 min
	4. Baird – Parker 琼脂配制	称取本品 63.0 g，加热搅拌溶解于 950 mL 蒸馏水中，分装，每瓶 95 mL，121 ℃高压灭菌 15 min。临用前加热融化琼脂，冷至 50 ℃左右，于每 95 mL 培养基中加入常温解冻的卵黄亚碲酸钾增菌剂 5 mL，摇匀后倾入无菌平皿。使用前在冰箱贮存不得超过 48 h。
培养基验收	1. TSA 验收	（1）工作菌悬液的制备。 将大肠埃希氏菌 CMCC（B）43201 或 ATCC25922 和粪肠球菌 CMCC（B）32482 或 ATCC29212 接种到非选择性肉汤，培养过夜，制备 10 倍系列稀释的菌悬液，保证每平板的接种水平为 50 ~ 250 CFU。 （2）接种。 选择适宜稀释度的工作菌悬液 0.1 mL，均匀涂布接种于待测平板和参比平板（TSA）。每一稀释度接种两个平板。也可使用螺旋涂布或倾注法进行接种，并按标准规定的条件培养。 （3）计算。 参考 GB 4789.28—2024 的要求，选择菌落数适中的平板进行计数，将两块平板的平均值按式（2 – 1）计算生长率 操作视频 2.3.1 – 2 $$P_R = \frac{N_S}{N_O} \qquad (2 - 1)$$ 式中　P_R——生长率； N_S——待测培养基平板上得到的菌落总数平均值； N_O——参比培养基平板上获得的菌落总数平均值。 （4）结果解释。 非选择性分离和计数固体培养基上大肠埃希氏菌 CMCC（B）43201 或 ATCC25922 和粪肠球菌 CMCC（B）32482 或 ATCC29212 的生长率 $P_R \geq 0.7$

操作	操作步骤	操作说明
培养基验收	2. BPW验收	（1）培养基的制备。将培养基分装于试管中，每管 10 mL。 （2）工作菌悬液的制备。将肠沙门氏菌肠亚种鼠伤寒血清型 CMCC（B）50976 或 ATCC14028 接种到非选择性肉汤，培养过夜，制备 10 倍系列稀释的菌悬液。 （3）接种。在装有待测培养基的试管中接种 10～100 CFU 的目标菌，每管接种量为 1 mL，接种两个平行管。同时将 1 mL 菌悬液（与试管接种同一稀释度）倾注平板（或 0.1 mL 适宜稀释度菌悬液涂布平板），接种两个平板，作接种量计数用，36 ℃培养 8～18 h。 （4）结果解释。 用目测的浊度值（如 0～2）评估培养基：0 表示无混浊；1 表示轻微的浑浊；2 表示明显的混浊。注意，肠沙门氏菌肠亚种鼠伤寒血清型 CMCC（B）50976 或 ATCC14028 的浊度值应为 2
	3. Baird - Parker 琼脂验收	一、目标菌生长率定量测试 1. 工作菌悬液的制备 将金黄色葡萄球菌 CMCC（B）26305 或 ATCC25923 接种到非选择性肉汤，培养过夜，制备 10 倍系列稀释的菌悬液，保证每平板的接种水平为 50～250 CFU。 2. 接种 选择适宜稀释度的工作菌悬液 0.1 mL，均匀涂布接种于待测平板和参比平板（TSA）。每一稀释度接种两个平板。也可使用螺旋涂布法或倾注法进行接种，36 ℃培养 24～48 h。 3. 计算 参考 GB 4789.28—2024 的要求，选择菌落数适中的平板进行计数，将两块平板的平均值按式（2-1）计算生长率。 4. 结果解释 BP 培养基上金黄色葡萄球菌 CMCC（B）26305 或 ATCC25923 的 $P_R \geqslant 0.7$，菌落呈黑色凸起状，周围有一混浊带，在其外层有一透明圈。 二、非目标菌半定量测试 1. 工作菌液的制备 将大肠埃希氏菌 CMCC（B）43201 或 ATCC25922 接种到非选择性肉汤，培养过夜作为工作菌悬液。 2. 接种 用 1 μL 接种环取选择性测试工作菌悬液 1 环，在待测培养基表面划六条平行直线（见图 2-8），同时接种两个平板，36 ℃±1℃培养 24 h。 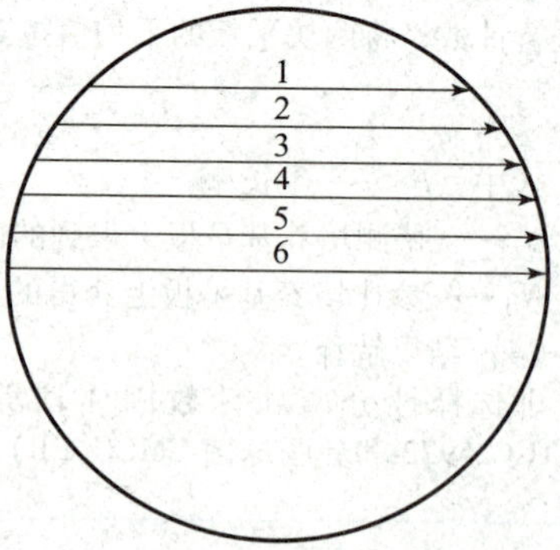 图 2-8　非目标菌半定量划线法接种模式图

操作	操作步骤	操作说明
	3. Baird – Parker 琼脂验收	3. 计算 培养后对培养基计算生长指数 G，方法如下。每条有比较稠密菌落连续生长的划线计为 1 分，每个培养皿上最多为 6 分。如果仅一半的线有稠密菌落生长，则计为 0.5 分。如果划线上没有菌落生长、生长量少于划线的一半或菌落生长微弱，则计为 0 分。记录每个平板的得分总和便得到 G。 4. 结果解释 大肠埃希氏菌 CMCC（B）43201 或 ATCC25922 生长指数 $G \leqslant 1$。 三、非目标菌（特异性）定性测试方法 1. 工作菌液的制备 将表皮葡萄球菌 CMCC（B）26069 接种到非选择性肉汤，培养过夜作为工作菌悬液。 2. 接种 用 1 μL 接种环取测试菌培养物在测试培养基表面进行分区划线，36 ℃ ±1℃ 培养 24～48 h。 3. 结果解释 表皮葡萄球菌 CMCC（B）26069 在 BP 平板上呈黑色菌落，无混浊带和透明圈
培养基验收	4. 7.5% 氯化钠肉汤验收	1. 培养基的制备 将培养基分装于试管中，每管 10 mL。 2. 工作菌悬液的制备 将金黄色葡萄球菌 CMCC（B）26305 或 ATCC6538 和大肠埃希氏菌 CMCC（B）43201 或 ATCC25922 接种到非选择性肉汤，培养过夜，制备 10 倍系列稀释的菌悬液，保证每平板的接种水平为 50～250 CFU。 3. 接种 （1）目标菌的接种。 在装有待测培养基的试管中接种 10～100 CFU 的金黄色葡萄球菌 CMCC（B）26305 或 ATCC6538，接种体积不超过 1 mL，同时接种两个平行管，混匀。将相同体积的金黄色葡萄球菌 CMCC（B）26305 或 ATCC6538 菌悬液（与试管接种同一稀释度）倾注 TSA 平板（或 0.1 mL 适宜稀释度菌悬液涂布平板），接种两个平板，作接种量计数用。36 ℃ ±1 ℃ 培养 18～24 h。 （2）非目标菌的接种。 在装有待测培养基的试管中接种 1 000～5 000 CFU 的大肠埃希氏菌 CMCC（B）43201 或 ATCC25922，接种体积不超过 1 mL，同时接种两个平行管，混匀。同时将 1 mL 菌悬液（稀释度为待测培养基试管中菌悬液的 1/100～1/10）倾注 TSA 平板（或 0.1 mL 适宜稀释度菌悬液涂布平板），接种两个平板，作接种量计数用。36 ℃ ±1 ℃ 培养 18～24 h。 4. 培养液的接种 （1）目标菌培养液的接种。 吸取 10 μL 经培养后的金黄色葡萄球菌培养液，均匀涂布或螺旋涂布接种到 Baird – Parker 琼脂平板上。36 ℃ ±1 ℃ 培养 24～48 h。 （2）非目标菌培养液的接种。 吸取 10 μL 经培养后的大肠埃希氏菌培养液，均匀涂布或螺旋涂布接种到 TSA 平板上。36 ℃ ±1 ℃ 培养 18～24 h。 5. 计算和结果解释 金黄色葡萄球菌在 Baird – Parker 琼脂平板上的菌落数 >10 CFU，则表示待测液体培养基的生长率良好；大肠埃希氏菌在 TSA 平板上的菌落数 <100 CFU，则表示待测液体培养基的选择性为良好

操作	操作步骤	操作说明
培养基验收	5. LST 肉汤验收	（1）培养基的制备，将培养基分装于试管中，每管 10 mL。 （2）工作菌悬液的制备。将大肠埃希氏菌 CMCC（B）43201 或 ATCC25922、弗氏柠檬酸杆菌 CMCC（B）48098 或 ATCC43864 和粪肠球菌 CMCC（B）32482 或 ATCC29212 接种到非选择性肉汤，培养过夜，制备 10 倍系列稀释的菌悬液。 （3）接种。 ①目标菌的接种。 在装有待测培养基的试管中接种 10～100 CFU 的大肠埃希氏菌 CMCC（B）43201 或 ATCC25922、弗氏柠檬酸杆菌 CMCC（B）48098 或 ATCC43864，接种体积不超过 1 mL，同时接种两个平行管，混匀。将相同体积的目标菌菌悬液（与试管接种同一稀释度）倾注 TSA 平板（或 0.1 mL 适宜稀释度菌悬液涂布平板），接种两个平板，作接种量计数用。36 ℃±1 ℃培养 24～48 h。 ②非目标菌的接种。 在装有待测培养基的试管中接种 1 000～5 000 CFU 的粪肠球菌 CMCC（B）32482 或 ATCC29212，接种体积不超过 1 mL，同时接种两个平行管，混匀。同时将 1 mL 菌悬液（稀释度是试管中菌悬液的 1/100～1/10）倾注 TSA 平板（或 0.1 mL 适宜稀释度菌悬液涂布平板），接种两个平板，作接种量计数用。36 ℃±1 ℃培养 24～48 h。 （4）结果解释。用目测的浊度值（如 0～2）评估培养基，并记录小导管收集气体的体积比。大肠埃希氏菌 CMCC（B）43201 或 ATCC25922、弗氏柠檬酸杆菌 CMCC（B）48098 或 ATCC43864 生长浑浊度为 2，且气体充满管内 1/3，粪肠球菌 CMCC（B）32482 或 ATCC29212 生长浑浊度为 0（不生长）。 注：有时可以观察到微生物生长后聚集成细胞团，沉积在试管或瓶子底部，发生这种情况时，应小心振荡试管，混匀后再进行观察
	6. 0.1% 蛋白胨水验收	（1）培养基的制备。将培养基分装试管，每管 10 mL。 （2）目标菌工作菌悬液的制备。将产气荚膜梭菌 CMCC（B）64724 或 ATCC13124 接种到非选择性肉汤，培养过夜，制备 10 倍系列稀释的菌悬液。 （3）接种。在装有待测培养基的试管中接种 100～1 000 CFU 的目标菌，同时接种两个平行管，混匀后，立即吸取 1 mL 待测培养基混合液，倾注 TSA＋5% 羊血于培养基平板，每管待测培养基接种一个平板。36 ℃±1 ℃厌氧培养 20～24 h。 剩余已接种菌液的待测培养基 20～25 ℃放置 45 min 后，再吸取 1 mL 倾注平板，每管培养基接种一个平板，36 ℃±1 ℃厌氧培养 20～24 h，待测培养基在放置 45 min 前后的菌落数变化应在 ±50%。 （4）结果观察与解释。36 ℃+1 ℃厌氧培养 20～24 h 待测培养基在放置 45 min 前后的菌落数变化应在 ±50%
	7. TSI 琼脂验收	（1）培养基的制备。 将培养基分装于试管中。灭菌后摆放成斜面（斜面最低处和最高处与底层的高度比是 2∶3），冷却后备用。 （2）接种。 取新鲜测试菌株斜面，用接种针挑取菌苔，根据培养基接种要求可选择先穿刺接种至琼脂高层，穿刺接种完毕后，再在斜面上进行"之"字形划线接种，或先在斜面上进行"之"字形划线接种再穿刺接种。 （3）结果观察与解释。 大肠埃希氏菌 CMCC（B）43201 或 ATCC25922 生长良好，A/A；产气；不产硫化氢。 肠沙门氏菌肠亚种 CMCC（B）50335 生长良好，K/A；产气；产硫化氢。 福氏志贺氏菌 CMCC（B）51572 生长良好，K/A；不产气；不产硫化氢。

操作	操作步骤	操作说明
培养基验收	7. TSI 琼脂验收	铜绿假单胞菌 CMCC（B）10901 或 ATCC27853 生长良好，K/K；不产气；不产硫化氢。 注：细菌产碱为红色，用"K"表示；产酸为黄色，用"A"表示。若斜面和底层均为红色（产碱），则记为"K/K"；若斜面为红色（产碱），底层为黄色（产酸），则记为"K/A"；若斜面和底层均为黄色（产酸）记为"A/A"，若底层出现黑色，则产硫化氢

（四）结果与报告

实验结束后，请将培养基制备和验收的结果填入表 2 – 33 中。

表 2 – 33　培养基制备和验收原始记录表

培养基：		制备体积：		制备日期：		倾倒日期：
脱水培养基：	供应商：	批号：	有效期：	规格：	添加量：	
添加剂：	供应商：	批号：	有效期：	规格：	添加量：	
添加剂：	供应商：	批号：	有效期：	规格：	添加量：	
预期 pH：	测定 pH：	缺陷：		质量确认： 是□ 否□	日期/签字：	
预期颜色：	观察结果：	缺陷：		质量确认： 是□ 否□	日期/签字：	
预期透明度/可见杂质：	观察结果：	缺陷：		质量确认： 是□ 否□	日期/签字：	
预期凝胶稳定性/黏稠度/湿度：	观察结果：	缺陷：		质量确认： 是□ 否□	日期/签字：	
微生物污染						
测试平板或试管编号：培养：	结果：	污染平板或试管编号：		质量确认： 是□ 否□	日期/签字：	
功能分类：非选择性分离和计数固体培养基□选择性分离和计数固体培养基□非选择性增菌培养基□选择性增菌培养基□选择性液体计数培养基□悬浮培养基和运输培养基□鉴定培养基□						

培养基：	制备体积：	制备日期：		倾倒日期：
微生物生长——生长率	控制方法：定量□ 半定量□		定性□	
菌株信息： 培养： 参考培养基：	判定标准：	结果：	质量 确认： 是□ 否□	日期/签字：
微生物生长——特异性	控制方法：定量□ 半定量□		定性□	
菌株信息： 培养： 参考培养基：	判定标准：	结果：	质量 确认： 是□ 否□	日期/签字：
微生物生长——选择性	制方法：定量 □半定量		□定性□	
菌株信息： 培养： 参考培养基：	判定标准：	结果：	质量 确认： 是□ 否□	日期/签字：
本批发放：是□ 否□	日期/审核人签名：			

（五）评价反馈

实验结束后，请按照表 2-34 中的评价要求填写考核结果。

表 2-34 培养基的制备与验收考核评价表

学生姓名：　　　　　　　　　　　班级：　　　　　　　　　日期：

考核项目		评价项目	评价要求	不合格	合格	良好	优秀
知识储备		了解培养基制备和验收的原理	相关知识输出正确（10 分）				
		掌握不同种类培养基验收的方法	相关知识输出正确（10 分）				
检验准备		能够正确准备试验设备及材料	设备及材料准备正确（10 分）				
技能操作		能够熟练进行培养基制备与验收操作	操作过程规范、熟练（20 分）				
		能够正确、规范记录信息	信息记录准确、规范（5 分）				
课前	通用能力	课前预习任务	课前预习任务完成认真（5 分）				

考核项目		评价项目	评价要求	不合格	合格	良好	优秀
课中	专业能力	实际操作能力	能够按照操作规范进行培养基的制备（5分）				
			能够按照操作规范进行培养基的验收（5分）				
			能够按照操作规范进行工作菌悬液的制备（5分）				
			能够按照操作规范进行培养基的接种（5分）				
	工作素养	发现并解决问题的能力	善于发现并解决实验过程中的问题（5分）				
		时间管理能力	合理安排时间，严格遵守时间安排（5分）				
		遵守实验室安全规范	遵守实验室安全规范(5分)				
课后	技能拓展	培养基过滤灭菌	正确、规范地完成（5分）				
总分							

注：不合格：＜60分；合格：60～74分；良好：75～84分；优秀：＞85分

拓展训练

对所学内容进行拓展，上网查找相关知识，深化对相关知识的学习。

任务二　消毒与灭菌技术

学习目标

知识目标

（1）掌握消毒、灭菌、防腐、无菌的基本概念。

（2）了解常用消毒灭菌的方法，掌握干热灭菌法、湿消毒灭菌法、紫外线灭菌法、过滤除菌法。

能力目标

（1）能够查阅与解读相关微生物检验标准，掌握相关消毒和灭菌方式的温度要求。

（2）能够根据企业产品类型确定消毒与灭菌的检验方案。

素养目标

（1）培养敬业爱岗、吃苦耐劳的良好职业道德和精益求精的工匠精神。

（2）培养学生良好的心理素质和科学严谨的工作态度。

一、消毒与灭菌

在日常生活中，食物中的病原菌对人类健康构成了极大的威胁，因此，人类必须采取有效措施，控制环境中有害微生物的生长繁殖。凡是被病原微生物污染过的玻璃器皿，在清洗前必须进行严格的消毒处理。培养过病原微生物的培养基也应彻底灭菌后再进行处理，以确保不会对生态环境造成不良影响。一般可通过消毒、灭菌和防腐等手段达到杀灭和抑制有害微生物的目的。

消毒（disinfection）是可杀死病原微生物，但不一定能杀死细菌芽孢的方法。消毒是一种比较温和的理化方法，仅可杀死物体表面或内部对人体或动植物有害的病原菌，对被消毒的对象基本无害。例如，使用药剂对皮肤、水果、饮用水进行消毒的方法，对啤酒、牛乳、果汁和酱油等进行消毒处理的巴氏消毒法等。通常用于消毒的化学药物称为消毒剂。

灭菌（sterilization）是把物体上所有的微生物全部杀死的方法。灭菌是指采用强烈的手段，使物体内外部的一切微生物永远丧失生长繁殖能力。对微生物而言，丧失繁殖能力就是死亡，因此，灭菌就是杀死一切微生物（包括繁殖体和芽孢等），不分病原微生物与非病原微生物、杂菌与非杂菌。通常，灭菌可通过高温灭菌、辐射灭菌等物理方法来实现。灭菌实质上可以分为灭菌和溶菌两种，前者指菌体虽死，但形式尚存；后者则指菌体被杀死后，其细胞因发生自溶、裂解等现象而消失。因此，消毒不一定能达到无菌要求，而灭菌的结果则是无菌状态。

防腐（antisepsis）是防止或抑制微生物生长繁殖的方法。防腐就是利用某种物理化学因素完全抑制微生物的生长繁殖，即通过抑菌作用防止食品、生物制品等发生腐败或霉变。

消毒与灭菌的方法有很多种，一般分为物理方法和化学方法。表2-35为消毒与灭菌方法的区别与联系。

表 2-35　消毒与灭菌方法的区别与联系

类别	方法	操作要点	应用范围	区别	联系
灭菌	灼烧灭菌法	酒精灯火焰灼烧	微生物接种工具如接种环、接种针或其他金属用具等，以及接种过程中试管管口或锥形瓶口等的灭菌	强烈的物理方法，杀死物品内外包括芽孢在内的所有微生物	①能借助理化性质，营造微生物难以生存的环境。②其作用实质都是通过使蛋白质变性来抑制微生物生命活动或杀死微生物
	干热灭菌法	160~170 ℃加热 1~2 h	不能用其他方法灭菌而又能耐高温的物品的灭菌，如玻璃器皿（滴管、培养皿等）、金属用具等		
	高压蒸汽灭菌法	121 ℃维持 15~30 min	培养皿、吸量管、培养基等物品的灭菌		

类别	方法	操作要点	应用范围	区别	联系
消毒	巴氏消毒法	70～80 ℃处理15～30 min	牛奶、啤酒、果酒或酱油等不宜进行高热灭菌的食品的消毒	用温和的物理、化学方法，杀死表面微生物的营养体或抑制微生物的繁殖	
	煮沸消毒法	100 ℃沸水煮5～6 min	日常食品、罐装食品的消毒		
	紫外线消毒法	30W 紫外线灯照射30 min	接种室、洁净室、饭堂等空间的空气消毒		
	化学药物消毒法	用体积分数为70%～75%的乙醇、过氧化氢溶液、2%～3%的来苏水等喷洒消毒	用于人手、塑料制品、食品机械或玻璃器皿等的消毒		

1. 物理消毒灭菌法

物理消毒灭菌法就是利用物理方法来杀灭或清除病原微生物和其他有害生物，主要有热消毒灭菌法、紫外线灭菌法、电离辐射法、微波法和过滤除菌法等。最常用的物理消毒灭菌法是热消毒灭菌法、紫外线灭菌法和过滤除菌法。

1）热消毒灭菌法

（1）干热灭菌法。干热灭菌法主要包括火焰灭菌法和高温烘烤灭菌法。

①火焰灭菌法。火焰灭菌法指通过火焰高温灼烧进行灭菌的方法。该法是最简单、最彻底的干热灭菌法，温度可达到200 ℃以上，破坏力很强，一切微生物（包括细菌芽孢）都可杀死，从而达到无菌状态。例如，接种针、接种环、金属小工具、试管口、锥形瓶口等在火焰上灼烧，可达到彻底灭菌的目的。因此，对于一些带有病原菌的材料、致病性微生物感染的动物尸体或污染过的包装材料等无价值的物品，可直接焚烧。

②高温烘烤灭菌法（又称干热灭菌法）。高温烘烤灭菌法是指利用高温干燥空气进行灭菌的方法。高温烘烤灭菌法使用的仪器是高温干燥箱（干热烤箱）。对于不宜直接用火焰灭菌的物品，可放入电热干燥箱内进行热空气灭菌。一般微生物的繁殖体在100 ℃下1 h可被杀死，芽孢则需160 ℃处理2 h才能杀灭。因此，电热干燥箱灭菌的条件是160～170 ℃保持2 h，如果处理物品体积较大、传热性较差，则需适当延长灭菌时间。但干热灭菌温度不能超过180 ℃，否则包扎器皿的纸或棉塞就会烧焦，甚至引起燃烧。干热灭菌结束后，要使其自然降温，电热干燥箱内温度降至80 ℃以下时才可开门。

（2）湿热灭菌法。湿热灭菌法是利用水蒸气的高温和湿度进行灭菌。在此过程中，湿热的水蒸气进入菌体内部，导致其蛋白质凝固；而由于水分的增加，蛋白质的凝固温度降低。此外，水蒸气在液化过程中释放大量潜热，可以迅速提高物品的温度，从而缩短灭菌时间。水蒸气具有很强的穿透力，能更有效地杀灭微生物，所以湿热灭菌比干热灭菌效果好。常用的湿热灭菌法有巴氏消毒法、煮沸消毒法、流通蒸汽消毒法、间歇灭菌法、高压蒸汽灭菌法等。

①巴氏消毒法。巴氏消毒法既可杀死液体中致病菌的营养体，又不会破坏液体物质中原有的营养成分。牛奶或酒类常用此法消毒。具体方法有两种：一种方法是以61.1~62.8 ℃消毒30 min；另一种方法是以71.7 ℃消毒15~30 min，目前后者应用更为广泛。

②煮沸消毒法。许多医用器械（如手术刀、剪子、镊子、胶管和注射器等）可用消毒器或铝锅等进行煮沸消毒。一般微生物学检验室中煮沸消毒时间为10~15 min，细菌的营养体煮沸5 min即可被杀死，而芽孢则需煮沸1~2 h才能被杀死，若在水中加入2%~5%石炭酸，则5~10 min可杀死芽孢。加入1%碳酸钠，可提高其沸点以促进芽孢的杀灭，同时还可以防止金属器材生锈。在条件允许的情况下，医用注射器和手术器械一般均采用高压蒸汽灭菌法或干热灭菌法灭菌。

③流通蒸汽消毒法。此方法是利用蒸笼或流通蒸汽消毒器进行消毒。蒸汽温度可达100 ℃，持续20~30 min，可杀死微生物的繁殖体，但不能杀死芽孢。此方法常用于食品、食具和一些不耐高热物品的消毒。

④间歇灭菌法。有少数培养基（如明胶培养基、牛奶培养基、含糖培养基和含血清的培养基等）不能加热至100 ℃以上，若用干热灭菌法和高压蒸汽灭菌法灭菌均会造成破坏。此时，为了消灭其中的芽孢，达到彻底灭菌的目的，则必须用间歇灭菌法。此法是用阿诺氏流动蒸汽灭菌器进行灭菌。灭菌时，将培养基放在灭菌容器内，每天加热至100 ℃维持30 min，每日进行一次，连续3天。每次灭菌后取出放在室温或加温箱内18~24 h。经过3次杀菌后，培养基无菌长出，说明杀菌彻底。必要时，加热温度可低于100 ℃（如用75 ℃），只需延长每次加热的时间至30~60 min或增加加热次数，也可达到同样的灭菌效果。

⑤高压蒸汽灭菌法。高压蒸汽灭菌法是最常用、最有效的灭菌法。此法是将物品放在高压蒸汽灭菌器（锅）内，通常在1.05 kg/cm^2（表压强103.4 kPa）的压强下，温度达到121.3 ℃并维持15~30 min（时间的长短可根据灭菌物品种类和数量进行调整，以确保彻底灭菌为准）进行灭菌，以杀死所有的微生物。此法适用于耐高温高压又不怕潮湿的物品灭菌，如普通培养基、生理盐水、耐热药品、金属器材和玻璃制品等。由于高温高压可使含糖培养基的成分发生变化，所以在对含糖培养基进行灭菌时，采用较低温度（115 ℃，即0.075 MPa），持续15 min，也可达到灭菌目的。

2）紫外线灭菌法

紫外线灭菌法是指用紫外线（能量）照射杀灭微生物的方法。

紫外线（ultroviolet，UV）是电磁波波谱中波长较短的辐射光波，其波长范围为10~400 nm，是一种肉眼不可见的光波。

（1）紫外线灭菌法的特点。紫外线可以杀灭各种微生物（包括细菌繁殖体、芽孢、分枝杆菌、病毒、真菌、立克次体和支原体等），而且灭菌效率较高；紫外线灭菌装置可以随取随用，且价格相对低廉；紫外线对被照射的物体无腐蚀性、无污染、无残留。但紫外线的穿透能力很弱，因此，紫外线只可对它能辐照到的部分（如物体表面、水和空气等）进行灭菌。另外，紫外线辐照可导致物体褪色、变色，而且对人和动物的眼睛、皮肤有伤害。

（2）紫外线的灭菌原理。紫外线的灭菌作用是因为它可以被蛋白质（吸收波长为

280 nm）和核酸（吸收波长为 260 nm）吸收，导致这些分子发生变性失活。紫外线对细胞内核酸的破坏机制主要包括产生嘧啶二聚体和使 DNA 解螺旋。

用紫外线辐照微生物，当微生物吸收紫外线之后，其 DNA 链的磷酸二酯键和氢键断裂，胸腺嘧啶（T）和胞嘧啶（C）发生水合作用，形成胸腺嘧啶二聚体。这会使 DNA 双链结构扭曲变形，阻碍碱基对的正常配对，破坏 DNA 模板的正常功能，影响双链的解开、复制和转录，从而引起菌体死亡。

紫外线灭菌的间接作用与其产生的活性氧、过氧基等相关。空气在紫外线辐照下产生的臭氧（O_3）有一定的灭菌作用；水在紫外线辐照下氧化生成的过氧化氢有灭菌作用，高活性的氧化基团可以进攻细胞膜、蛋白质、酶和 DNA，从而加速菌体细胞死亡。紫外线灭菌作用较强，但对物体的穿透能力很弱，仅适用于空气消毒及不耐热物品的表面和台面的消毒。

（3）影响紫外线灭菌效果的因素。

①微生物的种类和数量。各种微生物对紫外线的耐受力不同。真菌孢子对紫外线的耐受力最强，细菌芽孢次之，最弱的是微生物生长体细胞。一般细菌芽孢比其繁殖体细胞对紫外线的耐受力强 2 ~ 7 倍，但也有少数例外。此外，同一菌种的不同菌株间、同一菌种的不同培养物和不同代之间对紫外线的抵抗力也可能有差异。

紫外线辐照灭菌前污染的菌数越多，达到灭菌要求所需的紫外线辐照剂量就越大。

②辐照强度与辐照时间。紫外线辐照剂量是指紫外线光源的辐照强度和辐照时间的乘积。紫外线辐照强度越低，灭菌效果越差。紫外线灭菌时，对紫外线灯的辐照强度也有一定的要求。当辐照强度低于 70 $\mu W/cm^2$ 时，即使辐照时间达到 60 min，对细菌芽孢的杀灭率也不能达到合格的要求。要使不同辐照强度的紫外线光源具有相同的辐照剂量和相近的灭菌效果，则意味着辐照强度低的需要更长的辐照时间。

紫外线灯灯管辐照强度受电压、温度、辐照距离和辐照角度等因素的影响，同时还要注意灯管的清洁及使用寿命。实验证明，电压每下降 10 V，紫外线灯辐照强度下降 15 ~ 20 $\mu W/cm^2$；电压低于 190 V，紫外线灯不能正常工作；在电压 220 V、室温 0 ~ 40 ℃下，紫外线灯辐照强度随室温的增加而上升。

紫外线辐照的有效距离是 0.7 ~ 2.4 m。在紫外线灯两端垂线外侧，紫外线辐照强度随角度增加而显著衰减，在紫外线灯外侧中心线附近为 0。所以紫外线消毒灭菌时，可采用多盏灯且互相成直角来抵消暗区。

③被处理介质的透明性及紫外线的穿透能力。细菌附着于粉尘而悬浮在空气中要比其在菌液或气溶胶中对紫外线的抵抗力强，因为紫外线的穿透力很差，空气中的尘埃能吸收紫外线而降低其灭菌率，当空气的含尘量为 800 ~ 900 个/cm^3 时，紫外线的灭菌效率可降低 20% ~ 30%。另外，介质中存在的有机物（如蛋白胨、血液和血清等）均可以增强微生物对紫外线的抵抗力。

（4）使用紫外线灭菌时的注意事项。

①在使用过程中，应保持紫外线灯表面的清洁，一般每两周用乙醇棉球擦拭一次，发现灯管表面有灰尘、油污时，应随时擦拭。

②用紫外线灯消毒室内空气时，房间内应保持清洁干燥，以减少尘埃和水雾，温度低于 20 ℃或高于 40 ℃，相对湿度大于 60% 时应适当延长辐照时间。

③用紫外线消毒物体表面时，应使物体表面受到紫外线的直接辐照，且应达到足够的辐照剂量。

④不得使紫外线光源照射到人，以免引起损伤。

3）过滤除菌法

过滤除菌法即用物理阻留的方法将液体或空气中的细菌除去，从而达到无菌的目的。所用的器具是具有微小孔径的滤菌器（filter），如图2－9所示。常见的滤菌器有滤膜过滤器、烧结玻璃板过滤器、石棉板过滤器、烧磁过滤器和硅藻土过滤器等，现大多用滤膜过滤器（0.45 μm和0.22 μm孔径）除菌。滤膜过滤器用微孔膜作为材料，通常由硝酸纤维素（NC）制成，可根据需要选择特定孔径。含有微生物的液体或空气通过微孔滤膜时，大于滤膜孔径的微生物被阻留在膜上，以达到除菌的目的。

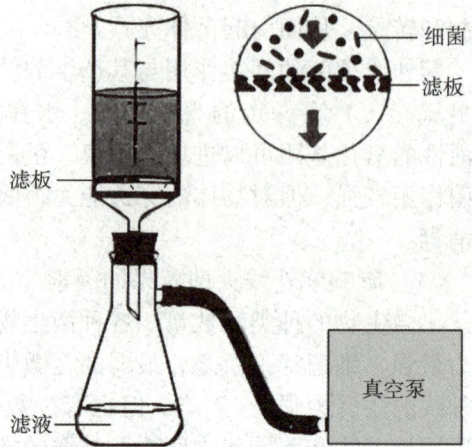

图2－9　过滤除菌法

过滤除菌操作步骤：首先将过滤器、接液瓶用纸包好，滤膜可放在培养皿内用纸包好。使用前先经121 ℃高压蒸汽灭菌30 min；在超净工作台上，将滤器装置装好，用灭菌无齿镊子将滤膜安放在隔板上，滤膜粗糙面向上；然后将待除菌的液体注入滤器内，开动真空泵即可过滤除菌。滤液经培养证明无菌生长后可保存备用。

2. 化学消毒灭菌法

凡不适用物理消毒灭菌的物品，都可以选用化学消毒灭菌法，如工作人员的双手、食品加工环境、设备、无菌室地面墙壁、操作台面、金属器械等的消毒灭菌。化学消毒灭菌法是利用液态或气态的化学药物抑制微生物的生长繁殖，或杀灭微生物的方法。这些具有抑菌或杀菌作用的化学与生物药剂统称化学消毒剂，是天然存在或人工合成的化学物质。

化学消毒剂并不一定能把微生物杀死，多数只对微生物起到抑制其生长与繁殖的作用。部分化学消毒剂对微生物所起的"杀死"或"抑制"作用与用量及作用时间等因素密切相关，在剂量低或作用时间短时具有"抑制"作用，而在剂量高或作用时间长时则往往具有"杀死"作用。

应用于不同领域的化学消毒剂，其作用的物质对象可能不同，能够杀灭或抑制的主要目标微生物以及所要达到的杀菌或抑菌要求也可能有一定的差异。医用消毒剂主要用于空气、皮肤、器械和用品的杀菌，要求能够杀灭所有的微生物；用于食品工业生产环境、设备和工具杀菌的消毒剂主要是要杀灭致病菌和腐败菌，达到相应的卫生要求即可；而用于食品、饲料的防腐剂则主要抑制腐败微生物的生长繁殖。

对某一消毒剂而言，其应用领域可能并不是唯一的。一个消毒剂刚开始可能只在某个领域中使用，但后来其应用范围会拓展到其他领域。例如，如某些用于医院手术室和病房的空气消毒剂，也常用于食品厂、制药厂或化妆品厂的环境消毒；许多抗生素最早于医学上发现并应用，而现在则扩展至农业领域用于防治某些作物病害和禽畜病害，以及发酵工业领域的杂菌污染防控等。常用消毒剂的种类、用途及杀菌机制见表 2 - 36。

表 2 - 36　常用消毒剂的种类、用途及杀菌机制

消毒剂名称	消毒水平	作用原理	适用范围	注意事项
乙醇	中效	使菌体蛋白凝固变性，但对肝炎病毒及芽孢无效	1. 以75%溶液作为消毒剂，多用于消毒皮肤。 2. 95%溶液可用于燃烧灭菌	1. 易挥发，需加盖保存，并定期检查其浓度，低于70%浓度则消毒作用差。 2. 因有刺激性不宜用于黏膜及创面的消毒
苯扎溴铵（新洁尔灭）	低效	阳离子表面活性剂，能吸附带负电荷的细菌，破坏细菌的细胞膜，最终导致菌体自溶死亡，又可使菌体蛋白变性而沉淀	1. 0.01% ~ 0.05%溶液用于黏膜消毒。 2. 0.1% ~ 0.2%溶液用于皮肤消毒。 3. 0.1% ~ 0.2%溶液用于消毒金属器械，浸泡15 ~ 30 min（加入 0.5%亚硝酸钠以防生锈）	1. 对肥皂、碘、高锰酸钾等阴离子表面活性剂有拮抗作用。 2. 有吸附作用，会降低药效，所以溶液内不可投入纱布和棉花等
苯扎溴铵酊（新洁尔灭酊）	中效	阳离子表面活性剂，能吸附带负电荷的细菌，破坏细菌的细胞膜，最终导致菌体自溶死亡，又可使菌体蛋白变性而沉淀	用于皮肤黏膜消毒	取苯扎溴铵（新洁尔灭）1 g + 曙红 0.4g + 95% 乙醇 700 mL，再加入蒸馏水稀释至 1 000 mL
洗必泰	低效	具有广谱抑菌杀菌作用	1. 0.02%溶液浸泡 3 min可用于手部的消毒。 2. 0.05%溶液可用于创面消毒。 3. 0.1%溶液可用于物体表面的消毒	同苯扎溴铵（新洁尔灭）
过氧化氢（双氧水）	高效	过氧化氢能破坏蛋白质的基础分子结构，从而具有抑菌与杀菌作用	10% ~ 25%溶液用于不耐热的塑料制品消毒	易氧化分解导致浓度下降，应存于阴凉处，不宜用金属器皿盛装

1）对化学消毒剂的要求

（1）抗菌谱广，抗菌效率高。抗菌谱广是指对细菌、酵母菌、霉菌、放线菌、藻类都有效，而且对每一类微生物中的多个属、种的菌也都有效。但实际上，消毒剂对不同微生物的杀菌力是有差别的，极少有消毒剂能做到对所有微生物都表现出相同的效力。在具体应用中，对化学消毒剂广谱性的要求是不同的。如酱油使用的防腐剂，必须对细菌、酵母菌和霉菌都同时有效；而纸张的防霉，则不要求对细菌、酵母菌有效，只需对霉菌的多个属、种的目标菌有良好的抑制效果即可。

抗菌效率高意味着抗菌效果好，使用量少，这就要求消毒剂在低浓度使用时必须有足

够的杀菌力。对于一般的消毒剂，要求在使用浓度低于0.5%时仍能对目标菌表现出灭杀效果，或者抑制繁殖。对杀菌速率的快慢和有效期长短的要求随制剂的种类和使用目的各异。对物体表面、空间以及水进行杀菌的消毒剂，一般要求其作用效果快，应在一定时间内即可达到所需的杀菌效果，但有效期并不要求很长。而对于防腐剂、防霉剂和抑菌剂等，则要求效能保持时间越长越好，以保证消毒剂能在有效期内对产品起到保护作用。但从环保角度考虑，理想的消毒剂应能在保护期限达到后尽快降解成无毒物质，以减少对环境的污染。

（2）毒性低，安全性好。消毒剂要毒性低，对人、畜禽等动物无危害或危害性尽可能小。消毒剂的毒性由其自身的性质决定，通常以对动物的半数致死剂量（median lethal dose，LD50）来表示。对于应用于化妆品、卫生用品等产品的消毒剂，还有对皮肤、黏膜、眼睛的刺激性和致敏性的安全要求；用于食品的消毒剂，其致畸性、致突变性、致癌性、慢性毒性等实验结果也应符合国际相关标准。实际上，消毒剂的毒性还与使用量、施药方式和接触时间长短等多种因素相关。消毒剂使用后应无残留物和有毒副产物，或残留物、副产物在环境中能够充分分解、不蓄积，对环境的污染小。

（3）稳定性好，没有副作用，容易使用。稳定性包括加工条件下的稳定性和储藏时间内的稳定性。一般要求消毒剂不易受光、热、氧、水、酸或碱等物理、化学因素的破坏，也不与其他物质成分发生反应，从而导致效能降低或毒性增加。

没有副作用是指使用消毒剂后不降低产品质量，对产品性能无影响或影响小，对生产设备、器械不造成腐蚀等。

容易使用包括使用条件宽泛，受其他物质或因素影响小，与产品组分的相容性好，其中分散性能良好是对消毒剂易于使用的一个十分重要的要求。如熏蒸剂要求能迅速、均匀地分布于整个空间；用于水相的消毒剂要求水溶性好；用于油相的消毒剂，要求油溶性好；有的还对醇溶性和其他有机溶剂的溶解性有要求。

（4）使用成本低。消毒剂价格便宜，有利于降低消毒成本，但并不能一味地要求成本低，而要综合考虑产品的价值、使用效果和使用成本之间的关系，以求以较低的成本产生较高的效益。因此，对消毒剂的要求是综合性、多方面的。实践中，应针对不同的应用对象和使用目的，选择合适的消毒剂。

2）化学消毒剂的消杀原理

消毒剂对微生物的作用主要表现为影响菌体的生长、孢子的萌发、各种子实体的形成、细胞膜的通透性、有丝分裂、呼吸作用、原生质体解体和细胞壁受损等，从而在实质上干扰和破坏与微生物细胞相关的生理、生化反应和代谢活动，最终导致微生物的生长繁殖被抑制，甚至死亡。

就消毒剂对微生物的作用而言，有的能把微生物杀灭，有的只是通过影响微生物生命活动的某一过程来抑制微生物，故作用程度有杀菌和抑菌之分。但杀菌和抑菌只是相对而言，与消毒剂的性质、使用浓度及作用时间的长短有密切关系。大量实验证明，消毒剂可以作用于菌体中从细胞膜到核糖体的各个部分。

3）化学消毒剂的使用方法

（1）喷雾法。该方法借助喷雾器等装置使消毒剂产生微粒气雾弥散在空间中，对空气和物品表面（如墙壁、地面）进行消毒灭菌。喷雾法是常见的化学消杀方法之一，在医疗、农业和工业领域也都有应用，主要适用的消毒剂为水剂、可溶性粉剂、乳油、乳剂和胶悬剂等。一般来说，雾滴越小，消毒剂分散的效果越好，用量也越少；雾滴在空气中停留的时间越长，消杀效果越好，对喷雾装置的要求也就越高。按照喷雾装置使用的动力可分为手动喷雾法、电动喷雾法等。

（2）浸泡法。指将需消杀的物品浸没于消毒剂内的方法。按被消毒物品和消毒液的种类，确定消毒溶液浓度与浸泡时间，以达到消杀的目的。一般使用抗菌谱广、腐蚀性弱且水溶性好的消毒剂，用于对器具、纺织品等进行消毒，也可用于农业种子的处理、果蔬保鲜等。浸泡前将被消毒物品洗净擦干，浸没在消毒液内，注意打开物品的轴节或套盖，管腔内注满消毒液。浸泡中途添加物品，需重新计时。器械使用前而用无菌生理盐水冲净，避免消毒剂刺激人体组织。

（3）擦拭法。该方法指用蘸有特定浓度消毒剂的擦拭物擦拭需消杀的物品表面，处理一段时间以达到消杀的目的。一般使用易溶于水、穿透性强的消毒剂，适用于对皮肤（如无菌操作人员的手部）和污染物品表面的消毒。

（4）熏蒸法。该方法指将消毒剂加热或在消毒剂中加入氧化剂，使消毒剂挥发呈气态，在标准浓度下处理一定时间，以达到抑菌、灭菌的目的。一般适用于可加热或加入氧化剂后易挥发的消毒剂（如乙酸）等。该方法适用于空气和物品（包括精密贵重仪器和不能浸泡的物品）的消毒灭菌。

4）影响消毒剂消杀效果的因素

（1）消毒剂的种类和浓度。

①消毒剂的种类。消毒剂抑杀微生物的特性是由其化学结构决定的，具有对微生物起毒害作用的活性基团（或元素）是消毒剂的必要条件。另外，消毒剂的理化性能（溶解度、挥发性能、稳定性等）也直接影响抑杀效果。

不同的消毒剂混合使用时，其作用效果可能出现协同性、加和性或相互抑制。对于具有协同性的消毒剂，混合使用可提高其杀菌、抑菌的效果，扩大抗菌谱，并可减少杀菌剂的使用量。

②消毒剂的浓度。一般来说，消毒剂浓度越高，对微生物的抑杀作用越大。但任何一种消毒剂都有其有效浓度，低于或高于该有效浓度都会降低其抑杀效果。例如，乙醇的有效浓度为70%～75%，其抑杀效果比100%乙醇效果好。而有的消毒剂浓度过高，还容易损坏消毒物品。在具体使用过程中，消毒剂的浓度选择要结合安全性、经济性等因素综合考虑。

（2）微生物的种类与数量。

①微生物的种类。不同种类的微生物在细胞构造、生理特性和体内代谢等方面存在差异。例如，细菌与真菌差异较大，前者是原核生物，后者属于真核生物，两种菌体的细胞壁成分也完全不同。即使同一个属的不同微生物，也存在一定的差异。这些差异使不同微生物对消毒剂的抵抗能力不同。不同消毒剂对细菌繁殖体的杀灭效率随所作用的不同菌种而有差别，如季铵盐对革兰氏阴性菌的杀灭作用比对革兰氏阳性菌要差。孢子对消毒剂的抵抗能力较繁殖体强很多，大多数消毒剂都不能在短时间内杀死孢子。真菌类如酵母菌和病原性丝状菌对杀菌剂的敏感性普遍较高。因此，需根据不同的菌种选择合适的消毒剂，同时还要注意消毒剂的残留，以及可能诱发的耐药性问题。

②微生物的数量。使用消毒剂后，作用对象上的微生物数量与其初始菌数有关，如果初始污染的微生物数量太多，使用消毒剂不一定能达到好的杀菌效果。其原因可能是：微生物大量繁殖时，分泌出一些保护性的物质，把菌体包裹起来，使消毒剂不能与之接触，达不到杀菌作用；大量微生物被杀灭时，消耗了大量的杀菌剂，并使其降至有效浓度以下，没有被杀灭的微生物则可以迅速繁殖起来；大量微生物死亡时，可能出现菌体细胞的结块，可造成团块内部的细菌不容易被杀死。如果用单一的消毒剂消杀较少数量的微生物时，微生物的死亡呈对数规律，即微生物活菌数的对数值与时间呈线性关系。

（3）环境条件。消毒剂的消杀作用与一般的化学反应一样，也受作用温度的影响。大多数情况下，杀菌效果随温度的升高而升高，原因可能是当温度升高时，微生物原生质体膜的通透性增加，有利于消毒剂进入菌体内的作用部位；另一方面，温度升高，消毒剂的穿透能力增强，扩散速度加快，便于越过障碍，达到作用部位。

消毒剂的消杀效果多随环境 pH 值的改变而变化，但变化的情况因消毒剂的种类和特性而有所不同。比如，环境 pH 值越低，卤素类消毒剂的消杀效果越好；反之，则季铵盐的消杀作用在环境为中性或偏碱性时更强。环境 pH 值影响消毒剂消杀作用的原因：pH 值的改变使微生物细胞壁或原生质膜的结构发生变化，影响了膜的通透性；pH 值可以影响消毒剂的存在状态，从而影响其杀菌或抑菌的作用。

相对湿度对消毒剂的杀菌效果也有重要影响。水分对乙醇和气体消毒剂的杀菌效果影响很大，如当乙醇浓度高于 75% 时，杀菌作用急剧减弱，其浓度在 50% ~75% 时杀菌作用十分显著，可能是在该浓度下消毒剂容易向细胞渗透的缘故。某些气体消毒剂的作用受环境相对湿度的影响较大，如臭氧、甲醛等只有在湿度较高时其杀菌作用才强；而对于环氧乙烷，相对湿度太高，杀菌效果反而差。

问题思考

（1）消毒和灭菌有哪些区别？
（2）为什么干热灭菌比湿热灭菌所需要的温度高、时间长？

二、消毒与灭菌技术实操训练

任务描述

消毒与灭菌是微生物检验中十分重要的基本操作技术。由于微生物广泛存在于自然界中，且其中部分微生物是对人类有害的病原菌，因此，为了防止外界微生物污染检验结果，确保检验结果的准确性，检验工作人员必须牢固树立无菌操作观念并严格执行无菌操作。检验用的器材、试剂、无菌室等均需用适宜的方法进行消毒或灭菌。为防止检验对象污染环境和工作人员，实验用过的接种工具和接种过病原微生物的培养基都必须进行灭菌处理。

任务要求

（1）能够选择正确的消毒灭菌方式。

（2）能够熟练进行干热或湿热灭菌。

（3）完成预习任务。

任务实施

（一）设备和材料

设备和材料见表 2 - 37。

表 2 - 37　设备和材料

序号	名称	作用
1	高压蒸汽灭菌器	用于物品的灭菌
2	烘箱	用于玻璃器皿的灭菌
3	紫外线灯	用于表面的灭菌
4	膜过滤器	用于热敏性溶液的灭菌
5	无菌吸管	吸取样品
6	无菌试管	斜面培养基
7	无菌培养皿	倒平板
8	无菌锥形瓶	盛装培养基

（二）培养基或试剂

牛肉膏蛋白胨培养基（牛肉膏 3.0 g，蛋白胨 10.0 g，氯化钠 5.0 g，琼脂 15 ~ 20 g，水 1 000 mL，pH 为 7.4 ~ 7.6）、0.85% 的生理盐水。

（三）操作步骤

干热和湿热灭菌的具体操作步骤见表 2 - 38。

表 2 - 38　干热和湿热灭菌的操作步骤

操作	操作步骤	操作说明
干热灭菌法	1. 装入待灭菌物品	将包好的待灭菌物品（培养皿、试管、吸管等）放入电烘箱内，物品不要摆得太挤，以免妨碍热空气流通。同时，待灭菌物品也不要与电烘箱内壁的铁板接触，以防包装纸烤焦起火。培养基、橡胶制品、塑料制品不能用此法灭菌
	2. 升温	关好电烘箱门，插上电源插头，拨动开关，旋动恒温调节器至红灯亮，让温度逐渐上升。如果红灯熄灭、绿灯亮，则表示箱内已停止加温，此时如果还未达到所需的 160 ~ 170 ℃，则需转动调节器使红灯再亮，如此反复调节，直至达到所需温度
	3. 恒温	当温度升到 160 ~ 170 ℃时，借助恒温调节器的自动控制系统，保持此温度 2 h。温度控制在 180 ℃以下
	4. 降温	达到灭菌所需时间后，切断电源
	5. 开箱取物	待电烘箱内温度降到 50 ℃以下后，打开箱门，取出灭菌物品。注意电烘箱内温度未降到 50 ℃以前，切勿自行打开箱门，以免玻璃器皿炸裂和手被烫伤

操作	操作步骤	操作说明
高压蒸汽灭菌法	1. 灭菌器加水	将内层灭菌桶取出，再向外层机体内加入适量的水，使水面与三脚架相平为宜。加水不可过少，以防将灭菌器烧干，引起炸裂；加水过多，有可能引起灭菌物积水
	2. 装入待灭菌物品	放回灭菌桶，并装入待灭菌物品，注意不要装得太多、太挤，以免妨碍蒸汽流通而影响灭菌效果。锥形瓶与试管口端均不要与桶壁接触，以免冷凝水淋湿包口的纸而渗入棉塞
	3. 加盖	将灭菌器盖上的排气软管插入内层灭菌桶的排气槽内，盖上盖子，再以两两对称的方式同时旋紧相对的两个螺栓，使螺栓松紧一致，切勿漏气。使用手提式高压蒸汽灭菌器前应检查机体及盖子上的部件是否完好，并严格按操作程序进行，避免发生各类意外事故
	4. 加热与排气	接通电源，并同时打开排气阀，待水沸腾并有大量蒸汽自排气阀冒出时，维持 2～3 min 以排除机器内的冷空气。待冷空完全排尽后，关闭排气阀，让机体内的温度随蒸汽压力增加而逐渐上升。当机体内压力升到所需压力时，控制热源，维持压力至所需时间。灭菌时，操作者切勿擅自离开岗位，尤其是升压和保压期间更要注意压力表指针的动态，避免压力过高或安全阀失灵等引发的安全事故
	5. 降温	达到灭菌所需时间后，切断电源，让灭菌器内温度自然下降，当压力表的压力降至 0 时，方可打开排气阀，旋松螺栓，打开灭菌器盖子，取出灭菌物品。如果压力未降到 0 时打开排气阀，就会因机器内压力突然下降，使容器内的培养基由于内外压力不平衡而冲出烧瓶口或试管口，致使棉塞沾染培养基而造成污染
	6. 灭菌完毕	将灭菌器内余水倒出，以保持内壁及内胆干燥，盖好盖子。将取出的灭菌培养基放入 37 ℃ 温箱保温 24 h，经检查若无杂菌生长，即可使用

（四）结果与报告

将灭菌结果填入表 2-39 中。

表 2-39　灭菌效果监测单

灭菌设备类型					
设备容量	□大型（＞60 L）　□小型（≤60 L）				
灭菌参数	灭菌温度：　　℃　　灭菌时间：　　min				
菌株载体	□自制标准生物测试包　□一次性标准生物测试包 □一次性纸塑袋　□裸露装放				
培养条件	培养温度：　　℃　　培养时间：　　h				
监测日期	灭菌方法	实验组		阳性对照组		结果判定
		检测结果	生物指示剂标签粘贴处	检测结果	生物指示剂标签粘贴处	

监测日期	灭菌方法	实验组		阳性对照组		结果判定
		检测结果	生物指示剂标签粘贴处	检测结果	生物指示剂标签粘贴处	
灭菌操作者：		检验者：			签发人：	

（五）评价反馈

实验结束后，请按照表 2-40 中的评价要求填写考核结果。

表 2-40　干热和湿热灭菌操作考核评价表

学生姓名：　　　　　　　　　　　班级：　　　　　　　　　　　日期：

考核项目		评价项目	评价要求	不合格	合格	良好	优秀
知识储备		了解干热灭菌和湿热灭菌的工作原理	相关知识输出正确（1分）				
		掌握高压蒸汽灭菌器的结构及功能	能够说出高压蒸汽灭菌器各部分的结构和功能（3分）				
检验准备		能够正确准备仪器	仪器准备正确（6分）				
技能操作		能够熟练应用烘箱和高压蒸汽灭菌器进行规范的灭菌操作	操作过程规范、熟练（15分）				
		能够正确、规范记录结果并进行数据处理	原始数据记录准确、数据处理正确（5分）				
课前	通用能力	课前预习任务	课前预习任务完成认真（5分）				

考核项目		评价项目	评价要求	不合格	合格	良好	优秀
课中	专业能力	实际操作能力	能够按照操作规范进行烘箱干热灭菌（10分）				
			能够按照操作规范进行高压蒸汽灭菌器的湿热灭菌（10分）				
			烘箱的维护方法正确，高压蒸汽灭菌器的维护方法正确（10分）				
			灭菌效果达到要求（10分）				
	工作素养	发现并解决问题的能力	善于发现并解决实验过程中的问题（5分）				
		时间管理能力	合理安排时间，严格遵守时间安排（5分）				
		遵守实验室安全规范	（烘箱使用、玻璃器皿的灭菌、培养基灭菌、高压蒸汽灭菌器使用、实验台整理等）遵守实验室安全规范（5分）				
课后	技能拓展	接种针的火焰灭菌	正确、规范地完成（5分）				
		使用煮沸消毒法对餐具进行灭菌	正确、规范地完成（5分）				
总分							

注：不合格：<60分；合格：60~74分；良好：75~84分；优秀：>85分

拓展训练

（1）用75%乙醇对手、皮肤和光滑物体表面进行消毒，并在显微镜下观察细菌的变化，录制视频上传到课程平台。

（2）对所学内容进行拓展，上网查找相关知识，深化对相关知识的学习。

任务三　微生物的显微计数

学习目标

知识目标

（1）掌握血细胞计数板的计数原理。

（2）掌握血细胞计数板的构造。

（3）掌握血细胞计数板的计数方法以及结果的记录方法。

（4）掌握微生物显微计数的关键步骤。

能力目标

（1）能够使用血细胞计数板进行微生物计数。

（2）能够根据企业产品类型确定微生物显微计数的检验方案。

（3）能够按要求准确完成血细胞计数板的计数与记录。

（4）能够分析处理与判定检验结果，能够按要求格式编写微生物检验报告。

素质要求

（1）钻研之力始于趣，科研之力成于恒，做科研需戒骄戒躁，甘坐冷板凳，方能厚积薄发，青年科技工作者要厚植家国情怀，将科研工作与国家和人民的需求紧密结合起来。

（2）食品检验人必须秉持科学的态度完成检验工作，拒绝一切与检验活动无关的干扰，确保食品检验活动的客观和中立，不得出具虚假的检验报告。

一、微生物的生长曲线

细菌在适宜条件下若能保证自身营养物质的供应，并及时排出代谢产物，就能以较高的速率繁殖。按大肠埃希氏菌每 20 min 分裂一次计算，一个细胞连续分裂 48 h 或 144 代之后，可以产生 2.2×10^{43} 个子细胞，其总质量将超过 2.2×10^{25} t，约为地球质量的 3 680倍。显然，这种情况是不可能在自然界中存在的。细菌在一个有限的环境中不能无限制地高速生长。

通常，我们会利用细菌纯培养物来测定微生物群体的生长规律。这种方法是将少量纯种微生物接种到一定量的新鲜液体培养基中，在适宜条件下培养，直至养分耗尽。在此过程中，定时取样测定其细菌含量，以培养时间为横坐标，以细菌数目的对数或生长速率为纵坐标作图，得到一条曲线，即微生物的典型生长曲线（growth curve），又称繁殖曲线。"典型"是指该曲线只适合单细胞微生物（如细菌和酵母菌），而对丝状微生物（如放线菌和霉菌）而言，则只能绘制出一条非"典型"的生长曲线，如真菌的生长曲线大致可分为 3 个时期，即生长延滞期、快速生长期和生长衰退期。

虽说每种细菌都有各自的典型生长曲线，但它们的生长过程具有共同的规律。根据微生物的生长速率常数，即每小时分裂次数（R）的不同，一般可把典型生长曲线划分为延滞期、指数期、稳定期和衰退期 4 个时期（见图 2 – 10）。

1）延滞期

延滞期（lag phase）又称停滞期、调整期或适应期。少量细菌接种到新鲜培养液中后，一般不立即开始繁殖，它们往往需要经过一段时间来进行调整以适应新的环境，合成新的酶及细胞结构组分，积累必要的中间产物。

延滞期的特点包括：①细胞不分裂，细胞数目不变，生长速率为零；②单个细胞形态变大或增长，体积急剧增大，如巨大芽孢杆菌的长度可以从 3.4 μm 增长到 9.1 ~ 19.8 μm；③细胞内的 RNA 尤其是 rRNA 含量增高，原生质均匀一致，储藏物质消失；④合成代谢活跃，核糖体、酶类和 ATP 的合成加速，易产生各种诱导酶；⑤对外界不良环境条件，如氯化钠溶液、温度和抗生素等理化因素敏感，抵抗能力很低。

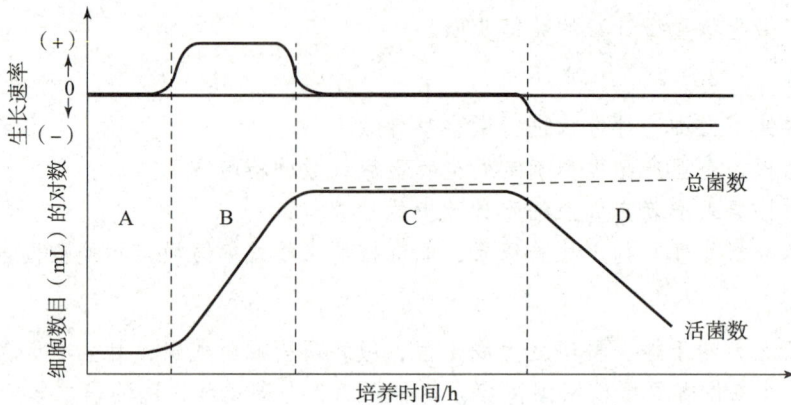

图 2-10　微生物的典型生长曲线
A—延滞期；B—指数期；C—稳定期；D—衰退期

各种微生物的延滞期长短不一，如大肠埃希氏菌延滞期比结核分枝杆菌的延滞期短。延滞期长短除了由微生物遗传特性决定外，还受到以下因素影响。

（1）接种龄。接种龄指接种物或种子的生长年龄。实验证明，用指数期的种子接种，菌种代谢旺盛，延滞期缩短；以延滞期或衰退期的种子接种，则延滞期加长。

（2）接种量。接种量的大小能明显影响延滞期的长短。一般来说，接种量越大，则延滞期越短，反之则越长。因此在发酵工业领域，为了缩短延滞期以缩短生产周期，通常采用较大的接种量，如 1/10（体积比）接种。

（3）培养基成分。培养基中营养成分的改变也能影响延滞期。如果将菌种转接入相同的培养基，常能缩短延滞期；如果培养基成分不同，特别是从营养丰富的培养基中转移到贫瘠的培养基中时，就会出现较长的延滞期。这是因为微生物必须要有一段时间来适应新的理化环境，以诱导合成可以利用新营养成分的酶。所以在微生物发酵中，一般要求发酵培养基的成分与种子培养基的成分尽量接近，并且营养应适当丰富些。

在工业发酵和科研中，延滞期会增加生产周期，进而产生不利影响，故应尽量缩短延滞期以减少生产（研究）成本，提高设备利用率，如通过遗传改造来改变微生物遗传特性，使延滞期缩短；利用指数期生长的细胞作为种子；尽量使培养基成分不要相差太大；适当扩大接种量等。而在食品工业中，由于延滞期的微生物数量较少，且对外界环境敏感，因此消毒或灭菌应尽量选择在此时期进行，以达到较好的效果。

2）指数期

指数期（log phase）又称对数期，指在生长曲线中，紧接着延滞期的一段细胞数以几何级数增长的时期。经过对新环境的适应后，细菌在这个时期内生长旺盛，代谢酶活力增强，分裂速率加快，菌数以几何级数增加，代时稳定，其生长曲线表现为一条上升的直线。

细菌在指数期每分裂一次所需的时间，称为代时（generation time），用 G 表示。在一定条件下（如营养成分、温度、pH 值和通气量等），每一种微生物的代时是恒定的，因此代时是微生物菌种的一个重要特征，但如果生长条件改变，代时也会随之改变。

指数期的微生物因生理特征稳定，具有整个群体的生理特性一致、细胞各成分平衡增长和生长速率恒定等优点，所以是进行代谢、生理等研究的良好材料。在发酵工业中，指数期微生物是作为种子的最佳材料，可缩短生产周期；应尽量延长指数期，以达到较高的菌体密度。而在食品工业防腐中，要尽量控制有害微生物，使其不能进入指数期。

3）稳定期

稳定期（stationary phase）又称恒定期。指数生长期后，细胞活力逐渐下降，生长速率也显著下降。在稳定期时，细胞数达到最高峰，并且会维持一段时间，在生长曲线上表示为与横轴平行的直线。

稳定期的特点包括：①活菌数相对稳定，群体生长速率等于零，细菌分裂增加的数量（生长数）等于细菌的死亡数，微生物群体处于动态平衡状态；②菌体产量达到最高值；③细胞代谢产物积累达到最高峰，有的微生物在此时期开始以初级代谢物为前体，通过复杂的次生代谢途径合成抗生素等对人类有用的各种次生代谢物，所以，稳定期又称代谢产物合成期；④细胞内出现储藏物质，如糖原、异染颗粒和脂肪等内含物，产芽孢菌体内开始形成芽孢。

稳定期产生的原因包括：①营养物质（尤其是生长限制因子）耗尽；②营养物质的比例失调，如 C/N 不合适；③有害代谢废物积累，如酸、醇、毒素等；④pH 值、氧化还原等物理化学条件不适宜微生物生长等。细菌处于稳定期的时间长短与菌种特性和环境条件有关。在发酵工业中，为了获得更多的菌体或代谢产物，还可以通过补料，调节 pH 值、温度或者通气量等措施来延长稳定期。

稳定期的生长规律对生产实践有着重要的指导意义。例如，对某些以获得菌体或与菌体生长相平行的代谢产物为目的的发酵生产来说，稳定期是产物的最佳收获期。

4）衰退期

衰退期（death phase）又称衰亡期、衰老期或死亡期。菌体经过稳定期后，由于营养物质和环境条件的进一步恶化，有毒代谢产物大量累积，引起细胞内的分解代谢明显超过合成代谢，继而导致大量菌体死亡。

衰退期的特点包括：①微生物的个体死亡速率超过新生速率，整个群体出现负生长状态；②胞内颗粒更明显，细胞开始畸变，发生多形化，如会发生体积膨大或出现不规则的退化形态；③因菌体本身产生的酶及代谢产物的作用，细胞出现自溶现象。产芽孢菌体往往在此期释放芽孢。

二、微生物生长的测定技术

微生物个体很小，个体生长很难测定，而且也没有实际的应用价值。因此，测定微生物的生长并不是依据个体的大小，而是测定群体的增加量，即群体的生长。微生物的生长情况可以通过测定单位时间内的微生物数量或者生物量的变化来评价。通过对微生物生长的测定可以客观地评价培养条件以及营养物质等对微生物生长的影响，或评价不同的抗菌物质对微生物产生抑制（或杀死）作用的效果，或客观地反映微生物生长的规律。因此，微生物生长的测定在理论上和实践中都具有重要的意义。根据生长的定义，在理论上可以通过测定细胞内任何一个主要成分的变化来表示生长。但实际上，普遍被人们采用又较为方便的方法是测定微生物生长量和计繁殖数。

测定生长量的方法有很多种，适用于一切微生物。

1. 直接法

直接法可以粗放地测定菌体的体积（测体积法），即在刻度离心管中测定菌体的沉降量，也可以精确测定菌体细胞的干重。将单位体积的微生物培养液经离心或过滤后收集，并用清水反复洗涤菌体，经常压或真空干燥（常压干燥温度常用 105 ℃、100 ℃或用红外线烘干，也可在较低温度（80 ℃或 40 ℃）下真空干燥），然后精确称量，即可以计算出培养物的总生物量。过滤时，丝状真菌用滤纸过滤，细菌用醋酸纤维素膜等进行过滤。干重法适用于含菌量高，不含或少含非菌颗粒性杂质的环境或培养条件。

2. 间接法

（1）比浊法。

这是测定微生物生长量的快速方法。其原理是在一定浓度范围内，菌悬液的微生物细胞浓度与液体的光密度成正比，与透光度成反比，待测菌细胞浓度越高，透光量越低。因此，可用分光光度法对无色的微生物悬浮液进行测定。由于细胞浓度仅在一定范围内与光密度呈直线关系，待测菌悬液的细胞浓度不宜过低或过高，培养液的颜色也不宜过深，颗粒性杂质的数量应尽量减少。该法常用于观察和控制培养过程中微生物的生长情况，如细菌的生长曲线测定和发酵罐中细菌生长量的控制等。现已有生物曲线自动测定仪，可定时对培养物浓度进行吸光度测定，非常方便。

（2）总氮量测定法。

蛋白质是生物细胞的主要成分，核酸和类脂等也含有一定量的氮素。已知细菌细胞干重的含氮量一般为 12%～15%，酵母菌为 7.5%，霉菌为 6.0%。因此，只要用化学分析方法（如用硫酸、高氯酸、碘酸或磷酸等消化法）测出待测样品的含氮量，就能推算出细胞的生物量。该法适用于在固体或液体条件下测定微生物的总生物量，但需充分洗涤菌体以除去含氮杂质，所以，因操作程序复杂，一般很少采用。

（3）DNA 含量测定法。

微生物细胞中的 DNA 含量虽然不高（如在大肠埃希氏菌中占 3%～4%），但较为稳定，有人估算出每一个细菌细胞平均含有 DNA 8.4×10^{-5} ng，因此也可以根据分离出样品中的 DNA 含量来计算微生物的生物量。该方法比较准确，因为微生物细胞中的 DNA 含量比较恒定，不易受菌龄和培养条件的影响，但这类测定方法比较费时费力。

（4）代谢活性法。

该法根据微生物的生命活动强度来估算其生物量。例如，测定单位体积培养物在单位时间内消耗的营养物质或 O_2 的量，或者测定微生物代谢过程中的产酸量或产 CO_2 的量等，均可在一定程度上反映微生物的生物量。该法影响因素较多，误差也较大，仅用于在特定条件下进行比较分析。

（5）测代谢产物法。

以代谢产物作为生长量的指标，只限于测量确实能反映实际生长量的代谢产物（如测定乳酸菌的产酸量），因为并不是所有的代谢产物都与生长量有准确的关系。

3. 计繁殖数

与测生长量不同，计繁殖数要一一计算个体的数目。所以，计繁殖数只适用于测定处于单细胞状态的细菌和酵母菌，而对放线菌和霉菌等丝状生长的微生物而言，只能计算其孢子数。计繁殖数的方法有血细胞计数板法、平板计数法、最大概率法和浓缩法。本节只对血细胞计数板法（血球计数板）进行简单介绍。

血细胞计数板法又称显微镜直接计数法。这种方法是将待测样品稀释后，放在特制的计数板上，在显微镜下计算细胞数目，所得的结果为细胞总数。但用于直接测菌数的菌悬液浓度一般不宜过低或过高（细菌数为 10^7 个/mL，酵母菌和真菌孢子数数量级应为 $10^5 \sim 10^6$ 个/mL）。

血细胞计数板是一块特制的厚载玻片，其上有 4 条槽，形成 3 个平台（见图 2-11）。中间较宽的平台又被一短横槽分成两半，每一半的平台上刻有 9 个大方格，中央方格为计数用，称为计数室。计数室的刻度一般有两种规格，一种是一个大方格分成 25 个中方格，而每个中方格又可分成 16 个小方格；另一种是一个大方格分成 16 个中方格，而每个中方格又分成 25 个小方格，但无论哪种规格的计数板，每一个大方格中的小方格总数都为 400 个。每一个大方格的边长都为 1 mm，则每一个大方格的面积都为 1 mm^2，盖上盖玻片后，盖玻片与载玻片之间的距离为 0.1 mm，因此，计数室的总体积为 0.1 mm^3（10^{-4} mL）。

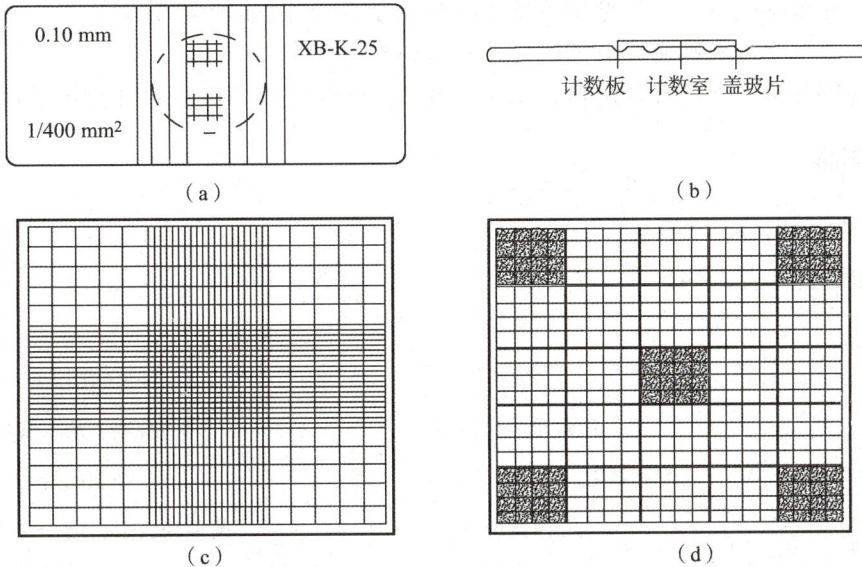

图 2-11　血细胞计数板的结构
（a）顶面图；（b）侧面图；（c）放大后的网格；（d）放大后的计数室

计数原理：利用血细胞计数板，在显微镜下直接观察一定容积中的微生物细胞数目，推算出含菌数。使用血细胞计数板上的计数室计数时，先要测定每个大方格中微生物的数量，再换算成每毫升菌液（或每克样品）中微生物细胞的数量。

问题思考

（1）阐述血细胞计数板法与平板计数法的优缺点。

（2）阐述典型生长曲线中，细胞形态最大的生长期的特征。

三、微生物的显微镜直接计数实操训练

任务描述

测定微生物细胞数量通常采用显微镜直接计数法和平板计数法。显微镜直接计数法是利用血细胞计数板（血球计数板）在显微镜下直接计数，能立即得到数值，但死、活细胞都计数在内。平板计数法是在平板上长成菌落后再计数，反应较真实，但费时太长。本任务是利用血细胞计数板进行直接计数。计数前，需对样品做适当稀释，然后将经过适当稀释的菌悬液（或孢子悬液）放在血细胞计数板的计数室内，随后，将在显微镜下观察到的微生物数目代入计算公式运算，即可得出单位体积微生物的总数目。此法的优点是直观、快速。

任务要求

（1）能够使用血细胞计数板进行微生物计数。
（2）能够根据企业产品类型确定微生物显微镜直接计数的检验方案。
（3）能够按要求准确完成血细胞计数板的计数与记录。
（4）能够分析、处理及判定检验结果，并按要求格式编写微生物计数结果报告。

任务实施

（一）设备和材料

设备和材料见表2-41。

表2-41 设备和材料

序号	名称	作用
1	普通光学显微镜	观察、放大物像
2	血细胞计数板（25×16 或 16×25）	细胞的计数
3	无菌载玻片	菌种的放置，便于显微镜观察
4	无菌盖玻片	观察菌种
5	酿酒酵母菌悬液	菌种
6	无菌滴管	吸取菌悬液
7	吸水纸	吸去多余水分
8	无菌蒸馏水	用于菌悬液配制
9	无菌毛细管	吸取样液
10	擦镜纸	镜头擦拭
11	接种环	挑取菌种
12	酒精灯	用于灭菌和接种

（二）培养基或试剂

准备麦芽汁培养基和无菌生理盐水。

（三）操作步骤

酵母菌悬液血细胞计数板法计数操作的具体步骤见表 2-42。

表 2-42　酵母菌悬液血细胞计数板法计数操作的具体步骤

操作步骤	操作说明
1. 稀释菌悬液	根据待测菌悬液的浓度，加无菌水适当稀释，目的是便于酵母菌悬液的计数，以每小方格内含有 4~5 个酵母菌细胞为宜，一般稀释 100 倍即可
2. 准备计数板	取清洁干燥的血细胞计数板（使用前可通过显微镜检验计数板上有无污物，若有，则需清洗后才能进行计数），在中央的计数室上加盖专用的盖玻片
3. 加样	将稀释后的酵母菌悬液摇匀，用滴管吸取 1 滴置于盖玻片的边缘（不宜过多），让菌悬液沿缝隙靠毛细渗透作用缓缓渗入计数室，勿使气泡产生，并用吸水纸吸去沟槽中流出的多余菌悬液。也可以将菌悬液直接滴加在计数区上，不要使计数区两边平台沾有菌悬液，以免加盖盖玻片后，造成计数区深度的升高，然后加盖盖玻片（勿使气泡产生）
4. 计数	静置片刻（一般 5~10 min），使酵母菌全部沉降到计数室内，将血细胞计数板置于载物台上夹稳，先在低倍镜下找到计数室后，再换成高倍镜观察并计数，由于活细胞的折射率和水的折射率相近，观察时应减弱光照的强度。 　　计数时，如果使用 16×25 规格的计数板，要按对角线方位，数左上、右上、左下、右下 4 个中格（即各 100 个小格）的酵母菌数，如果规格为 25×16 的计数板，除了数其 4 个对角线方位的中格外，还需再数中央的一个中格（即 80 个小格）的酵母菌数。如菌体位于大方格的双线上，计数时则数下方和左方线上的酵母菌细胞（或只计数上方和右方线上的酵母菌细胞），以减少误差 　　对于出芽的酵母菌，芽体达到母细胞大小一半时，即可作为 2 个菌体。每个样品重复计数 3 次（每次数值不应相差过大，否则应重新操作），取其平均值，按下列公式计算每 1 mL 菌悬液中所含的酵母菌个数。 　　①16×25 计数板： 　　$$总菌数(1/mL) = \frac{100 \text{ 个小方格内的菌数}}{100} \times 400 \times 10\,000 \times 稀释倍数$$ 　　$$= 每个小方格内的菌数 \times 4 \times 10^6 \times 稀释倍数$$ 　　②25×16 计数板： 　　$$总菌数(1/mL) = \frac{80 \text{ 个小方格内的菌数}}{80} \times 400 \times 10\,000 \times 稀释倍数$$ 　　$$= 每个小方格内的菌数 \times 4 \times 10^6 \times 稀释倍数$$
5. 清洗计数板	计数完毕，先用蒸馏水冲洗计数板，用吸水纸吸干，再用乙醇棉球轻轻擦拭后用水冲，最后用擦镜纸擦干。计数室上的盖玻片也做同样的清洗与擦干处理，最后放入计数板的盒中
6. 血球计数板的清洗与保藏	（1）血细胞计数板使用完毕后，取下盖玻片，用自来水冲洗，切勿用硬物洗刷或抹擦，以免损坏网格刻度，洗后晾干或用吹风机吹干，或用 95% 乙醇、无水乙醇、丙酮等有机溶剂脱水使其干燥。 　　（2）计数板冲洗后，还要通过镜检，观察每小格内是否有残留菌体或其他沉淀物。若不干净，则必须重复洗涤至干净为止。干燥后方可放入盒内保存

（四）结果计算与报告

根据血细胞计数板法对酵母菌悬液的细胞计数结果出具报告，报告单位以个/mL 表示。将实验数据记录于表 2-43 中。

表 2-43　血细胞计数板法计数结果报告表

次数	1					2					3				
中方格序号	1	2	3	4	5	1	2	3	4	5	1	2	3	4	5
细胞数/个															
方格种类/格															
合计															
稀释倍数															
细胞数/ （个·mL⁻¹）															

注："方格种类/格"行填"25×16"或"16×25"

（五）评价反馈

实验结束后，请按照表 2-44 中的评价要求填写考核结果。

表 2-44　酵母菌计数考核评价表

学生姓名：　　　　　　　　　　班级：　　　　　　　　　　日期：

考核项目		评价项目	评价要求	不合格	合格	良好	优秀
知识储备		了解血细胞计数板法计数的基本原理	相关知识输出正确（1分）				
		能够熟练使用血细胞计数板并检测出正确的酵母菌细胞数	能使用血细胞计数板计算出样液中的酵母菌细胞数（3分）				
检验准备		能够正确准备试验设备及材料	设备及材料准备正确（6分）				
技能操作		能够熟练掌握血细胞计数板的操作规范	操作过程规范、熟练（15分）				
		能够正确、规范记录结果信息	信息记录准确、规范（5分）				
课前	通用能力	课前预习任务	课前预习任务完成认真（5分）				

考核项目		评价项目	评价要求	不合格	合格	良好	优秀
课中	专业能力	实际操作能力	能够按照操作规范进行样品的制备（10分）				
			能够按照操作规范进行样品的稀释（10分）				
			能够按照操作规范进行样品的计数（15分）				
	工作素养	发现并解决问题的能力	善于发现并解决实验过程中的问题（10分）				
		时间管理能力	合理安排时间，严格遵守时间安排（5分）				
		遵守实验室安全规范	遵守实验室安全规范（10分）				
课后	技能拓展	霉菌孢子的显微镜计数	正确、规范地完成（5分）				
总分							

注：不合格：＜60分；合格：60～74分；良好：75～84分；优秀：＞85分

拓展训练

查找相关知识，了解血细胞计数板的清洗与保存方法，平板计数法的原理与操作步骤。

案例介绍

通过手机扫码获取与微生物培养、消毒和灭菌相关的安全事件案例，通过阅读网络资源总结消毒和灭菌对微生物检测工作的重要性，了解食品生产过程中的消毒和灭菌过程。

2.3 案例

拓展资源

利用互联网、国家标准、微课等，对所学内容进行拓展，查找网上相关知识，深化对相关知识的学习。

2.3 资源

项目四　微生物菌种分离与保藏技术

任务一　微生物的分离与纯化

学习目标

知识目标

（1）了解微生物分离、纯化及微生物纯培养的原理与方法。

（2）理解并熟悉微生物分离、纯化的常用方法。

2.4　PPT

能力目标

（1）能够用稀释法分离细菌、放线菌和霉菌。

（2）能够用平板划线法分离微生物。

（3）能够从样品中分离、纯化出所需菌株。

素质要求

（1）深刻领悟习近平总书记多次强调的"保障初级产品供给是一个重大战略问题"这一重要讲话的精神，感悟食品人肩负的职责和使命。

（2）树立正确的人生观和价值观，培养良好的职业道德，做好食品质量安全的"守门员"。

在自然条件下，微生物常常在各种环境中杂居。为了开展生产、检测和科研工作，需要从自然界混杂的微生物群体中分离出特定的纯种微生物，并加以保藏。

一、微生物菌种的分离与纯化

为了研究某种微生物的特性，或者大量地培养和利用某种微生物，需要从自然界混杂的微生物群中分离单一的菌种，这种获得单一菌株纯培养的方法称为微生物菌种的分离与纯化。在人为条件下培养的微生物群体称为培养物，只有一种微生物的培养物称为纯培养物。

单个微生物在固体培养基上生长，形成以微生物母细胞为中心的，有一定形态、构造等特征的子细胞集团，即菌落。一个菌落是一个纯培养物。同一细菌在不同的培养平板上可形成不同的特征菌落，其大小、形状、边缘、光泽、质地、颜色和透明度等特征是菌种鉴定的重要依据。

想从环境中获得单一菌株，可以遵循以下流程。

1）确定筛选菌株的途径及采样的方法

目标菌株可从菌种保藏机构购买，也可以从自然界（如土壤、水、动植物体等）中采集样品，然后再筛选出所需菌株。

从土壤中采样时，需要根据土壤特点和微生物营养特点进行采样；在特殊环境下采样时，需要考虑局部环境，特别是极端环境条件对目标微生物带来的影响；也可以从一些天然发酵制品中分离所需的目标菌株。

2）富集培养

富集培养就是给混合菌群提供一些有利于所需目标菌株生长或不利于其他菌株生长的条件，以促使目标菌株大量繁殖，从而有利于对它们进行分离。

影响目标菌株生长的因素包括：培养基的营养成分（唯一碳源或氮源）、培养条件（pH 值、温度及通气量等）、极端环境条件（高温、高压、加入抗生素等）。

3）分离纯化

菌种分离纯化的方法有固体培养基分离法（平板倾注法、平板涂布法、平板划线法和稀释摇管法）、液体培养基分离法、单细胞分离法、选择培养分离法等。其中平板倾注法、平板涂布法、平板划线法最为常用，其不需要借助于特殊的仪器设备，且分离纯化效果好。现分别简述如下。

（1）固体培养基分离法。

①平板倾注法。

该法是先将待分离的含菌样品用无菌生理盐水进行一系列的稀释（稀释倍数要适当，常用 10 倍稀释法），然后分别取不同稀释液少许（0.5～1.0 mL）于无菌培养皿中，倾入已融化并冷却至 50 ℃左右的琼脂培养基，迅速摇动，充分混匀。待琼脂凝固后，即成为可能含菌的琼脂平板。

琼脂平板在恒温培养箱中倒置培养一定时间后，在琼脂平板表面或其中即可出现分散的单个菌落。这些菌落可能是由单个细胞繁殖形成的。挑取单个菌落，一般再重复该法 1～2 次，结合显微镜检测个体形态特征，便可得到真正的纯培养物。

该法有 2 个缺点：一是会使一些严格好氧菌因被固定在琼脂中间，缺乏溶解氧而生长受到影响，形成微小的菌落，难以挑取出来；二是在倾入融化的琼脂培养基时，若温度过高，易烫死某些热敏感菌，过低则会使琼脂凝固太快，不能充分混匀。

②平板涂布法。

平板涂布法是微生物学研究中常用的菌种分离方法。该法是先将已融化并冷却至约 50 ℃（减少冷凝水）的琼脂培养基倒入无菌培养皿中，制成无菌平板。待培养基充分冷却凝固后，再将一定量（约 0.1 mL）的某一稀释度的样品悬液滴加在平板表面，涂布均匀，倒置于恒温培养箱中培养后挑取单个菌落。

另一种简单、快速、有效的平板涂布法，可省去含菌样品悬液的稀释步骤，即直接吸取经振荡分散的样品悬液 1 滴加在琼脂平板上，用一支无菌玻璃涂棒均匀涂布，用此涂棒再连续涂布 2 号、3 号、4 号平板（连续涂布起逐渐稀释作用，涂布平板数视样品浓度而定），翻转此涂棒再涂布 5 号、6 号平板，在适当的温度下倒置培养后挑取单个菌落。该法又称玻璃涂棒连续涂布分离法。

平板倾注法与平板涂布法的操作要点如下：梯度稀释度的确定，由需分离微生物在样品中的数量的具体情况来预估，最终以该梯度一个平皿上生长的菌落数在 300 CFU/mL（g）以下为佳；选择菌落进行下一步分离纯化的依据为菌落特征和菌体细胞的特征；获得纯培养的初步标准为菌落特征的一致性；注意无菌操作。

③平板划线法。

先制备无菌琼脂平板，待充分冷却凝固后，用接种环蘸取少量待分离的含菌样品，在平板表面进行有规则地划线。划线方式有连续划线、平行划线、扇形划线等，通过在平板上进行划线稀释，微生物细胞的数量将随着划线次数的增加而减少，并逐步分散开来。经培养后，可在平板表面形成分散的单个菌落。但单个菌落并不一定是由单个细胞形成的，需再重复划线 1～2 次，并结合显微镜检测个体形态特征，才可获得真正的纯培养物。

④稀释摇管法。

稀释摇管法是对氧气特别敏感的厌氧菌的一种纯培养方法。操作时，先将一系列盛有无菌琼脂培养基的试管加热，使琼脂融化后冷却并保持在 50 ℃左右。然后，将待分离的样品用这些盛有 50 ℃琼脂培养基的试管进行梯度稀释，迅速摇动试管，充分混匀，待琼脂冷凝后，在琼脂柱表面倾倒一层无菌液体石蜡和固体石蜡的混合物，将培养基和空气隔离开。

进行单菌落的挑取和移植时，需先用一只无菌针将液体石蜡和石蜡盖取出，再用一只毛细管插入琼脂和管壁之间，吹入无菌无氧气体，将琼脂柱吸出，放置在培养皿中，然后用无菌刀将琼脂柱切成薄片，进行观察和菌落的移植。

（2）液体培养基分离法。

针对个别细胞较大的细菌、原生动物、藻类等无法在固体培养基上培养的微生物，可以采用液体培养基顺序稀释法分离，即培养物在液体培养基中进行高度顺序稀释。如果经稀释后的同一稀释度的大多数（95% 以上）试管中均没有微生物生长，那么，有微生物生长的试管得到的培养物可能就是纯培养物。

（3）单细胞分离法。

单细胞分离法是指采用显微分离法从混杂群体中直接分离单个细胞或单个个体进行培养以得到纯培养物。该法适用于无法在营养琼脂平板上形成菌落的微生物，其分离操作的难度与细胞或个体的大小成反比，个体较小的微生物需采用显微操作仪分离，个体较大的微生物可使用毛细管提取。单细胞分离法对操作技术有比较高的要求，多为高度专业化的科学研究所采用。

（4）选择培养分离法。

通过创造适于目标微生物生长、抑制非目标微生物生长的条件，促使目标微生物快速生长成优势微生物，然后从混杂微生物中分离出目标微生物的方法称为选择培养分离法。

问题思考

（1）用平板划线法进行纯化分离的原理是什么？有何优点？

（2）若要防止平板被划破，应采取哪些措施？

二、微生物的分离与纯化实操训练

任务描述

在自然界的土壤、水、空气中以及人和动、植物体内，不同种类的微生物大多混杂在一起生活。当我们希望获得某一种微生物时，就必须把它从混杂的微生物类群中分离出来，以得到该目标微生物的纯种，这种获得微生物纯种的方法称为微生物的分离与纯化。

为了获得某种微生物的纯种，一般需根据该微生物对营养、酸碱度、氧等条件的要求，给它供给适宜的培养条件，或加入某种抑制剂来营造只利于此微生物的生长，而抑制其他微生物生长的环境，从而淘汰其他一些不需要的微生物。随后，再用平板涂布法、平板倾注法或平板划线法等方法分离、纯化该微生物，直至得到纯菌株。

为了从混杂的微生物群体中获得只含某一种或某一株微生物的纯培养物，必须采用特殊的微生物分离方法，以获取纯种。纯种分离就是将样品进行一定的稀释，使每一个细胞都能够单独分散存在，然后采用适当的方法，将某一个细胞挑选出来，这个细胞就成了纯种。菌种分离、纯化最常用的方法有三种，即平板涂布法、平板倾注法和平板划线法。能够正确使用微生物的分离与纯化技术是微生物检验、鉴定人员的必备技能。

任务要求

（1）能够用稀释法分离细菌、放线菌和霉菌。
（2）能够用平板划线法分离单菌落。
（3）能够设计分离目标菌的实验方案，并通过后续实验做出初步鉴定。
（4）能够从样品中分离、纯化出所需菌株。

任务实施

（一）设备和材料

设备和材料见表 2 - 45。

表 2 - 45　设备和材料

序号	名称	作用
1	恒温培养箱（±1 ℃）	培养测试样品
2	高压灭菌器	培养基或生理盐水等的灭菌
3	冰箱（±1 ℃）	放置样品
4	恒温水浴箱（±1 ℃）	调节培养基温度为恒温：46 ℃±1 ℃
5	电子天平（感量为0.1g）	配制培养基
6	均质器	将样品与稀释液混合均匀
7	振荡器	振摇试管或用手拍打以混合均匀
8	1 mL 无菌吸管或微量移液器及吸头（精确度为0.01 mL）	吸取无菌生理盐水或稀释样液
9	10 mL 无菌吸管（精确度为0.1 mL）	吸取样液
10	250 mL 无菌锥形瓶	盛放无菌生理盐水

（二）培养基和试剂

高氏1号琼脂培养基、牛肉膏蛋白胨琼脂培养基、察氏培养基（将碳酸钠3 g、磷酸氢二钾1 g、硫酸镁0.5 g、氯化钾0.5 g、硫酸亚铁0.01 g、蔗糖30 g、琼脂20 g、蒸馏水1 000 mL，加热溶解后分装，121 ℃灭菌20 min）、生理盐水。

（三）操作步骤

1. 平板涂布法

平板涂布法的具体操作步骤见表2-46。

表2-46　平板涂布法的操作步骤

操作步骤	操作说明
1. 倒平板	将牛肉膏蛋白胨琼脂培养基、高氏1号琼脂培养基、察氏培养基融化，待冷却至55 ℃左右时，向高氏1号琼脂培养基中加入10%苯酚数滴，向察氏培养基中加入链霉素溶液，使每毫升培养基中含有链霉素30 μg。 然后分别倒平板，每种培养基倒三皿，其方法是右手持盛培养基的试管或锥形瓶，置于火焰旁边，左手拿平皿并松动试管塞或瓶塞，用手掌边缘和小指、无名指夹住拔出，如果试管内或锥形瓶内的培养基一次可用完，则管塞或瓶塞不必夹在手指中。将试管（瓶）口放在火焰上灭菌，然后左手将培养皿在火焰附近打开一缝，迅速倒入培养基15~20 mL，加盖后轻轻晃动培养皿，使培养基均匀分布，平置于桌面上，待凝固后即成平板。 也可将平皿放在火焰附近的桌面上，用左手的食指和中指夹住管瓶塞并打开培养皿，再注入培养基，摇匀后制成平板，如图2-12所示。最好是将平板在室温下放置2~3天，检查无菌落及皿盖无冷凝水后再使用 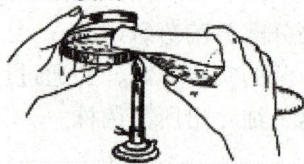 图2-12　倒平板
2. 制备土壤稀释液	称取土样10 g，放入盛90 mL无菌水并带有玻璃珠的锥形瓶中，振摇约20 min，使土样与水充分混合，将菌分散。用一支1 mL无菌吸管从中吸取1 mL土壤悬液注入盛有9 mL无菌水的试管中，吹吸3次，使其充分混匀。然后再用一支1 mL无菌吸管从此试管中吸取1 mL注入另一盛有9 mL无菌水的试管中，以此类推制成10^{-1}，10^{-2}，10^{-3}，10^{-4}，10^{-5}，10^{-6}等各种稀释度的土壤溶液
3. 涂布	将上述每种培养基的3个平板底面分别用记号笔写上选择后的3种合适稀释度，如10^{-4}，10^{-5}，10^{-6}，然后用3支1 mL无菌吸管分别由3管土壤稀释液中各吸取0.1 mL对号放入已写好稀释度的平板中，用无菌玻璃涂棒在培养基表面轻轻地涂布均匀。室温下静置5~10 min，使菌液吸附进培养基，如图2-13所示 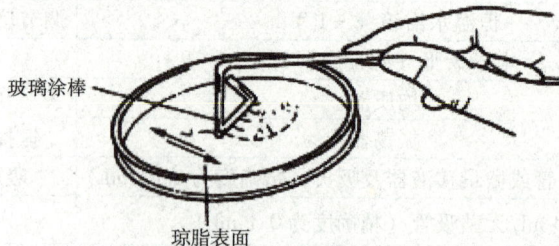 玻璃涂棒 琼脂表面 图2-13　涂布

操作步骤	操作说明
4. 培养	将高氏 1 号琼脂培养基平板和察氏培养基平板倒置于 28 ℃恒温培养箱中培养 3～5 天，牛肉膏蛋白胨琼脂培养基平板倒置于 37 ℃恒温培养箱中培养 2～3 天
5. 纯化	挑选培养后长出的单个菌落并分别挑取接种到上述 3 种培养基的斜面上，再分别置于 28 ℃和 37 ℃恒温培养箱中培养，待菌苔长出后，检查菌苔是否单纯，也可用显微镜涂片染色检查是否是单一的微生物，若有其他杂菌混杂，就要再一次进行分离、纯化，直到获得纯种

2. 平板倾注法

平板倾注法的具体操作步骤见表 2－47。

表 2－47　平板倾注法的操作步骤

操作步骤	操作说明
1. 制备土壤稀释液	制备土壤稀释液，同平板涂布法。最终制成 10^{-1}，10^{-2}，10^{-3}，10^{-4}，10^{-5}，10^{-6} 等稀释度的土壤溶液
2. 接种	选择合适稀释度样品匀液，用无菌吸管各吸取 1 mL 对号放入已写好稀释度的空的无菌平皿中。每更换一个稀释度需要更换一个新的无菌吸管
3. 倾倒培养基	在酒精灯火焰旁倒入融化后冷却到 45 ℃左右的培养基，倾倒培养基体积为 20～25 mL，边倒边摇匀，在混匀时动作要轻巧，应多次上下、左右、顺时针或逆时针方向转动，使样品中的微生物与培养基混合均匀
4. 培养	待平板中培养基冷凝后，分别倒置于 28 ℃和 37 ℃恒温培养箱中培养
5. 纯化	挑选菌落同平板涂布法，直至获得单一菌落

3. 平板划线法

平板划线法又称分离培养法，是细菌分离培养中使用最广泛的一种方法。在划线过程中，通过接种环在平板表面往返滑动，微生物细胞从接种环上转移到平板上，使单个细胞能分散在平板上，并通过生长繁殖形成单个菌落。由一个菌体细胞形成的菌落，可认为是纯的菌种，这是适用于分离细菌和真菌的最常用方法。平板划线法的具体操作步骤见表 2－48。

表 2－48　平板划线法的操作步骤

操作步骤	操作说明
1. 倒平板	将融化的固体培养基冷却至 45 ℃左右，在每一培养皿内注入 15～20 mL，置于平整桌面上，待凝固后即成平板
2. 制备土壤稀释液	制备土壤稀释液。同平板涂布法。最终制成 10^{-1}，10^{-2}，10^{-3}，10^{-4}，10^{-5}，10^{-6} 等稀释度的土壤溶液

操作步骤	操作说明
3. 平板划线与培养	在近火焰处，左手拿皿底，右手拿接种环在火焰上灭菌，挑取上述土壤悬液 1 环在平板上划线（见图 2-14）。划线的方法很多，但无论用哪种方法，其目的都是通过划线将样品在平板上进行稀释，使之形成单个菌落。 常用的划线方法有两种：分段划线法和连续划线法（见图 2-15）。 图 2-14　平板划线与培养　　图 2-15　划线方法 （a）分段划线法；（b）连续划线法 ①分段划线法。凡是含菌量多或含有不同细菌的培养物或标本，都可以使用这种方法。操作时，用接种环以无菌操作挑取土壤悬液 1 环，接种环与平板间的夹角在 30°~40° 为宜，先在平板培养基的一边做第 1 次平行划线 4~5 条，再转动培养皿约 70°，并将接种环上残菌烧掉，待冷却后通过第 1 次划线部分做第 2 次平行划线，再用同法通过第 2 次平行划线部分做第 3 次平行划线和通过第 3 次平行划线部分做第 4 次平行划线。这样分段划线，在每段划线内的细菌数逐渐减少，便能得到单个菌落，划线完毕，盖好皿盖，倒置于 37 ℃ 培养箱内培养。 ②连续划线法。凡是培养物或样品上的细菌数不太多时，便使用平板连续划线法。用接种环先挑取土壤悬液 1 环，涂布于平板表面一角，然后在原处开始向左右两侧划线，逐渐向下移动，连续划成若干条分散但不重叠的平行线。划线完毕，盖好皿盖，倒置于 37 ℃ 培养箱内培养
4. 纯化	挑选菌落同平板涂布法，直至获得单一菌落

（四）结果与报告

将微生物分离与纯化的实验结果填入表 2-49 中。

表 2-49　菌落特征记录表

菌落特征	菌落名称			
	细菌	放线菌	霉菌	固氮菌
大小				
形态				
干湿				
高度				
透明度				
颜色				
边缘				

（五）评价反馈

实验结束后，请按照表2-50中的评价要求填写考核结果。

表2-50 微生物的分离与纯化考核评价表

学生姓名： 班级： 日期：

考核项目		评价项目	评价要求	不合格	合格	良好	优秀
知识储备		掌握从土壤中分离、纯化微生物的原理与方法	相关知识输出正确（1分）				
		熟悉不同微生物的培养特征	能够区分真菌和细菌的菌落及菌体特征（3分）				
检验准备		能够正确准备试验设备及材料	设备及材料准备正确（6分）				
技能操作		掌握斜面接种及穿刺接种等无菌操作的要点	操作过程规范、熟练（15分）				
		掌握倒平板的技术和几种常用的分离、纯化微生物的基本方法	倒平板过程规范、熟练，严格遵循无菌操作要求（10分）				
课前	通用能力	课前预习任务	课前预习任务完成认真（5分）				
课中	专业能力	实际操作能力	能够按照操作规范进行培养基的制备（10分）				
			能够按照操作规范进行样品的稀释（10分）				
			能够按照操作规范进行样品的接种（10分）				
			能够按照操作规范进行样品的纯化（10分）				
	工作素养	发现并解决问题的能力	善于发现并解决实验过程中的问题（5分）				
		时间管理能力	合理安排时间，严格遵守时间安排（5分）				
		遵守实验室安全规范	遵守实验室安全规范（5分）				
课后	技能拓展	斜面划线与穿刺	正确、规范地完成（5分）				
总分							

注：不合格：<60分；合格：60～74分；良好：75～84分；优秀：>85分

查找相关知识，了解并比较平板倾注法和平板涂布法的优缺点和应用范围。

任务二　微生物菌种的保藏与复壮

学习目标

知识目标

（1）掌握菌种分离、鉴定基本操作的要点。

（2）掌握菌种的保藏与复壮操作的要点。

（3）掌握保藏微生物菌种的实验原理及其操作方法。

能力目标

（1）能够按照要求完成常用的菌种保藏基本操作。

（2）能够根据企业产品类型确定菌种保藏的方案。

（3）能够按照操作要求完成菌种的复壮。

素质要求

（1）深刻认识"坚持真理，坚守理想"的道德内涵，严格执行标准，真实记录结果，培养公正求实的职业道德。

（2）通过合作探究，培养学生的创新意识和科学探究精神，提高学生分析问题、解决问题的能力。

保藏微生物菌种的目的不仅是要保存菌株的生命本身，而且还必须尽可能地使菌株的遗传性状保持不变，同时保证其在整个保存过程中不被其他微生物污染。因此，选择一种能够长期有效且稳定的保藏微生物菌种的方法至关重要。

一、菌种的复壮

菌种的复壮是使衰退的菌种恢复原有优良性状的措施。狭义的复壮是指在菌种已发生衰退的情况下，通过纯种分离和生产性能测定等方法，从衰退的群体中找出未衰退的个体，以达到恢复该菌原有典型性状的措施。广义的复壮是指在菌种的生产性能未衰退前就有意识地经常进行纯种分离和生产性能测定工作，以期逐步提高菌种的生产性能，实际上就是利用自发突变（正突变）不断地从生产中选种。

菌种的复壮措施有以下几种。

1. 纯种分离法

采用平板划线法、平板倾注法或平板涂布法，把仍保持原有典型优良性状的单细胞分离出来，经扩大培养后恢复原菌株的典型优良性状，若能进行性能测定，则更好；还可用显微镜操纵器将生长良好的单细胞或单孢子分离出来，经培养后恢复原菌株性状。

2. 寄主体内复壮法

寄主体内复壮法主要用于一些寄生性的菌株，即将衰退的菌株接种到相应的宿主体内，以提高其寄生性能及其他性能。例如，先将苏云金芽孢杆菌接种感染菜青虫的幼虫，再从病死的虫体内重新分离典型菌株。将根瘤菌回接到相应豆科宿主植物上，令其侵染结瘤，再从根瘤中分离出根瘤菌，其结瘤固氮性能就可恢复甚至提高。

3. 淘汰法

淘汰法是指采用比较激烈的物理化学条件进行处理，以杀死生命力较差的已衰退个体。在采用此法时，可以使用各种不良的外界物理化学条件，使发生衰退的个体死亡，从而留下群体中生长健壮的个体。例如，对 5406 抗生菌的分生孢子进行 −30 ~ −10 ℃ 低温处理 5 ~ 7 天，使 80% 的分生孢子死亡，在抗低温个体中可找到健壮的个体。

4. 遗传育种法

遗传育种法指把退化的菌种重新进行遗传育种，从中再选出高产、不易退化且稳定性较好的生产菌种。

二、菌种的保藏和使用技术

菌种是从事微生物检验及研究的重要材料，也是微生物有关生产部门的重要生产资源。在微生物实验过程中，实验菌株可能是最敏感的，因为它们的生物活性和特性依赖于合适的实验操作和储藏条件。实验室菌种的处理和保藏程序应实现标准化，以尽可能地减少菌种污染和生长特性的改变。菌种保藏是微生物检验工作中的一项常规技术，菌种的科学保藏和管理直接关系到检验结果的正确性。为了避免在保藏期间和传代过程中菌种死亡、变异、衰退及活力减弱，保持菌种原有的各种生物学特性，必须选择最适宜、最简便的保藏方法，并安全有效地管理实验室菌种，从而确保微生物研究、检验、交换和使用的正常进行。

菌种保藏的原则是根据菌种的生理、生化特性，在人工创造的条件下尽量降低菌种细胞的代谢强度，使细胞基本上处于休眠状态（即生长繁殖受到抑制但又不至于死亡），以降低菌种的变异率。在菌种保藏过程中，要求菌种不死亡、不污染杂菌和不退化。

低温、干燥和隔绝空气是使微生物代谢能力降低的重要因素，所以，菌种保藏方法虽多，但都是根据这三个因素而进行设计的。微生物具有容易变异的特性，因此，在保藏过程中，必须使微生物的代谢处于最不活跃或相对静止的状态，才能在一定的时间内使其不发生变异而又保持生活能力。

1. −80 ℃ 低温保藏法

−80 ℃ 低温保藏法是将菌种保藏在 −80 ℃ 冰箱进行冷冻的一种保藏方法，其原理是低温条件可减缓菌种细胞的新陈代谢，以达到长期有效地保藏微生物的目的。

具体操作步骤如下。

（1）安瓿的准备。安瓿的材料以中性玻璃为宜。清洗安瓿时，先用 2% 盐酸浸泡过夜，再用自来水冲洗干净后，用蒸馏水浸泡至 pH 值呈中性，干燥后贴上标签，标上菌号及时间，塞入脱脂棉塞后，121 ℃下高压蒸汽灭菌 15~20 min，备用。

（2）保护剂的选择和准备。保护剂的种类要根据微生物的类别选择。配制保护剂时，应注意其浓度、pH 值及灭菌方法。例如，血清可采用过滤方法灭菌；牛乳要先脱脂，用离心方法去除上层油脂，然后间歇煮沸 2~3 次、每次 10~30 min 来实现灭菌。

（3）菌种保藏物的准备。在最适宜的培养条件下将细胞培养至稳定期，进行纯度检查后，将生长旺盛的菌体或孢子悬浮于灭菌的保护剂（血清、卵清、脱脂乳）中制成菌悬液（菌种培养物浓度以细胞或孢子不少于 10^8 ~ 10^{10} CFU/mL 为宜），与保护剂混合均匀后，分装。以大肠埃希氏菌为例，为了取得浓度为 10^{10} 个/mL 的活细胞菌液 2~2.5 mL，只需 10 mL 琼脂斜面 2 支。采用较长的毛细滴管，直接滴入安瓿底部，注意不要溅污上部管壁，每管分装量为 0.1~0.2 mL；若是球形安瓿，装量为半个球部。若是液体培养的菌种，应离心去除培养基，然后将培养物与保护剂混匀，再分装于安瓿中。分装安瓿的时间尽量短，最好在 1~2 h 内分装完毕并预冻。分装时，应注意在无菌条件下操作。

（4）冻结保藏。将安瓿置于 -80 ℃超低温冰箱中保藏。

（5）复苏。从冰箱中取出安瓿，应立即放置在 38~40 ℃水浴中快速复苏并适当快速摇动，直到内部结冰全部溶解为止，需 50~100 s。开启安瓿，将内容物移至适宜的培养基上进行培养。

-80 ℃冰箱冷冻保藏的菌种一般可保存 1~3 年，是一种简便、实用的有效保藏方法。

2. 真空冷冻干燥法

真空冷冻干燥法又称冻干法。该法利用升华作用除去水分，在低温、干燥和真空条件下使菌种细胞的生理活动趋于停止，从而长期维持存活状态。

1）好氧菌冻干法

好氧菌冻干法具体操作步骤如下。

（1）安瓿瓶的准备。

（2）保护剂的选择和准备。

（3）菌种保藏物的准备。

（4）预冻。一般预冻 2 h 以上，温度达到 -35~ -20 ℃。

（5）冷冻干燥。采用冷冻干燥机进行冷冻干燥。将冷冻后的样品安瓿置于冷冻干燥机的干燥箱内，开始冷冻干燥，时间一般为 8~20 h。

（6）真空封口及真空检验。将安瓿颈部用强火焰拉细，然后采用真空泵抽真空，在真空条件下将安瓿颈部加热熔封。熔封后的干燥管可采用高频电火花真空测定仪测定真空度。

（7）保藏：安瓿应低温避光保藏。

（8）质量检查：冷冻干燥后抽取若干支安瓿进行各项指标检查，如存活率、生产能力、形态变异、杂菌污染等。

（9）复苏：先用 70%乙醇棉球擦拭安瓿上部，再将安瓿顶部烧热，用无菌棉签蘸冷水，在顶部擦一圈，顶部出现裂纹，用锉刀或镊子在颈部轻叩一下，敲下已开裂的安瓿的顶端，用无菌水或培养液溶解菌块，使用无菌吸管将菌液移入新鲜培养基上，在适当温度下进行培养。

2）厌氧菌冻干法

厌氧菌冻干法的主要程序与好氧菌相同，但要注意保护剂使用前应在100 ℃的沸水中煮沸15 min左右，脱气后放入冷水中急冷，以除掉保护剂中的溶解氧。

在实际工作中对微生物进行冷冻干燥保存时应注意以下几点。

（1）菌种的培养：一般细菌需培养24~48 h；酵母菌需培养3天；形成孢子的微生物则宜保藏孢子；放线菌与丝状真菌则需培养7~10天。

（2）保护剂的选择：冷冻干燥前一般要加冷冻保护剂，保护剂的作用是使细胞在冷冻干燥过程中免受损伤以及减少细胞在保存过程中的死亡。保护剂种类很多（如牛乳、血清、葡萄糖营养肉汤等），为了方便菌种冻干和保存后的再恢复培养，大多采用脱脂牛乳，以适当的方式进行灭菌处理后制成保护剂。

（3）菌悬液的制备：固体培养基培养的菌种可直接加入适量的保护剂制成菌悬液；液体培养基培养的菌种要先离心去除上清液后，再立即加入适量保护剂，制成菌悬液。装入量不超过安瓿球部的一半。

用冻干法保藏的菌种一般可保存10年以上，是目前应用广泛、效果较好的一种菌种保藏方法，菌种保藏中心多用该法保藏菌种。

3）液氮超低温保藏法

液氮超低温保藏法是将菌种保藏在 -196 ℃的液态氮中，或者在 -150 ℃的氮气中长期保藏的方法。其原理是利用微生物在 -130 ℃以下新陈代谢活动降低到最低水平而趋于停止，或者处于休眠状态这一特性，对微生物进行有效保藏。具体操作步骤如下。

（1）安瓿或冻存管的准备。液氮超低温保藏中，使用圆底硼硅玻璃安瓿，或螺旋口的塑料冻存管。注意玻璃管不能有裂纹。将冻存管或安瓿清洗干净，在121 ℃下高压蒸汽灭菌15~20 min，备用。

（2）保护剂的准备。保护剂种类要根据微生物类别选择。配制保护剂时，应注意其浓度，一般采用10%~20%甘油。

（3）微生物保藏物的准备。微生物不同的生理状态对存活率有影响，一般使用稳定期培养物。菌种的准备可采用下列几种方法：①刮取培养物斜面上的孢子或菌体，与保护剂混匀后加入冻存管内；②接种液体培养基，振荡培养后取菌悬液与保护剂混合并分装于冻存管内；③将培养物在平皿内培养，形成菌落后，用无菌打孔器从平板上切取一些大小均匀的小块（直径5~10 mm），真菌最好取菌落边缘的菌块，与保护剂混匀后加入冻存管内；④在安瓿中装入1.2~2 mL的琼脂培养基，接种菌种，培养2~10天后，加入保护剂，待保藏。

（4）预冻。预冻时一般将冷冻速率控制在每分钟下降1 ℃为好，以这种速率使样品冻结到 -35 ℃。

目前常用的三种控温方法包括：①程序控温降温法，即应用电子计算机程序控制降温装置进行降温，这种方法可以稳定、连续降温，能很好地控制降温速率；②分段降温法，即将菌体在不同温级的冰箱或液氮罐口分段降温冷却，或者悬挂于冰的气雾中逐渐降温；实际应用中一般采用二步控温，将安瓿或冻存管，先放在 -40~-20 ℃冰箱中1~2 h，再取出放入液氮罐中快速冷冻，这样每分钟温度下降 1 ~ 1.5 ℃；③对耐低温的微生物，可以直接放入气相或液相氮中。

（5）保藏。将安瓿或冻存管置于液氮罐中保藏。一般气相氮温度为 - 150 ℃，液相氮温度为 - 196 ℃。

（6）复苏。从液氮罐中取出安瓿或冻存管，应立即放置在 38 ~ 40 ℃ 水浴中快速复苏并适当摇动，直到内部结冰全部融化为止，一般需 50 ~ 100 s。开启安瓿或冻存管，将内容物移至适宜的培养基上进行培养。

该法除适用于一般微生物的保藏，还适用于一些用冻干法难以保存的微生物（如支原体、衣原体、氢细菌、难以形成孢子的霉菌、噬菌体及动物细胞）的长期保藏；对一些不耐低温时菌种，也可在保护剂的保护下进行超低温保藏，而且其性状不发生变异。

液氮超低温保藏菌种时需要液氮罐，而且在长期储存的过程中必须经常补充液氮，该法比较适合科研机构采用，对一般的实验室而言，此法成本较高，不易操作。

4）沙土管保藏法

该法是载体保藏法的一种，是将培养好的微生物细胞或孢子用无菌水制成悬浮液，注入灭菌的沙土管中混合均匀，或者直接将成熟孢子刮下接种于灭菌的沙土管中，使微生物细胞或孢子吸附在沙土载体上，将管中水分抽干后熔封管口或置干燥器中于 4 ~ 6 ℃ 或室温进行保藏的一种菌种保藏方法。具体操作步骤如下。

（1）沙土管制备。将河沙过 60 目筛，弃去大颗粒及杂质，再过 80 目筛，去掉细沙。用吸铁石吸去铁质，放入容器中，用 10% 盐酸浸泡，如河沙中有机物较多，可用 20% 盐酸浸泡。24 h 后倒去盐酸，用水洗泡数次至中性，将沙子烘干或晒干。另取地面下 40 ~ 60 cm 非耕作层贫瘠且黏性较小的土，研碎，过 100 目筛，水洗至中性，烘干。将处理后的沙、土按质量比 2:1 混合。将混匀的沙土分装入安瓿或小试管中，高度为 1 cm 左右，塞好棉塞，121 ℃ 湿热灭菌 30 min。随机抽取灭菌后的沙土管若干支，在无菌条件下取少许沙土至营养肉汁培养基中，30 ℃ 培养 24 h，检查无微生物生长后方可使用。

（2）斜面培养物的制备。参照下文的斜面接种和培养。

（3）制备菌悬液。向培养好的斜面培养物中注入 3 ~ 5 mL 无菌水，洗下细胞或孢子，制成菌悬液。用无菌吸管吸取菌悬液，滴入沙土管中，每管 0.2 ~ 0.5 mL。对于放线菌和霉菌，可直接挑取孢子拌入沙土管中。

（4）干燥。真空抽去沙土管中的水分。

（5）保藏。将沙土管用火焰熔封后存放于低温（4 ~ 6 ℃）干燥处保藏，每隔半年检查一次菌种存活性及纯度；或者将沙土管直接用牛皮纸或塑料纸包好，置于干燥器内保藏。保藏时间为 2 ~ 10 年。

（6）恢复培养。无菌条件下打开沙土管，取部分沙土粒于适宜的斜面培养基上，长出菌落后再转接一次；或者取沙土粒于适宜的液体培养基中，增殖培养后再转接斜面。

该法多用于能产生孢子的微生物（如霉菌、放线菌），因此，在抗生素工业生产中应用最广，效果很好。

5）传代培养法

传代培养法又称定期移植法，即将已纯化的菌种在无菌条件下接种于适宜的培养基中，在最适条件下培养，待菌充分生长后，于 4~6 ℃条件下保存并间隔一定时间进行移植培养的菌种保藏方法。传代培养法包括斜面培养、穿刺培养、液体培养等。具体操作步骤如下。

（1）制备培养基。

培养基的制备参照培养基的制备与验收一节。

（2）接种。

①斜面接种。

点接。即把菌种点接在斜面中部偏下方处。点接适用于扩散型生长及绒毛状气生菌丝类霉菌（如毛霉菌、根霉菌等）。

中央划线接种。即从斜面中央自下而上划一直线。中央划线接种适用于细菌和酵母菌等。

稀波状蜿蜒划线接种。即从斜面底部自下而上划"之"字形线。稀波状蜿蜒划线接种适用于易扩散的细菌，也适用于部分真菌。

密波状蜿蜒划线接种。即从斜面底部自下而上划密"之"字形线。该法能充分利用斜面获得大量菌体细胞，适用于细菌和酵母菌等。

②穿刺接种。

穿刺接种即用接种针从原菌种斜面上挑取少量菌体，从柱状培养基中心自上而下刺入，直到接近管底（勿穿到管底），然后沿原穿刺路线慢慢抽出接种针。该法适用于细菌和酵母菌等。

③液体接种。

液体接种即挑取少量固体斜面菌种或用无菌滴管等吸取原菌液接种于新鲜液体培养基中。

（3）培养。

将接种后的培养基放入培养箱中，在适宜的条件下培养至细胞稳定期或得到成熟孢子。细菌培养的温度一般为 30~37 ℃，真菌培养的温度一般为 25~28 ℃。

（4）保藏。

培养好的菌种于 4~6 ℃保藏，根据微生物的种类不同，要求每 3~6 个月移种一次。霉菌、放线菌及有芽孢的细菌每保藏 2~4 个月移种一次；酵母菌每两个月移种一次；细菌最好每月移种一次。保藏湿度用相对湿度表示，通常为 50%~70%。斜面菌种应保藏相继三代培养物以便对照，防止因意外和污染造成损失。

该法为实验室和工厂菌种室常用的保藏法，优点是操作简单，使用方便，不需特殊设备，能随时检查所保藏的菌株是否死亡、变异或污染杂菌等。缺点是容易变异，因为培养基的物理、化学特性不是严格恒定的，屡次传代会使微生物的代谢发生改变，从而影响微生物的性状；污染杂菌的机会也较多，耗费较多人力和物力。

6）液体石蜡保藏法

液体石蜡保藏法也称矿物油保藏法，是定期移植保藏法的辅助方法。它是指将菌种接种在适宜的斜面培养基上，在最适条件下培养至菌种长出健壮菌落后注入灭菌的液体石蜡，使其覆盖整个斜面，再直立放置于低温（4~6 ℃）干燥处进行保藏的一种菌种保藏方法。该法可利用液体石蜡将菌体与空气隔绝，防止水分蒸发，使菌种处于生长和代谢停止状态，在低温下达到较长期的菌种保藏的目的。具体操作步骤如下。

（1）液体石蜡的准备。选用优质化学纯液体石蜡，将液体石蜡分装加塞，用牛皮纸包好，采用以下两种方式进行灭菌：121 ℃湿热灭菌30 min，置于40 ℃恒温干燥箱中蒸发水分，经无菌检查后备用；或者160 ℃干热灭菌2 h，冷却后，经无菌检查后备用。

（2）斜面培养物的制备。参照传代培养法。

（3）灌注石蜡。将无菌的液体石蜡在无菌条件下注入培养好的新鲜斜面培养物上，液面高出斜面顶部1 cm左右，使菌体与空气隔绝。

（4）保藏。注入液体石蜡的菌种斜面以直立状态置于低温（4～6 ℃）干燥处保藏，保藏时间为2～10年。保藏期间应定期检查，如培养基露出液面，应及时补充无菌的液体石蜡。

（5）恢复培养。挑取少量菌体转接在适宜的新鲜培养基上，生长繁殖后，再重新转接一次。

该法主要适用于霉菌、酵母菌、放线菌、好氧性细菌等的保藏，一些不适合冷冻干燥的微生物用该法保藏也有效。该法的优点是制作简单，不需特殊设备，且不需经常移种；其缺点是保藏时必须直立放置，所占空间较大，不方便携带，对很多厌氧细菌或能分解烃类的细菌的保藏效果较差。

◆ 问题思考

（1）简述用真空冷冻干燥法保藏菌种的原理。

（2）比较几种常用菌种保藏法的优缺点和适用范围。

三、微生物菌种保藏与复壮实操训练

◎ 任务描述

保藏微生物菌种的目的不仅要保藏菌株的生命本身，而且还必须尽可能地使菌株的遗传性状保持不变，同时保证其在整个保藏过程中不被其他微生物污染。因此，选择一种能够长期有效且稳定的微生物菌种保藏方法至关重要。

由于微生物种类繁多，且保藏方法的难易程度不同，所以微生物的菌种保藏方法也多种多样。但是，不管有多少种菌种保藏方法，其原理大都是相同或相似的，即选用优良菌种，最好是它们的休眠体（如孢子、芽孢），然后根据其生理和生化特点，创造一个有利于其休眠体保持最低代谢水平的环境条件，即低温、干燥、缺乏氧气和养料，有时还需添加保护剂等，以使微生物的代谢活动处于最低的状态，但又不至于死亡，从而达到保藏的目的。依据不同的菌种或不同的需求，应该选用不同的保藏方法。一般情况下，斜面保藏法、半固体穿刺保藏法、液体石蜡保藏法、甘油管保藏法和磁珠保藏法等方法较为常用，也比较容易制作。本任务为常见细菌和酵母菌等微生物菌种的保藏与复壮。

任务要求

（1）能够正确掌握微生物菌种保藏和复壮的操作流程。

（2）能够从实际样品中分离、鉴定菌株后保藏菌株。

任务实施

（一）设备和材料

设备和材料见表2-51。

表2-51 设备和材料

序号	名称	作用
1	无菌试管	配制培养基或试剂
2	锥形瓶	配制培养基或生理盐水等
3	高压灭菌器	培养基等灭菌用
4	无菌安瓿	菌种保藏
5	无菌镊子	夹取物品
6	无菌牛角勺	量取样品
7	冰箱（2~8℃）	菌种保藏
8	筛子（40目、100目）	均匀样品
9	标签纸	填写菌株名称、来源、保藏编号、保藏日期等
10	无菌吸管（1 mL、5 mL）	吸取样液
11	无菌菌种保藏管	菌种保藏
12	无菌磁珠	菌种保藏
13	真空泵	抽取真空
14	接种环	挑取菌种
15	酒精灯	灭菌和接种
16	无菌培养皿	测试样品
17	离心机	分离沉降
18	接种针	挑取菌种及穿刺
19	棉花	气密性保护

（二）培养基或试剂

准备营养琼脂斜面、半固体培养基、10%盐酸、五氧化二磷、无菌液体石蜡、沙土、甘油、无菌水和灭菌脱脂牛奶等。

（三）操作步骤

微生物菌种保藏和复壮的具体操作步骤见表2-52和表2-53。

表2-52　微生物菌种保藏的操作步骤

操作	操作步骤	操作说明
斜面保藏法	1. 配制培养基	配制营养琼脂斜面或TSA斜面，用无菌试管分装
	2. 加贴菌种标签	在试管斜面的正上方距离试管口2~3 cm处贴上标签。在标签纸上写明将要接种保藏的微生物名称、来源、编号和保存日期等信息，信息要求清晰、详细
	3. 接种	将待保藏的微生物纯化后用接种环以无菌操作在斜面上做划线接种
	4. 培养	接种后，置于合适温度下培养相应的时间
	5. 保藏	斜面培养结束后，直接放入2~8 ℃冰箱保存
	备注	斜面保藏法是将菌种转接在适宜固体斜面培养基上，待其充分生长后，用牛皮纸将棉塞部分包扎好（棉塞换成胶塞效果更好），置于4 ℃冰箱中保藏。这种方法一般可保藏3~6个月。 保藏时间依微生物的种类而定。霉菌、放线菌及芽孢菌保存2~4个月需移种一次；酵母菌间隔2个月，普通细菌间隔1个月，假单胞菌每2周需传代一次。 此法为检验室和工厂菌种室常用的保藏法。优点是操作简单，使用方便，不需特殊设备，能随时检查所保藏的菌株是否死亡、变异或污染杂菌等。缺点是菌株容易变异，因为培养基的物理、化学特性不是严格恒定的，屡次传代会使微生物的代谢改变，从而影响微生物的性状，污染杂菌的机会也较多
半固体穿刺保藏法	1. 配制培养基	配制半固体琼脂，用无菌试管分装
	2. 加贴菌种标签	在试管的正上方距离试管口2~3 cm处贴上标签。在标签纸上写明将要接种保藏的微生物名称、来源、编号和保存日期等信息，要求清晰详细
	3. 接种	用接种针以无菌方式挑取菌种，朝直立柱中央直刺至试管底部，然后再沿原线拉出
	4. 培养	接种后，置于合适温度下培养相应的时间
	5. 保藏	接种后的半固体琼脂培养结束后，直接放入2~8 ℃冰箱保存
	备注	按穿刺接种方式培养菌种，菌种长好后需用胶塞封严，置于4 ℃冰箱存放。这种方法一般可保藏6个月至1年
液体石蜡保藏法	1. 配制斜面和处理液体石蜡	配制营养琼脂斜面或TSA斜面。 将液状石蜡分装于锥形瓶内，塞上棉塞，并用牛皮纸包扎，121 ℃灭菌30 min，检查是否彻底无菌，即接入肉汤中检查有无杂菌生长。然后放在40 ℃恒温干燥箱中，使水分蒸发掉，备用
	2. 加贴菌种标签	贴上标签。在标签纸上写明将要接种保藏的微生物名称、来源、编号和保存日期等信息，要求清晰、详细

操作	操作步骤	操作说明
液体石蜡保藏法	3. 接种	将待保藏的微生物纯化后用接种环以无菌操作在斜面上做划线接种
	4. 培养	接种后，置于合适温度下培养相应的时间
	5. 保藏	用灭菌吸管在无菌操作下将 5 mL 液体石蜡注入已长好菌的斜面上，加入的量以超过斜面顶端 1 cm 为宜，使菌种与空气隔绝。 液体石蜡封存后，将试管直立，放入 2～8 ℃冰箱中保藏。也可直接放在低温干燥处保藏
	备注	将无菌石蜡加在已长好菌的斜面上，其用量以高出斜面顶端 1 cm 为宜，以使菌种与空气隔绝。将试管直立，置低温或室温下保存。此法实用且效果好。这种方法保藏期一般为 1～2 年；霉菌、放线菌、芽孢细菌可保藏 2 年以上。此法的优点是制作简单，不需特殊设备，且不需经常移种，还可防止干燥；缺点是保藏时必须直立放置，所占位置较大，同时也不便携带。从液体石蜡下面取培养物移种后，接种环在火上烧灼时，培养物容易与残留的液体石蜡一起飞溅，应特别注意。 此法适用于霉菌、酵母菌、放线菌及需氧细菌等的保藏，并通过限制氧的供给而达到削弱微生物代谢作用的目的。同时也适用于不宜冷冻干燥的微生物（如产孢能力低的丝状菌）的保藏，而某些细菌如固氮菌、乳酸杆菌、明串珠菌、分枝杆菌、红螺菌及沙门氏菌等和一些真菌如卷霉菌、小克银汉霉、毛霉、根霉等不宜采用此法进行保藏
磁珠保藏法	1. 准备磁珠冻存管	将直径 2～4 mm 的多孔小珠分装到冻存管中，高压灭菌，或者购买商品化的磁珠冻存管。将菌株加入到培养基悬液中制成菌悬液，采用无菌操作将菌悬液转入到磁珠冻存管中。搅动菌悬液使其包被小珠，并用无菌移液管将多余的悬液吸走。对冻存管进行标记后放入 -80～-60 ℃冰箱中保存
	2. 加贴菌种标签	每支冻存管贴上标签。在标签纸上写明将要接种保藏的微生物名称、来源、编号和保藏日期等信息，要求清晰、详细
	3. 接种	取生长健壮的新鲜斜面菌种，加入到培养基悬液中制成菌悬液，采用无菌操作将菌悬液转入到磁珠冻存管中，搅动菌悬液使其包被小珠，并用无菌移液管将多余的菌悬液吸走
	4. 保藏	对冻存管标记后放入 -80～-60 ℃冰箱中保藏。每隔一定的时间（一般半年）检查一次活力和杂菌情况。需要使用菌种时，应进行复活培养，取一粒磁珠到液体培养基内或平板上划线，置于恒温培养箱中培养
	备注	本方法适用于大多数微生物的保藏
甘油管保藏法	1. 准备甘油管	配制甘油浓度为 50% 的 BHI 肉汤，分装到冻存管中，高压灭菌
	2. 加贴菌种标签	每支冻存管贴上标签。在标签纸上写明将要接种保藏的微生物名称、来源、编号和保藏日期等信息，信息要求清晰、详细
	3. 接种	取生长健壮的新鲜斜面菌种，加入到甘油冻存管中，振荡混匀，盖上盖子
	4. 保藏	对冻存管标记后放入 -80～-60 ℃冰箱中保藏。每隔一定的时间（一般半年）检查一次活力和杂菌情况。需要使用菌种时，应进行复活培养，用接种环取 1 环到液体培养基内或平板上划线，置于恒温培养箱中培养
	备注	本方法适用于大多数微生物的保藏

操作	操作步骤	操作说明
滤纸保藏法	1. 准备无菌滤纸	将滤纸剪成 0.5 cm×1.2 cm 的小条，装入 0.6 cm×8 cm 的安瓿中，每管 1~2 张，塞以棉塞，121 ℃灭菌 30 min
	2. 加贴菌种标签	贴上标签。在标签纸上写明将要接种保藏的微生物名称、来源、编号和保存日期等信息，要求清晰、详细
	3. 接种和培养	将需要保藏的菌种，在适宜的斜面培养基上培养，使其充分生长。 取灭菌脱脂牛奶（脱脂牛奶的处理：牛奶 2 000 r/min 离心 10 min 脱脂，然后 115 ℃灭菌 20 min，或间歇灭菌 3 次，经检查无菌后备用）1~2 mL，滴加在灭菌培养皿或试管内，取数环菌苔在牛奶内混匀，制成浓悬液。 用灭菌镊子自安瓿取滤纸条浸入菌悬液内，使其吸饱，再放回至安瓿中，塞上棉塞
	4. 保藏	将安瓿放入内有五氧化二磷作吸水剂的干燥器中，用真空泵抽气至干。将棉花塞入管内，用火熔封，保藏于低温下
	备注	细菌、酵母菌、丝状真菌均可用此法保藏，前两者可保藏 2 年左右，有些丝状真菌甚至可保藏 14~17 年。此法较液氮、冻干法简便，不需要特殊设备
真空冷冻干燥保藏法	1. 制备斜面、准备安瓿和脱脂乳	配制营养琼脂斜面或 TSA 斜面。 准备安瓿：安瓿用于冷冻干燥菌种保藏的管宜采用中性玻璃制造，形状可用长颈球形底的，也称泪滴形管，大小要求为外径 6~7.5 mm、长 105 mm，球部直径为 9~11 mm，壁厚为 0.6~1.2 mm，也可用没有球部的管状管。安瓿先用 2% 盐酸浸泡，再水洗多次，烘干。将标签放入安瓿内，管口塞上棉花，121 ℃灭菌 30 min，备用。 准备脱脂乳：用鲜乳经处理制备脱脂乳或使用脱脂乳粉配兑成脱脂乳，灭菌，并做无菌实验后备用
	2. 加贴菌种标签	安瓿贴上标签。在标签纸上写明将要接种保藏的微生物名称、来源、编号和保藏日期等信息，要求清晰、详细
	3. 接种、培养和分装	将需要保藏的菌种，在适宜的斜面培养基上培养，使其充分生长。 将脱脂乳 2 mL 左右直接加到待保藏的菌种斜面试管中，用接种环将菌种刮下，轻轻搅拌使其均匀地悬浮在脱脂乳内成悬浮液。 用无菌长滴管将悬浮液分装入安瓿底部，每支安瓿的装量约为 0.9 mL（一般装入量为安瓿球部体积的 1/3）
	4. 保藏	冷冻：将分装好的安瓿放在低温冰箱中冷冻，无低温冰箱可用冷冻剂，如干冰（固体二氧化碳）乙醇液或干冰丙酮液，温度达到 -70 ℃即可。将安瓿插入冷冻剂，只需冷冻 4~5 min，即可使悬浮液结冰。 真空干燥：为在真空干燥时使样品保持冻结浮状态，需准备冷冻槽，槽内放碎冰块与食盐，混合均匀，可冷至 -15 ℃，将安瓿放入冷冻槽中的干燥瓶内。开动真空泵抽气，一般若在 30 min 内能达到 93.3 Pa（0.7 mmHg①）的真空度时，则干燥物不致融化。之后再继续抽气，几小时内，用肉眼即可观察到被干燥物已趋干燥，一般抽真空到 26.7 Pa（0.2 mmHg），保持压力 6~8 h 即可。 封管：抽真空干燥后，取出安瓿，接在封口用的玻璃管上，可用 L 形五

---

① mmHg，毫米汞柱，1 mmHg = 133.322 4 Pa（0 ℃）时。

操作	操作步骤	操作说明
真空冷冻干燥保藏法	4. 保藏	通管继续抽气，约 10 min 即可达到 26.7 Pa（0.2 mmHg）。于真空状态下，以煤气喷灯的细火焰在安瓿颈中央进行封口。封好后，要用高频火花器检查各安瓿的真空情况。如果管内呈现灰蓝色光，则证明保持着真空。检查时高频电火花器应射向安瓿的上半部。 存活性检测：抽取 1 管进行存活性检测。 保藏：做好的安瓿应放置在低温（一般 4 ℃冰箱）避光处保藏
	备注	真空冷冻干燥保藏法可克服简单保藏方法的不足。先将微生物在极低温度（−70 ℃左右）下快速冷冻，然后在减压条件下利用升华现象除去水分（真空干燥），使微生物始终处于低温、干燥、缺氧的条件下，因而它是迄今为止最有效菌种保藏法之一，对一般生命力强的微生物及其孢子以及无芽孢菌都适用。即使是一些很保藏的致病菌（如脑膜炎球菌与淋病球菌等），亦可以使用此法保藏。该方法适用于菌种的长期保藏，一般可保藏数年至十余年，但设备和操作都比较复杂

表 2−53　微生物菌种复壮操作步骤

操作	操作步骤	操作说明
复壮/活化	1. 培养基配制	配制复壮菌种所需的培养基
	2. 接种	将菌种从冷冻或低温保藏状态解冻后，在室温下保持一段时间。划线接种于步骤 1 所配制的培养基上
	3. 培养	接种后，置于合适温度下培养相应的时间
	4. 纯化	在血琼脂、TSA 或其他适合的固体培养基上进行分离、纯化
	5. 使用	制备用于测试的工作菌株

（四）菌种保藏与复壮记录表

菌种保藏记录表见表 2−54。菌种复壮记录表见表 2−55。

表 2−54　菌种保藏记录表

菌株编号	菌株名称	保藏方法	保藏温度	传代数	菌株来源	保藏日期

表 2-55　菌种复壮记录表

菌株编号	菌株名称	领用人	活化/复壮日期	传代数	复壮用途	销毁日期

（五）评价反馈

实验结束后，请按照表 2-56 中的评价要求填写考核结果。

表 2-56　微生物菌种保藏与复壮考核评价表

学生姓名：　　　　　　　　　　　班级：　　　　　　　　　　日期：

考核项目		评价项目	评价要求	不合格	合格	良好	优秀
知识储备		了解不同保藏菌种的特性	相关知识输出正确（10分）				
		掌握不同保藏方法所对应的微生物种类	相关知识输出正确（10分）				
检验准备		能够正确准备试验设备及材料	设备及材料准备正确（10分）				
技能操作		能够熟练进行菌种保藏与复壮的操作	操作过程规范熟练（20分）				
		能够正确、规范填写菌种保藏与复壮记录表	记录准确清晰（5分）				
课前	通用能力	课前预习任务	课前预习任务完成认真（5分）				
课中	专业能力	实际操作能力	能够按照操作规范完成配制培养基等准备工作（5分）				
			能够按照操作规范进行正确的接种（5分）				
			能够按照操作规范进行正确的培养（温度和时间）（5分）				
			能够按照操作规范进行正确的保藏（5分）				
	工作素养	解决问题的能力	能够解决保藏过程中有可能出现的生物安全问题（5分）				
		时间管理能力	合理安排实验时间（5分）				
		遵守实验室安全规范	遵守实验室安全规范（5分）				
课后	技能拓展	磁珠保藏法	正确完成磁珠保藏法的各操作步骤（5分）				
总分							

注：不合格：<60分；合格：60~74分；良好：75~84分；优秀：>85分

拓展训练

对所学内容进行拓展，上网查找相关知识，深化对相关知识的学习。

课后习题

习题答案

一、选择题

1. 高压蒸汽灭菌法应注意（　　）。

    A. 不同物品分锅灭菌

    B. 包裹不可过大

    C. 锅内物品放置不可过密

    D. 使用指示剂检测灭菌效果

2. 接种环常采用的灭菌方法是（　　）。

    A. 火焰灭菌　　　　B. 干热灭菌　　　　C. 高压蒸汽灭菌　　　　D. 间歇灭菌

3. 既能杀灭芽孢，又能保障不耐受高温的物品质量的灭菌方法是（　　）。

    A. 间歇灭菌　　　　B. 流通蒸汽灭菌　　　　C. 高压蒸汽灭菌　　　　D. 巴氏消毒

4. （　　）不能杀死细菌芽孢。

    A. 高压蒸汽灭菌法　　　　　　　　B. 间歇蒸汽灭菌法

    C. 流动蒸汽灭菌法　　　　　　　　D. 干烤法

5. 避免用高压蒸汽灭菌法消毒灭菌的器械是（　　）。

    A. 优质不锈钢器械　　　　　　　　B. 耐高温消毒手机

    C. 针头　　　　　　　　　　　　　D. 玻璃杯

6. 高压蒸汽灭菌时，一般需达到的条件是（　　）。

    A. 115 ℃，30～60 min　　　　　　B. 120 ℃，15～30 min

    C. 115 ℃，15～30 min　　　　　　D. 121 ℃，15～30 min

7. 用高压蒸汽灭菌器完成灭菌后，可立即打开盖子。这句话是（　　）的。

    A. 正确　　　　　　　　B. 错误

8. 干热灭菌是将物品放在高压蒸汽灭菌器内进行灭菌。这句话是（　　）的。

    A. 正确　　　　　　　　B. 错误

9. 在用显微镜观察时，若看到的图像模糊，要想看到清晰图像的正确调节是（　　）。

    A. 调节细调节螺旋　　　　　　　　B. 调节粗调节螺旋

    C. 调节反光镜　　　　　　　　　　D. 调节目镜

10. 如使用显微镜观察细胞时，视野中除了细胞外还有很多异物，转换物镜和移动玻片时异物均不动，可判断异物存在于（　　）上。

    A. 目镜　　　　　　B. 物镜　　　　　　C. 玻片　　　　　　D. 反光镜

11. 在显微镜的使用过程中，如果要将低倍物镜换成高倍物镜，应该转动（　　）。

    A. 转换器　　　　　B. 遮光器　　　　　C. 调节螺旋　　　　　D. 物镜

12. 光学显微镜的分辨率与介质折射率有关，由于香柏油的介质折射率（约1.5）高于空气（1.0），因此，使用油镜的观察效果好于高倍镜，目前，科学家正在寻找折射率比香柏油更高的介质以进一步改善光学显微镜的观察效果。这句话是（　　　）的。

    A. 正确　　　　　　　　B. 错误

13. 关于革兰氏染色，下列说法错误的是（　　　）。

    A. 革兰氏染色是重要的细菌鉴别法

    B. 经革兰氏染色可把细菌分为革兰氏阳性菌和革兰氏阴性菌，前者染色后呈紫色，后者染色后呈红色

    C. 革兰氏染色的原理是基于革兰氏阳性菌和革兰氏阴性菌的细胞膜结构和组成存在差异

    D. 革兰氏染色步骤包括细菌涂片、结晶紫初染、碘液媒染、乙醇脱色、番红复染

14. 革兰氏染色的关键步骤是（　　　）。

    A. 结晶紫初染　　　B. 碘液媒染　　　C. 乙醇脱色　　　D. 番红复染

15. 革兰氏阴性菌细胞壁特有的成分是（　　　）。

    A. 肽聚糖　　　　　B. 几丁质　　　　C. 脂多糖　　　　D. 磷壁酸

16. 简单染色法使用的染色剂不包括（　　　）。

    A. 结晶紫　　　　　B. 石炭酸复红　　C. 番红　　　　　D. 伊红

17. 关于芽孢的说法，不正确的是（　　　）。

    A. 抵抗力强　　　　　　　　　　　B. 可作为灭菌指标

    C. 是细菌的繁殖体　　　　　　　　D. 可鉴别细菌

18. 采用高压蒸汽灭菌杀灭手术室中手术器械上的一切微生物，包括细菌的芽孢，以确保患者手术安全，此过程称为（　　　）。

    A. 清洁　　　　　　B. 消毒　　　　　C. 灭菌　　　　　D. 商业无菌

19. 能杀灭除细菌芽孢以外的所有致病性微生物的操作称为（　　　）。

    A. 清洁　　　　　　B. 消毒　　　　　C. 灭菌　　　　　D. 抑菌

20. 下述不能灭杀细菌芽孢的方法是（　　　）。

    A. 间歇灭菌法　　　B. 高压蒸汽灭菌法　C. 烧灼法　　　　D. 巴氏消毒法

21. 不属于细菌基本结构的是（　　　）。

    A. 鞭毛　　　　　　B. 细胞质　　　　C. 细胞膜　　　　D. 核质

    E. 细胞壁

22. 革兰氏阳性菌与革兰氏阴性细菌的细胞壁肽聚糖结构的主要区别在于（　　　）。

    A. 聚糖骨架　　　　B. 四肽侧链　　　C. 五肽交联桥　　D. $\beta-1,4$ 糖苷键

23. 下列属于直接计数法的是（　　　）。

    A. 比浊法　　　　　B. 微菌落法　　　C. 平板计数法　　D. 细胞自动计数

24. 使用血细胞计数板对培养液中的酵母菌进行计数，若计数室为 1 mm × 1 mm × 0.1 mm 方格，由 400 个小方格组成，经过多次重复计数后，算得每个小方格中酵母菌平均个数为 5 个，则 10 mL 该培养液中酵母菌总数有（　　　）个。

    A. 2×10^8　　　　B. 2×10^7　　　C. 5×10^8　　　D. 5×10^7

1. 比较革兰氏阳性菌与革兰氏阴性菌之间的主要差别。
2. 试述细菌革兰氏染色的机制。
3. 详述温度对微生物生长产生影响的具体表现。

◆ 案例介绍

　　通过手机扫码获取菌种保藏和复壮的相关案例，通过阅读网络学习资源总结菌种保藏和复壮对微生物检测工作的重要性。

2.4　案例

◆ 拓展资源

　　利用互联网、国家标准、微课等资源，对所学内容进行拓展，上网查找相关知识，深化对相关知识的学习。

2.4　资源

模块三
食品中常见微生物和致病菌检验

食品微生物学检验是运用微生物学的理论和方法，检验食品中微生物的种类、数量、性质、活动规律及其对人体健康的影响，以判别食品是否符合质量标准。

食品微生物学检验是食品质量管理体系中必不可少的组成部分，具有非常重要的意义。它是衡量食品卫生质量的重要指标之一，也是判定被检食品能否食用的科学依据之一。通过食品微生物学检验，可以判断食品加工环境及食品、卫生情况，对食品被细菌污染程度做出正确评价，为各项卫生管理工作提供科学依据；可以有效防止或者减少食物中毒、人畜共患病的发生，保障人们的身体健康；同时，其在提高产品质量、避免经济损失、保证出口等方面也具有重要意义。

中华人民共和国国家卫生健康委员会及国家市场监督管理总局发布的食品微生物学检验指标有菌落总数测定、大肠菌群计数、致病菌限量、霉菌和酵母计数等。

项目一　食品中常见微生物的检验

任务一　食品中菌落总数的测定

3.1　PPT

学习目标

知识目标

（1）了解《食品安全国家标准　食品微生物学检验　菌落总数测定》（GB 4789.2—2022）。

（2）熟悉菌落总数的概念及卫生学意义。

（3）掌握食品中菌落总数测定的依据与步骤。

能力目标

（1）能够查阅与解读《食品安全国家标准　食品微生物学检验　菌落总数测定》（GB 4789.2—2022），并且能够比对不同检测方法的差异。

（2）能够根据企业产品类型确定菌落总数的检验方案。

（3）能够根据检验方案完成菌落总数检验的标准操作。

（4）能够按要求准确完成菌落总数的检验与记录。

（5）能够分析、处理及判定检验结果并按格式要求撰写微生物检验报告。

素质目标

（1）钻研之力始于趣，科研之力成于恒，做科研需戒骄戒躁，甘坐冷板凳，方能厚积薄发。青年科技工作者要厚植家国情怀，将科研工作与国家和人民的需求紧密结合起来。

（2）食品检验人必须秉持科学的态度来完成检验工作，拒绝一切与检验活动无关的干扰，确保食品检验活动的客观和中立，不得出具虚假的检验报告。

一、菌落总数测定概述

菌落总数（aerobic plate count，APC）：食品检样经过处理，在一定条件下（如培养基、培养温度和培养时间等）培养后，所得每克（毫升）检样中形成的微生物菌落总数。每种细菌都有一定的生理特性，培养时只有分别满足不同的培养条件（如培养温度、培养时间、pH 值、需氧性质等），才能将各种细菌培养出来。但在实际检测工作中，按照《食品安全国家标准　食品微生物学检验　菌落总数测定》（GB 4789.2—2022）的培养条件所得结果，只包括一群在平板计数琼脂（plate count agar，PCA）培养基上生长的嗜中温性需氧菌和兼性厌氧菌的菌落总数，并不能测出每克（毫升）样品的实际总活菌数，如厌氧菌、微嗜氧菌和嗜冷菌在此条件下不生长，有特殊营养要求的一些细菌也受到了抑制。此外，菌落总数并不能区分细菌的种类，因此有时称为杂菌数或需氧菌数等。

食品检样中的细菌在平板上形成的菌落，可能来源于单个细胞，也可能来源于细胞团，平板上的菌落个数并不等于细菌个数，所以菌落数不应报告为活菌个数，而应以单位质量、容积或表面积内的 CFU 来进行报告。

1. 菌落总数测定的意义

菌落总数测定主要是作为判定食品被细菌污染程度的指标。菌落总数的多少在一定程度上标志着食品卫生质量的优劣，可以用来判定食品被细菌污染的程度，反映食品在生产过程中是否符合卫生要求，也可以利用这一方法观察细菌在食品中繁殖的动态，预测食品保存的期限，为对被检样品进行卫生学评价提供依据。

食品的菌落总数严重超标，说明食品的卫生状况达不到基本的要求，食品中的微生物将会破坏食品的营养成分，加速食品的腐败变质，使食品失去食用价值。消费者食用微生物超标严重的食品，易患痢疾等肠道疾病，还可能引发呕吐、腹泻等症状，危害人体健康。

需要强调的是，菌落总数和致病菌有本质区别，菌落总数包括致病菌和有益菌，对人体有损害的主要是其中的致病菌，这些致病菌会破坏肠道里正常的菌群，它们中的一部分可能在肠道被杀灭，另一部分则会留在身体里引起腹泻、损伤肝脏等身体器官。菌落总数超标也意味着致病菌超标的机会增大，增加危害人体健康的概率。

2. 平板计数法测定食品中菌落总数

（1）适用范围。

根据《食品安全国家标准　食品微生物学检验　菌落总数测定》（GB 4789.2—2022），本方法适用于食品中菌落总数的测定。

（2）检验原理。

平板计数法又称标准平板活菌计数法（standard plate count，SPC），是《食品安全国家标准　食品微生物学检验　菌落总数测定》（GB 4789.2—2022）规定采用的方法。测定食品中菌落总数时，应在严格规定的条件下，根据样品污染程度，将食品检样做成几个不同的 10 倍递增稀释液；选择其中2 ~ 3 个适宜的稀释度，然后从各个稀释液中分别取出一定量在无菌平皿内与平板计数琼脂培养基混合；经一定培养条件下，按一定要求计算出皿内琼脂平板上所生成的细菌菌落数，并再根据检样的稀释倍数，计算出 1 g 或 1 mL 或 1 cm² 样品中所含细菌菌落的总数。检验结果应报告为单位质量或体积（面积）样品在培养基上形成的菌落数。

3. 疏水栅格滤膜法测定食品中菌落总数

（1）适用范围。

根据《出口饮料中菌落总数、大肠菌群、粪大肠菌群、大肠杆菌计数方法疏水栅格滤膜法》（SN/T 1607—2017），本方法适用于出口饮料中菌落总数、大肠菌群、粪大肠菌群和大肠杆菌的计数。

（2）检验原理。

疏水栅格滤膜（hydrophobic grid membrane filtration，HGMF）是指孔径为 0.45 μm 的微孔滤膜，其表面采用无毒疏水材料印有网格，形成和已知网格大小及数量相等的小方格。疏水栅格滤膜法是将一定数量的样液通过疏水栅格滤膜时，细菌被截留在疏水栅格滤膜内，再将滤膜置于培养基上培养，通过计数细菌生长的方格数便可测得菌落总数；若将滤膜置于选择性培养基上培养，则阳性菌落会呈现特定颜色，计数这些特定颜色的阳性菌落方格数，则可测得样品中阳性菌落的数目。对于将生产过程的卫生状态控制良好的食品生产企业来说，检样量为 1 mL 或者 1 g 的食品中的菌落总数均应为无检出，若要进一步准确判断实际生产过程中的微生物状况，则要通过对更大检样量的样品进行检测，以及采用结果更具代表性的膜过滤方法。

◆ 问题思考

（1）食品中菌落总数测定的意义是什么？
（2）为什么平板计数琼脂培养基在使用前要保持在 46 ℃ ±1 ℃？

二、平板计数法测定食品中菌落总数实操训练

◎ 任务描述

菌落总数是指检样经过处理，在一定条件下（如培养基、培养温度和培养时间等）培养后，所得每克（毫升）检样中形成的微生物菌落总数，包括细菌和霉菌等。菌落总数并不表示实际中的所有细菌总数，因菌落总数并不能区分其中细菌的种类，所以有时称为杂菌数、需氧菌数等。按《食品安全国家标准　食品微生物学检验　菌落总数测定》（GB 4789.2—2022）方法规定，在需氧情况下，36 ℃ ±1 ℃培养 48 h ±2 h，能在平板计数培养基上生长的细菌菌落总数即为测定结果，所以厌氧或微需氧菌、有特殊营养要求的及非嗜中温的细菌，由于现有条件不能满足其生理需求，故难以繁殖生长。食品中菌落总数的测定是教育部"1+X"食品检验管理（中级）证书微生物部分考核的内容，其目的在于了解食品在从原料加工到成品包装的生产过程中受外界污染的情况；也可以应用这一方法观察细菌在食品中繁殖的动态，确定食品的保存期，以便为对被检样品进行卫生学评价提供依据。

食品有可能被多种类群的微生物所污染，每种细菌都有一定的生理特性，培养时应提供不同的营养条件及生理条件（如温度、培养时间、pH 值、需氧性质等）去满足其要求，这样才能分别将各种细菌培养出来。但在实际工作中，一般都只用一种常用的方法进行菌落总数的测定，所得结果为只包括一群能在平板计数琼脂上生长的嗜中温性需氧菌的菌落数。食品的菌落总数严重超标，说明其产品的卫生状况达不到基本的卫生要求，将会破坏食品的营养成分，加速食品的腐败变质，使食品失去食用价值。消费者食用微生物超标严重的食品，很容易患痢疾等肠道疾病，还可能引发呕吐、腹泻等症状，危害人体健康。如果食品中菌落总数多于 10 万个，就足以引起细菌性食物中毒；当人的感官能察觉食品因细菌的繁殖而发生变质时，细菌数已达到 $10^6 \sim 10^7$ CFU/g(mL)。

菌落总数的单位以 CFU 表示。CFU 的含义是形成菌落的菌落个数，不等于细菌个数。

例如，两个相同的细菌靠得很近或贴在一起，那么经过培养这两个细菌将会形成一个菌落，此时就是两个细菌。菌落总数往往采用的是平板计数法，经过培养后数出平板上所生长出的菌落个数，从而计算出每毫升或每克待检样品中可以培养出多少个菌落，以 CFU/g 或 CFU/mL 表示，送检样品表面所带细菌形成的菌落总数，以 CFU/cm² 表示。

任务要求

（1）掌握菌落的计数方法以及及结果的记录规则。

（2）掌握菌落总数测定的质控关键步骤。

任务实施

（一）设备和材料

设备和材料见表3-1。

操作视频 3.1.1

表 3-1　设备和材料

序号	名称	作用
1	恒温培养箱（36 ℃ ±1 ℃，30 ℃ ±1 ℃）	培养测试样品
2	高压灭菌器	培养基或生理盐水等的灭菌
3	冰箱（2~5 ℃）	放置样品
4	恒温装置（48 ℃ ±2 ℃）	调节培养基温度为恒温：48 ℃ ±2 ℃
5	电子天平（感量为0.1 g）	培养基称量、样品称量
6	均质器	将样品与稀释液混合均匀
7	振荡器	振摇试管或用手拍打以混合均匀
8	无菌吸管（1 mL（具0.01 mL 刻度）、10 mL（具0.01 mL 刻度）或微量移液器及吸头）	吸取无菌稀释液或稀释样液
9	无菌锥形瓶（容量250 mL、500 mL）	盛放无菌稀释液、盛放培养基
10	无菌培养皿（直径90 mm）	测试样品
11	pH 计或 pH 比色管或精密试纸	调节 pH 值
12	放大镜或/和菌落计数器	菌落计数

注：表中所用的设备和材料指3个稀释度的样品检测所用的物品

（二）培养基和试剂

（1）平板计数琼脂培养基：将胰蛋白胨5.0 g、酵母浸膏2.5 g、葡萄糖1.0 g、琼脂15.0 g 加入1 000 mL 蒸馏水中，煮沸溶解，调节 pH 值至7.0 ±0.2。分装到锥形瓶中使用双层铝箔封口，121 ℃高压灭菌15 min。

（2）无菌磷酸盐缓冲液。

储存液：称取34.0 g 的磷酸二氢钾溶于500 mL 蒸馏水中，用大约175 mL 的1 mol/L 氢氧化钠溶液调节 pH 值至7.2，用蒸馏水稀释至1 000 mL 后储存于冰箱。

稀释液：取储存液1.25 mL，用蒸馏水稀释至1 000 mL，分装于适宜容器中，121 ℃

高压灭菌 15 min。

（3）无菌生理盐水：称取 8.5 g 氯化钠溶于 1 000 mL 蒸馏水中，分装到锥形瓶中使用双层铝箔封口或分装到试管中使用试管帽封口，121 ℃ 高压灭菌 15 min。

（三）操作步骤

菌落总数测定的具体操作步骤见表 3–2。

表 3–2　菌落总数测定的操作步骤

操作	操作步骤	操作说明
菌落总数测定	1. 准备工作	（1）高压灭菌培养基、试管、移液管等实验器具。检查实验所需的试剂、培养皿、酒精灯等实验物品是否满足实验要求，是否需立即配制或添置以达到实验的要求；配制试剂时，应参照当天的样品数量进行适量配制，以免造成浪费。 （2）无菌室在实验前用紫外线消毒 0.5～1 h，紫外线消毒后 30 min 内检验人员不得进入无菌室。 （3）若为冷藏样品，需提前 2 h 从冰箱取出来解冻，并对其编号和登记。 （4）平板计数琼脂及稀释液经 121 ℃、15 min 高压灭菌后备用。 （5）配制适量 1:50 的 84 消毒水，用于无菌室的消毒。 （6）准备适量 75% 的乙醇棉球，用于台面和样品外表面的消毒
	2. 样品的稀释	（1）固体和半固体样品：称取 25 g 样品，置于盛有 225 mL 无菌磷酸盐缓冲稀释液或无菌生理盐水的无菌均质杯内，8 000～10 000 r/min 均质 1～2 min，或放入盛有 225 mL 稀释液的无菌均质袋中，用拍击式均质器拍打 1～2 min，制成 1:10 的样品匀液。 （2）液体样品：以无菌吸管吸取 25 mL 样品置于盛有 225 mL 无菌磷酸盐缓冲液或生理盐水的无菌锥形瓶（瓶内可预置适当数量的无菌玻璃珠）中，充分混匀，或放入盛有 225 mL 稀释液的无菌均质袋中，用拍击式均质器拍打 1～2 min，制成 1:10 的样品匀液。当结果要求报告每克样品中的菌落总数时，按（1）操作。 （3）用 1 mL 无菌吸管或微量移液器吸取 1:10 样品匀液 1 mL，沿管壁缓慢注于盛有 9 mL 稀释液的无菌试管中（注意吸管或吸头尖端不要触及稀释液面），在振荡器上振荡混匀，制成 1:100 的样品匀液。 （4）按（3）的操作程序，制备 10 倍系列稀释样品匀液，每递增稀释一次，换用 1 次 1 mL 无菌吸管或吸头。 （5）根据对样品污染状况的估计，选择 1～3 个适宜稀释度的样品匀液（液体样品可包括原液），吸取 1 mL 样品匀液于无菌培养皿内，每个稀释度做两个培养皿。同时，分别吸取 1 mL 空白稀释液加入两个无菌培养皿内作空白对照。 （6）及时将 15～20 mL 冷却至 46～50 ℃ 的平板计数琼脂培养基（可放置于 48 ℃±2 ℃恒温装置中保温）倾注培养皿，并转动培养皿使其混合均匀
	3. 培养	（1）水平放置培养皿，待琼脂凝固后，将平板翻转，36 ℃±1 ℃条件下培养 48 h±2 h。水产品 30 ℃±1 ℃条件下培养 72 h±3 h。 （2）如果样品中可能含有会在琼脂培养基表面弥漫生长的菌落时，可在凝固后的琼脂表面覆盖一薄层平板计数琼脂培养基（约 4 mL），凝固后翻转平板，按（1）的条件进行培养
	4. 菌落计数	（1）可用肉眼观察，必要时用放大镜或菌落计数器，记录稀释倍数和相应的菌落数量。菌落计数的单位以 CFU 表示。 （2）选取菌落数在 30～300 CFU 之间、无蔓延菌落生长的平板计数菌落总数。低于 30 CFU 的平板记录具体菌落数，大于 300 CFU 的可记录为多不可计。 （3）若其中一个平板有较大片状菌落生长时，则不宜采用，而应以无较大片状菌落生长的平板作为该稀释度的菌落数；若片状菌落不到平板的一半，而其余一半中菌落分布又很均匀，即可计算半个平板后乘以 2，代表一个平板的菌落数。 （4）当平板上出现菌落间无明显界线的链状生长时，将每条单链作为一个菌落计数

操作	操作步骤	操作说明
菌落总数测定	5. 菌落总数的计算	（1）若只有一个稀释度平板上的菌落数在适宜计数范围内，可计算两个平板菌落数的平均值，再将平均值乘以相应的稀释倍数，作为每克（毫升）样品中的菌落总数结果。 （2）若有两个连续稀释度的平板菌落数在适宜计数范围内，则按下列公式计算。 $$N = \frac{\sum C}{(n_1 + 0.1n_2)d}$$ 式中　N——样品中菌落数； 　　　$\sum C$——平板（含适宜范围菌落数的平板）菌落数之和； 　　　n_1——第一个适宜稀释度（低稀释倍数）的平板个数； 　　　n_2——第二个适宜稀释度（高稀释倍数）的平板个数； 　　　d——稀释因子（第一稀释度）。 （3）若所有稀释度的平板上菌落数均大于 300 CFU，则对稀释度最高的平板进行计数，其他平板可记录为多不可计，结果按平均菌落数乘以最高稀释倍数计算。 （4）若所有稀释度的平板菌落数均小于 30 CFU，则应按稀释度最低的平均菌落数乘以稀释倍数计算。 （5）若所有稀释度（包括液体样品原液）平板均无菌落生长，则以小于 1 乘以最低稀释倍数计算。 （6）若所有稀释度的平板菌落数均不在 30～300 CFU 之间，其中一部分小于 30 CFU 或大于 300 CFU，则以最接近 30 CFU 或 300 CFU 的平均菌落数乘以最低稀释倍数计算
	6. 菌落总数的结果报告	（1）菌落数小于 100 CFU 时，按"四舍五入"原则修约，以整数报告。 （2）大于或等于 100 CFU 时，第三位数字采用"四舍五入"原则修约后，采用两位有效数字，后面用 0 代替位数；也可用 10 的指数形式来表示，按"四舍五入"原则修约后，采用两位有效数字。 （3）若空白对照上有菌落生长，则此次检测结果无效。 （4）称量取样以 CFU/g 为单位报告，体积取样以 CFU/mL 为单位报告

（四）记录原始数据

将菌落总数测定结果的原始数据填入表 3-3 中。

表 3-3　菌落总数测定结果记录表

样品名称			仪器名称及编号			分析日期	
室温/℃			相对湿度/%			培养时间	
样品编号	执行标准	标准要求/（CFU·g^{-1}）	实验数据/（CFU·g^{-1}）		空白	结果/（CFU·g^{-1}）	结论
测定步骤：			计算公式：			备注：	

（五）评价反馈

实验结束后，请按照表3-4中的评价要求填写考核结果。

表3-4　菌落总数测定考核评价表

学生姓名：　　　　　　　　　　　　　　班级：　　　　　　　　　　　　　　日期：

考核项目		评价项目	评价要求	不合格	合格	良好	优秀
知识储备		了解菌落总数的概念	相关知识输出正确（2分）				
		掌握菌落总数测定的卫生学意义	能够说出菌落总数测定的卫生学意义（3分）				
检验准备		能够正确准备试验设备及材料	设备及材料准备正确（5分）				
技能操作		能够熟练并规范地进行菌落总数测定的相关操作	操作过程规范、熟练（15分）				
		能够正确、规范记录结果并进行数据处理	原始数据记录准确、数据处理正确（10分）				
课前	通用能力	课前预习任务	课前预习任务完成认真（5分）				
课中	专业能力	实际操作能力	能够按照操作规范进行样品的制备（10分）				
			能够按照操作规范进行样品的稀释（10分）				
			能够按照操作规范进行样品的接种（10分）				
			能够按照操作规范进行样品的培养（5分）				
	工作素养	发现并解决问题的能力	善于发现并解决实验过程中的问题（5分）				
		时间管理能力	合理安排时间，严格遵守时间安排（5分）				
		遵守实验室安全规范	遵守实验室安全规范（5分）				
课后	技能拓展	稀释过程中的火焰灭菌	正确、规范地完成（5分）				
		菌落总数测定的质量控制手段	准确描述菌落总数测定的质量控制手段（5分）				
总分							
注：不合格：<60分；合格：60～74分；良好：75～84分；优秀：>85分							

三、疏水栅格滤膜法测定食品中菌落总数实操训练

🔵 任务描述

疏水栅格滤膜是一种用于测定食品中菌落总数的高效检测技术，尤其适用于液体样品（如饮料）的微生物分析。滤膜表面印有疏水性网格（孔径为 0.45 μm），网格将膜分割为若干小方格，细菌被截留在方格内，培养后菌落仅在方格内生长，以避免蔓延干扰计数。

🔵 任务要求

（1）能够准确掌握疏水栅格滤膜法测定食品中菌落总数的操作流程。
（2）了解疏水栅格滤膜法与平板计数法在测定食品中菌落总数方面的区别。

🔵 任务实施

（一）设备和材料

设备和材料见表 3 - 5。

表 3 - 5　设备和材料

序号	名称	作用
1	恒温培养箱（36 ℃ ± 1 ℃、44.5 ℃ ± 0.5 ℃）	培养测试样品
2	高压灭菌器	培养基或生理盐水、器皿等的灭菌
3	膜过滤支架	支撑膜过滤漏斗
4	膜过滤漏斗	盛装样品
5	真空泵	抽滤样品
6	真空泵保护瓶（内装硅胶）	吸收水汽，保护真空泵
7	抽滤瓶	盛废液
8	无菌吸管：1 mL 和 10 mL，精确度分别为 0.1 mL 和 1.0 mL	吸取无菌生理盐水或样液
9	无菌培养皿（直径 90 mm）	样品测定
10	疏水栅格滤膜（孔径为 0.45 μm）	过滤样品

（二）培养基和试剂

（1）无菌生理盐水：称取 8.5 g 氯化钠溶于 1 000 mL 蒸馏水中，分装到锥形瓶中使用双层铝箔封口或分装到试管中使用试管帽封口，121 ℃ 高压灭菌 15 min。

（2）胰化大豆坚固绿琼脂（tryptic soy fast green agar, TSAF）：取胰蛋白胨 1.50 g、大豆胨 5.0 g、氯化钠 5.0 g、坚固绿 0.25 g、琼脂 15.0 g，加入 1 000 mL 蒸馏水加热至完全溶解，分装后置于 121 ℃ 高压灭菌器中 15 min。待冷却至 50 ~ 55 ℃ 倾注平皿。4 ~ 6 ℃ 保存不宜超过 4 周。使用前，先从冰箱取出，待恢复至室温且琼脂表面干燥后使用。

（三）操作步骤

疏水栅格滤膜法测定菌落总数的具体操作步骤见表 3-6。

表 3-6 疏水栅格滤膜法测定菌落总数的操作步骤

操作	操作步骤	操作说明
疏水栅格滤膜法测定菌落总数	1. 试样制备	（1）细菌含量低的样品可以用无菌吸管吸取 50 mL 直接过滤。 （2）根据对样品污染情况的估计，用无菌生理盐水将样品制成一系列 10 倍递增的样品稀释液。制备样品全过程不得超过 15 min，然后用 50 mL 样品稀释液过滤
	2. 过滤	将灭过菌的抽滤瓶连接到真空泵上，用无菌镊子夹取滤膜，将其放置在滤器底部，栅格面向上，用滤器配套的夹子固定。无菌移取 50 mL 样液至滤器内，打开滤器阀门和真空泵电源进行抽滤，当全部样液滤过后，加 10~15 mL 无菌生理盐水至滤器，重复抽滤步骤；当全部液体通过滤膜后，关闭阀门和真空泵电源，松开夹子，打开滤器，用无菌镊子夹住滤膜边缘部分取出，同一样品做两次测定
	3. 培养	将过滤所得的滤膜放到胰化大豆坚固绿琼脂平板上，栅格面向上，滤膜与琼脂之间应完全贴紧，两者间不得留有气泡。36 ℃±1 ℃培养 48 h±2 h
	4. 计数	除去一个菌落很明显扩散于相邻方格，应按一个阳性方格计算，计数含有一个或更多菌落的所有方格为阳性方格，取两次计数的平均值，按下式求得每毫升样品中的菌落数 MPN。 $$MPN = N\ln\left[N(N-x)\right] \cdot D/50$$ 式中　N——滤膜上的方格总数； 　　　x——阳性方格数； 　　　D——稀释倍数

（四）结果与报告

根据上述计数结果，将检验结果填入表 3-7 中。

表 3-7 疏水栅格滤膜法测定菌落总数检验结果报告单

样品名称							分析日期	
室温/℃			相对湿度/%				培养时间	
样品编号	执行标准	卫生标准/mL	实验数据				结果/mL	结论
						空白		
测定依据：			计算公式：				备注	

（五）评价反馈

实验结束后，请按照表3-8中的评价要求填写考核结果。

表3-8　疏水栅格滤膜法测定菌落总数考核评价表

学生姓名：　　　　　　　　　　　班级：　　　　　　　　日期：

考核项目		评价项目	评价要求	不合格	合格	良好	优秀
知识储备		了解菌落总数的概念	相关知识输出正确（2分）				
		掌握菌落总数测定的卫生学意义	能够说出菌落总数测定的卫生学意义（3分）				
		了解疏水栅格滤膜的概念	相关知识输出正确（3分）				
检验准备		能够正确准备试验设备及材料	设备及材料准备正确（5分）				
技能操作		能够熟练并规范地进行菌落总数的测定	操作过程规范、熟练（15分）				
		能够正确、规范记录结果并进行数据处理	原始数据记录准确、数据处理正确（10分）				
课前	通用能力	课前预习任务	课前预习任务完成认真（5分）				
课中	专业能力	实际操作能力	能够按照操作规范进行样品的制备（10分）				
			能够按照操作规范进行样品的过滤（10分）				
			能够按照操作规范进行样品的培养（5分）				
			能够按照操作规范进行样品的计数（5分）				
	工作素养	发现并解决问题的能力	善于发现并解决实验过程中的问题（5分）				
		时间管理能力	合理安排时间，严格遵守时间安排（5分）				
		遵守实验室安全规范	遵守实验室安全规范(5分)				
课后	技能拓展	抽滤设备的拆装和消毒灭菌	正确、规范地完成（6分）				
		描述两种以上细菌含量较高且适合用疏水栅格滤膜测定菌落总数的样品	能描述两种以上符合要求的样品（6分）				
总分							

注：不合格：<60分；合格：60~74分；良好：75~84分；优秀：>85分

· 160 ·

对所学内容进行拓展，查找菌落总数测定的相关知识，深化对菌落总数测定相关知识的学习。

任务二 食品中大肠菌群的计数

⊙ 学习目标

知识目标

（1）熟悉大肠菌群的概念及卫生学意义。

（2）掌握 MPN 计数法测定步骤及结果的记录规则。

（3）掌握平板计数法选择的依据、测定步骤、计数方法和结果的记录规则。

能力目标

（1）能够查阅与解读《食品安全国家标准 食品微生物学检验 大肠菌群计数》（GB 4789.3—2016），能根据需要拟定各种样品中大肠菌群的检验方案。

（2）能够正确运用大肠菌群计数的标准操作程序。

（3）能够按要求准确完成大肠菌群检验结果的记录。

（4）能够分析、处理及判定检验结果，并按格式要求撰写微生物检验报告。

素质要求

（1）随着食品行业的发展，食品安全行业也在不断发生变化。作为食品从业者，需要具备良好的学习能力，持续关注最新的食品安全知识和技术，不断提升自己的专业水平。

（2）需要具备处理食品安全事故和突发事件的能力，能够迅速响应和解决问题，降低食品安全事件的影响。

一、大肠菌群的测定

大肠菌群是在一定培养条件下（37 ℃、24 h）能发酵乳糖、产酸、产气的需氧和兼性厌氧革兰氏阴性无芽孢杆菌的总称。它并非细菌学分类名，而是卫生细菌领域的用语，不代表某一种或某一属细菌。大肠菌群主要来源于人畜粪便，与粪便污染有关，通常作为粪便污染的指标菌。这些细菌在生化及血清学方面并非完全一致，根据进一步的生化鉴定实验，可将其细分为大肠埃希菌属、柠檬酸杆菌属、产气克雷伯氏菌属及阴沟肠杆菌属。

1. 大肠菌群计数的意义

（1）判断食品是否受到粪便污染。大肠菌群作为粪便污染指标菌，主要是以该菌群的检出情况来表示食品是否有粪便污染。大肠菌群数的高低，既可表明粪便污染的程度，也可反映其对人体健康危害性的大小。

（2）间接判断食品是否有被肠道致病菌污染的可能性，有利于控制肠道传染病的发生和流行。粪便是人和动物肠道的排泄物，粪便内除一般正常细菌外，同时也会有一些肠道致病菌存在（如沙门氏菌、志贺氏菌等），对食品安全构成威胁。若食品被粪便污染，则可以推测该食品存在被肠道致病菌污染的可能性，可能会引起食物中毒和肠道传染病的发生和流行，因而对人体健康具有潜在的危害。所以，大肠菌群的另一个重要意义是作为肠道致病菌污染食品的指标菌。凡是大肠菌群数超过规定限量的食品，即可确定其卫生学上是不合格的，食用是不安全的。

（3）有利于控制食品在生产加工、运输、储存等过程中的卫生状况。大肠菌群的检出，不仅可反映检样被粪便污染的情况，还在一定程度上反映了食品在生产加工、运输、保储等过程中的卫生状况。大肠菌群计数具有广泛的卫生学意义。

2. 大肠菌群的生物学特性

大肠菌群为革兰氏阴性无芽孢杆菌。在伊红美蓝（eosin – methylene blue，EMB）琼脂培养基上菌落呈深紫黑色或中心深紫色，圆形、稍凸起、边缘整齐、表面光滑，常有金属光泽。在麦康凯琼脂培养基（Mac Conkey Agar medium）上菌落呈桃红色或中心桃红，圆形、扁平、光滑湿润。大肠菌群能发酵乳糖、产酸、产气。

3. 大肠菌群计数方法

（1）检测标准。

《食品安全国家标准 食品微生物学检验 大肠菌群计数》（GB 4789.3—2016）规定了食品中大肠菌群（coliforms）计数的两种方法：①大肠菌群 MPN 计数法；②大肠菌群平板计数法。

（2）检测原理。

①MPN 法。

MPN 计数法是统计学和微生物学相结合而形成的一种定量检验法，即待测样品经系列稀释并培养后，根据其未生长的最低稀释度与生长的最高稀释度，运用统计学概率论推算出待测样品中大肠菌群的 MPN。

②平板计数法。

大肠菌群在固体培养基中发酵乳糖并产酸，在指示剂的作用下形成可计数的红色或紫色、带有或不带有沉淀环的菌落。

问题思考

（1）食品中大肠菌群测定的意义是什么？

（2）检验食品中的大肠菌群时，选择平板计数法或 MPN 计数法对大肠菌群进行计数的依据是什么？

二、大肠菌群 MPN 计数法实操训练

任务描述

大肠菌群在固体培养基中发酵乳糖并产酸，在指示剂的作用下形成可计数的红色或紫

色、带有或不带有沉淀环的菌落。

《食品安全国家标准　食品微生物学检验　大肠菌群计数》（GB 4789.3—2016）规定了食品中大肠菌群计数的两种方法：①大肠菌群 MPN 计数法，适用于大肠菌群含量较低的食品中大肠菌群的计数；②大肠菌群平板计数法，适用于大肠菌群含量较高的食品中大肠菌群的计数。

任务要求

（1）能够准确掌握大肠菌群计数的操作流程。

（2）能够使用 MPN 计数法和平板计数法对大肠菌群进行计数。

（3）本任务旨在帮助学生们掌握食品中大肠菌群的计数方法，使学生们能够熟练无菌操作，独立完成实验和原始记录并进行结果计算和报告。

任务实施

操作视频 3.1.2

（一）设备和材料

设备和材料见表 3-9。

表 3-9　设备和材料

序号	名称	作用
1	恒温培养箱（±1 ℃）	培养测试样品
2	高压灭菌器	培养基或生理盐水等的灭菌
3	冰箱（±1 ℃）	放置样品
4	电子天平（感量为 0.1 g）	配制培养基
5	均质器	将样品与稀释液混合均匀
6	振荡器	振摇试管或用手拍打以混合均匀
7	1 mL 无菌吸管或微量移液器及吸头（精确度 0.01 mL）	吸取无菌生理盐水或稀释样液
8	10 mL 无菌吸管（精确度 0.1 mL）	吸取样液
9	500 mL 无菌锥形瓶	盛放无菌生理盐水、盛放培养基
10	无菌试管	测试样品
11	pH 计或 pH 比色管	调节 pH 值
12	精密 pH 试纸	调节 pH 值
13	放大镜或菌落计数器	菌落计数

（二）培养基和试剂

磷酸盐缓冲液、无菌生理盐水、LST 肉汤、VRBA、煌绿乳糖胆盐（brilliant green lactose bile，BGLB）肉汤、1 mol/L 氢氧化钠溶液、1 mol/L 盐酸溶液。

（三）操作步骤

大肠菌群 MPN 计数法的具体操作步骤见表 3-10。

表 3 - 10　大肠菌群 MPN 计数法的操作步骤

操作	操作步骤	操作说明
大肠菌群MPN计数法	1. 样品的制备	（1）固体和半固体样品：称取 25 g 样品置于盛有 225 mL 磷酸盐缓冲液或生理盐水的无菌均质杯内，8 000 ~ 10 000 r/min 均质 1 ~ 2 min；或放入盛有 225 mL 磷酸盐缓冲液或生理盐水的无菌均质袋中，用拍击式均质器拍打 1 ~ 2 min，制成1:10 的样品匀液。 （2）液体样品：以无菌吸管吸取 25 mL 样品置于盛有 225 mL 磷酸盐缓冲液或生理盐水的无菌锥形瓶（瓶内预置适当数量的无菌玻璃珠）中，充分混匀；或放入盛有 225 mL 磷酸盐缓冲液或生理盐水的无菌均质袋中，用拍击式均质器拍打 1 ~ 2 min，制成 1:10 的样品匀液。 （3）样品匀液（液体样品包括原液）的 pH 值应为 5.0 ~ 8.5，必要时用 1 mol/L 氢氧化钠溶液或 1 mol/L 盐酸溶液调节
	2. 样品的稀释	以无菌操作，吸取 1:10 样品匀液 1 mL，沿管壁缓慢注于盛有 9 mL 磷酸盐缓冲液或生理盐水的无菌试管中（注意吸管或吸头尖端不要触及液面），在漩涡混匀仪上混匀，制成 1:100 的样品匀液，以此类推，制备 10 倍系列稀释样品匀液，每递增稀释一次，换用 1 支 1 mL 无菌吸管或吸头
	3. 接种与培养	根据对样品微生物污染状况的估计，选择 3 个适宜的连续稀释度的样品匀液（液体样品包括原液），每个稀释度接种 3 管 LST 肉汤，每管接种 1 mL（如接种量超过 1 mL，则需用双料 LST 肉汤），36 ℃ ± 1 ℃ 培养 24 h ± 2 h，观察小导管内是否有气泡产生。培养 24 h ± 2 h 后产气者，进行复发酵试验（确认试验），如未产气则继续培养至 48 h ± 2 h，产气者进行复发酵试验。未产气者为大肠菌群阴性
	4. 确认试验	用接种环从产气的 LST 肉汤管中分别取培养物 1 环，接种于 BGLB 肉汤管中，36 ℃ ± 1 ℃ 培养 24 h ± 2 h，观察小导管内是否有气泡产生。培养 24 h ± 2 h 后如未产气，则继续培养至 48 h ± 2 h。 产气者为大肠菌群阳性，未产气者为大肠菌群阴性
	5. 结果计算与报告	根据复发酵试验中大肠菌群阳性的 BGLB 肉汤管数，（如连续的稀释度超过 3 个，请参照《食品安全国家标准　食品微生物学检验　大肠菌群计数》（GB 4789.3—2016）附录 B 确定最适的 3 个连续稀释度），检索 MPN 表（见表 3 - 11），报告每克（毫升）样品中大肠菌群的 MPN 值，以 MPN/g(mL) 表示

样品中大肠菌群的 MPN 值见表 3 - 11。

表 3 - 11　大肠菌群 MPN 检索表

阳性管数			MPN	95% 置信区间		阳性管数			MPN	95% 置信区间	
0.10	0.01	0.001		下限	上限	0.10	0.01	0.001		下限	上限
0	0	0	<3.0	—	9.5	2	2	0	21	4.5	42
0	0	1	3.0	0.15	9.6	2	2	1	28	8.7	94
0	1	0	3.0	0.15	11	2	2	2	35	8.7	94
0	1	1	6.1	1.2	18	2	3	0	29	8.7	94
0	2	0	6.2	1.2	18	2	3	1	36	8.7	94

阳性管数			MPN	95%置信区间		阳性管数			MPN	95%置信区间	
0.10	0.01	0.001		下限	上限	0.10	0.01	0.001		下限	上限
0	3	0	9.4	3.6	38	3	0	0	23	4.6	94
1	0	0	3.6	0.17	18	3	0	1	38	8.7	110
1	0	1	7.2	1.3	18	3	0	2	64	17	180
1	0	2	11	3.6	38	3	1	0	43	9	180
1	1	0	7.4	1.3	20	3	1	1	75	17	200
1	1	1	11	3.6	38	3	1	2	120	37	420
1	2	0	11	3.6	42	3	1	3	160	40	420
1	2	1	15	4.5	42	3	2	0	93	18	420
1	3	0	16	4.5	42	3	2	1	150	37	420
2	0	0	9.2	1.4	38	3	2	2	210	40	430
2	0	1	14	3.6	42	3	2	3	290	90	1 000
2	0	2	20	4.5	42	3	3	0	240	42	1 000
2	1	0	15	3.7	42	3	3	1	460	90	2 000
2	1	1	20	4.5	42	3	3	2	1 100	180	4 100
2	1	2	27	8.7	94	3	3	3	>1 100	420	—

注：①本表采用3个稀释度，每个稀释度接种3管，3个稀释度中每管接种的样品量分别为0.1 g（mL）、0.01 g（mL）、0.001 g（mL）。

②3个稀释度中接种的样品量改用1 g（mL）、0.1 g（mL）和0.01 g（mL）时，表内数值要相应缩小至原来的1/10；如改用0.01 g（mL）、0.001 g（mL）和0.000 1 g（mL）时，则表内数值要相应扩大10倍。以此类推。

③本表的数值可乘以100，报告每100 g（mL）检样中大肠菌群MPN

（四）记录原始数据

结果的计算方法和报告规则遵循《食品安全国家标准 食品微生物学检验 大肠菌群计数》（GB 4789.3—2016）的要求。实验结束后，请将大肠菌群MPN计数法结果的原始数据填入表3-12中。

表3-12 大肠菌群MPN计数法原始记录表

样品名称	样品编号	检测方法	培养箱编号	培养温度/℃	检测地点
检测起止日期		年　月　日　时—年　月　日　时			
稀释度	10	10	10	阳性对照	结果
LST					□MPN/g
BGLB					□MPN/mL
注释	☑已选项目，□待选项目；"⊕"：产酸产气，"＋"：浑浊/阳性，"－"：清亮/阴性				

（五）评价反馈

实验结束后，请按照表 3 - 13 中的评价要求填写考核结果。

表 3 - 13 大肠菌群 MPN 计数法考核评价表

学生姓名：　　　　　　　　　　　　　　班级：　　　　　　　　　　　　　　日期：

考核项目		评价项目	评价要求	不合格	合格	良	优
知识储备		了解大肠菌群 MPN 计数法和平板计数法的工作原理	相关知识输出正确（1 分）				
		掌握大肠菌群 MPN 计数法和平板计数法的操作步骤	能准确说出两种计数方法的操作步骤（3 分）				
检验准备		能够正确准备试验设备及材料	设备及材料准备正确（6 分）				
技能操作		能够熟练掌握 MPN 计数法的操作规范	操作过程规范、熟练（15 分）				
		能够正确、规范地记录结果并进行数据处理	原始数据记录准确、数据处理正确（5 分）				
课前	通用能力	课前预习任务	课前预习任务完成认真（10 分）				
课中	专业能力	实际操作能力	能够按照操作规范进行样品的制备（10 分）				
			能够按照操作规范进行样品的稀释（10 分）				
			能够按照操作规范进行样品的接种（10 分）				
			能够按照操作规范进行样品的培养（10 分）				
	工作素养	发现并解决问题的能力	善于发现并解决实验过程中的问题（5 分）				
		时间管理能力	合理安排时间，严格遵守时间安排（5 分）			·	
		遵守实验室安全规范	遵守实验室安全规范（5 分）				
课后	技能拓展	稀释过程中的火焰灭菌	正确、规范地完成（5 分）				
总分							
注：不合格：<60 分；合格：60～74 分；良好：75～84 分；优秀：>85 分							

三、大肠菌群平板计数法实操训练

◎ 任务描述

大肠菌群在固体培养基中发酵乳糖并产酸，在指示剂的作用下形成可计数的红色或紫色、带有或不带有沉淀环的菌落。

◎ 任务要求

（1）确定大肠菌群的稀释度并据此选取平板。
（2）根据平板的菌落数目确定菌落计数的报告方法。

◎ 任务实施

（一）设备和材料

设备和材料见大肠菌群 MPN 计数法。

（二）培养基和试剂

磷酸盐缓冲液、生理盐水、BGLB 肉汤、VRBA。

（三）操作步骤

大肠菌群平板计数法的具体操作步骤见表 3 – 14。

表 3 – 14　大肠菌群平板计数法的操作步骤

操作	操作步骤	操作说明
大肠菌群平板计数法	1. 样品的制备	（1）固体和半固体样品：称取 25 g 样品置于盛有 225 mL 磷酸盐缓冲液或生理盐水的无菌均质杯内，8 000 ~ 10 000 r/min 均质 1 ~ 2 min；或放入盛有 225 mL 磷酸盐缓冲液或生理盐水的无菌均质袋中，用拍击式均质器拍打 1 ~ 2 min，制成 1:10 的样品匀液 （2）液体样品：以无菌吸管吸取 25 mL 样品置于盛有 225 mL 磷酸盐缓冲液或生理盐水的无菌锥形瓶（瓶内预置适当数量的无菌玻璃珠）中，充分混匀；或放入盛有 225 mL 磷酸盐缓冲液或生理盐水的无菌均质袋中，用拍击式均质器拍打 1 ~ 2 min，制成 1:10 的样品匀液。 （3）样品匀液（液体样品包括原液）的 pH 值应为 5.0 ~ 8.5，必要时可用 1 mol/L 氢氧化钠溶液或 1 mol/L 盐酸溶液调节
	2. 样品的稀释	以无菌操作，吸取 1:10 样品匀液 1 mL，沿管壁缓慢注于盛有 9 mL 磷酸盐缓冲液或生理盐水的无菌试管中（注意吸管或吸头尖端不要触及液面），在漩涡混匀仪上混匀，制成 1:100 的样品匀液，以此类推，制备 10 倍系列稀释样品匀液，每递增稀释一次，换用 1 支 1 mL 无菌吸管或吸头
	3. 接种与培养	根据对样品微生物污染状况的估计，选择 2 ~ 3 个适宜的连续稀释度样品匀液进行接种检测（液体样品包括原液）。每个稀释度接种两个无菌平皿，同时取稀释液加入两个无菌平皿作空白对照，每皿 1 mL。 尽快将 15 ~ 20 mL 保温至 46 ℃ ± 1 ℃ 的 VRBA 倾注于每个平皿中。在水平方向小心旋转平皿，将培养基与接种的样品匀液充分混匀。为防止菌落蔓延，待琼脂凝固后，可再均匀覆盖 4 mL 左右 VRBA 到整个平板表面。翻转平板，置于 36 ℃ ± 1 ℃ 培养 18 ~ 24 h。

操作	操作步骤	操作说明
大肠菌群平板计数法	3. 接种与培养	对于乳制品，应置于 30 ℃±1 ℃培养 18~24 h。从制备样品匀液至样品接种完毕，全过程不得超过 20 min
	4. 平板菌落数的选择	选取所有菌落数在 15~150 CFU 之间的平板，分别计数平板上出现的典型和可疑大肠菌群菌落。典型菌落为红色至紫红色，菌落周围带有或不带胆盐沉淀环，菌落直径一般大于 0.5 mm。可疑菌落为红色至紫红色，菌落直径一般小于 0.5 mm。 若有 2 个稀释度的平板菌落数在 15~150 CFU 之间，请按照《食品安全国家标准 食品微生物学检验 大肠菌群计数》（GB 4789.3—2016）的规定执行
	5. 确认试验	从同一稀释度的 VRBA 平板上挑取典型和可疑菌落各 5 个，典型或可疑菌落少于 5 个者，则挑取其全部菌落。每个菌落接种一支 BGLB 肉汤管，36 ℃±1℃ 培养 24 h±2 h，检查产气情况，产气者为大肠菌群阳性；未产气者则继续培养至 48 h±2 h 再观察，产气者为大肠菌群阳性，仍未产气者为大肠菌群阴性
	6. 结果计算与报告	将所选稀释度的典型菌落数及可疑菌落数与各自大肠菌群阳性率的乘积之和的平均值，乘以稀释倍数。大肠菌群的菌落数小于 100 CFU 时，按"四舍五入"的原则修约，以整数报告。大肠菌群的菌落数大于或等于 100 CFU 时，第 3 位数字采用"四舍五入"原则修约后，取前 2 位数字，后面用 0 代替位数；也可用 10 的指数形式来表示，按"四舍五入"原则修约后，保留两位有效数字。 若空白对照平皿上有菌落生长，则此次检验结果无效。 称重取样以 CFU/g 为单位报告结果，体积取样以 CFU/mL 为单位报告结果

（四）记录原始数据

实验结束后，请将大肠菌群平板计数法结果的原始数据填入表 3-15 中。

表 3-15 大肠菌群平板计数法原始记录表

样品名称	样品编号	检测方法	培养箱编号	培养温度/℃	检测地点
检测起止日期	年 月 日 时—		年 月 日 时		
稀释度		1:10		1:100	
平板上所有菌落数					
是否选择进行确认					
同一稀释度中所选的菌落数/待确认菌落数					
待确认菌落形态分类		典型菌落	可疑菌落	典型菌落	可疑菌落
各类待确认菌落数					
阳性比例（阳性数/确认试验的菌落数）					
计算过程					
结果报告/(CFU·g⁻¹或CFU·mL⁻¹)					
注释		☑ 已选项目，□ 待选项目			

（五）评价反馈

实验结束后，请按照表 3－16 中的评价要求填写考核结果。

表 3－16　大肠菌群平板计数法考核评价表

学生姓名：　　　　　　　　　　　班级：　　　　　　　　　　日期：

考核项目		评价项目	评价要求	不合格	合格	良好	优秀
知识储备		了解大肠菌群平板计数法的工作原理	相关知识输出正确（1 分）				
		掌握大肠菌群平板计数法和 MPN 计数法的操作步骤	能准确说出两种计数方法的操作步骤（3 分）				
检验准备		能够正确准备试验设备及材料	设备及材料准备正确（6 分）				
技能操作		能够熟练掌握大肠菌群平板计数法的操作规范	操作过程规范、熟练（15 分）				
		能正确、规范地记录结果并进行数据处理	原始数据记录准确、数据处理正确（5 分）				
课前	通用能力	课前预习任务	课前预习任务完成认真（10 分）				
课中	专业能力	实际操作能力	能够按照操作规范进行样品的制备（10 分）				
			能够按照操作规范进行样品的稀释（10 分）				
			能够按照操作规范进行样品的接种（10 分）				
			能够按照操作规范进行样品的培养（5 分）				
	工作素养	发现并解决问题的能力	善于发现并解决实验过程中的问题（5 分）				
		时间管理能力	合理安排时间，严格遵守时间安排（5 分）				
		遵守实验室安全规范	遵守实验室安全规范(5 分)				
课后	技能拓展	稀释过程中的火焰灭菌	正确、规范地完成（5 分）				
总分							

注：不合格：＜60 分；合格：60～74 分；良好：75～84 分；优秀：＞85 分

查找相关知识，了解检验食品中的大肠菌群对食品安全的重要性。

任务三　食品中霉菌和酵母菌的检验

学习目标

知识目标

（1）了解霉菌和酵母菌测定的意义。

（2）了解霉菌和酵母菌的菌落形态。

（3）掌握霉菌与酵母菌菌落的鉴别、计数方法以及结果的记录规则。

能力目标

（1）能够查阅与解读《食品安全国家标准　食品微生物学检验　霉菌和酵母计数》（GB 4789.15—2016），并根据需要拟定霉菌和酵母菌，计数检验方案。

（2）能够按要求准确完成微生物检验的记录。

（3）能够分析、处理及判定检验结果，并按格式要求撰写微生物检验报告。

素质要求

（1）食品质量检测员需要具备专业知识和技能、严谨的工作态度、良好的沟通能力，以及不断学习和更新知识的能力。

（2）做好霉菌和酵母菌的检验，保障食品的质量和安全，为消费者提供健康、安全的食品。

一、霉菌和酵母菌

真菌广泛分布于生活环境中，种类极多，很久以前人们就能够利用真菌酿造食品。但是，也有很多种真菌对动植物和人类危害极大，不仅寄生可以致病，而且食入可致中毒。

真菌是一类真核微生物的总称，通常分为三类：酵母菌、霉菌和大型真菌（包括食用菌）。酵母菌是一种单细胞真菌，在有氧和无氧环境下都能生存，属于兼性厌氧菌。霉菌是一些丝状真菌的统称。霉菌的种类很多，根据其繁殖方式、形态特征、培养特征及生理特征等方面的不同进行划分，目前已知的霉菌有数万种。霉菌在自然界分布极广，特别是阴暗、潮湿和温度较高的环境更有利于它们的生长。霉菌极易在粮食、水果和各种食品上生长，引起食品的腐败变质，造成巨大的经济损失。有些霉菌还可产生毒素，食入可致中毒，有些是急性中毒，死亡率极高；有些是慢性中毒，可引起癌变。

食入被真菌及其毒素污染的食物而引起的食物中毒称为真菌性食物中毒。真菌主要通过产生毒素而引起食物中毒。

霉菌为丝状真菌的统称。凡是在营养基质上能形成绒毛状、网状或絮状菌丝体的真菌

（除少数外），统称霉菌。某些霉菌在生长过程中可产生毒素，如产毒霉菌在适合产毒的条件下可产生有毒的次生代谢产物。已发现的霉菌毒素有100多种，如黄曲霉毒素（肝脏毒性）、橘青霉素（肾毒性）、黄绿青霉素（中枢神经毒性）等。食品在加工过程中，经加热、烹调等处理，可以杀死霉菌的菌体和孢子，但一般不能破坏其产生的毒素。当摄入人体内的毒素量达到一定程度时，即可产生由该种毒素所引发的中毒症状。

酵母菌通常是单细胞，呈圆形、卵圆形、腊肠形或杆状；种类较多，目前已知有500多种。酵母菌分布广，存在于水果、蔬菜、花蜜和植物叶子表面及果园的土壤里。在牛奶、动物的排泄物及空气中也有酵母存在，大多数为腐生，少数为寄生。

由于霉菌和酵母菌能抵抗热、冷冻、抗生素和辐照等因素，故它们能转换某些不利于细菌生长的物质，并促进致病菌的生长；有些霉菌能够合成有毒代谢产物——霉菌毒素。霉菌的菌落大、疏松、干燥、不透明，有些呈绒毛状、絮状或网状等，菌体可沿培养基表面蔓延生长，由于不同的真菌孢子含有不同的色素，故菌落可呈现红、黄、绿、青绿、青灰、黑、白和灰等多种颜色。食品中常见的酵母菌常会引起食品的腐败变质，如腐败酵母菌中包括啤酒酵母、红酵母和克柔氏假丝酵母等。酵母菌在新鲜的和加工的食品中繁殖，可使食品产生难闻的异味，还可以使液体浑浊、产生气泡、形成薄膜、改变颜色及散发不正常气味等。克柔氏假丝酵母菌主要引起泡菜、酱油变质。霉菌和酵母菌常使食品表面失去色、香、味。

因此，霉菌和酵母菌也可作为评价食品卫生质量的指标菌，并以霉菌和酵母菌计数来判定食品被污染的程度。

食品中的真菌检验主要有两项内容：霉菌和酵母菌计数以及常见产毒霉菌的鉴定。

1. 霉菌和酵母菌计数

《食品安全国家标准 食品微生物学检验 霉菌和酵母计数》（GB 4789.15—2016）规定了食品中霉菌和酵母菌计数的检验方法，适用于食品中霉菌和酵母菌的计数。

2. 食品中霉菌和酵母菌的主要限量标准

我国食品中霉菌和酵母菌的主要限量标准见表3–17。

表 3–17　我国食品中霉菌和酵母菌的主要限量标准

产品	项目	限量/ [CFU·g^{-1}（mL^{-1}）]	标准出处
热加工糕点、面包	霉菌	≤150	《食品安全国家标准 糕点、面包》（GB 7099—2015）
含或不含奶油的饼干	霉菌	≤50	《食品安全国家标准 饼干》（GB 7100—2015）
蜂蜜	霉菌	≤200	《食品安全国家标准 蜂蜜》（GB 14963—2011）
植物蛋白饮料	霉菌和酵母菌	≤20	《食品安全国家标准 饮料》（GB 7101—2022）

3. 培养基的使用注意事项

（1）马铃薯葡萄糖琼脂、孟加拉红琼脂培养基都含有氯霉素，因此都可以抑制细菌的生长。

（2）对氯霉素耐药的一些细菌在这两种培养基上也会生长，可以通过菌落形态来区分，或者通过染色镜检来判定。

（3）孟加拉红溶液对光敏感，易分解为一种黄色的对细胞有毒的物质。配制好的孟加拉红培养基应避光保存，颜色变浅则不应使用。

（4）如果需要分开报告霉菌和酵母菌的数量，可通过菌落形态来区分。

问题思考

（1）食品中霉菌和酵母菌检验的卫生学意义是什么？

（2）简述食品中霉菌和酵母菌平板计数法检验的基本步骤。

二、食品中霉菌和酵母菌平板计数法实操训练

任务描述

霉变的食品具有令人难以接受的不良感官性，如刺激性气味、异常颜色、酸臭味道和组织溃烂等。此时，食品成分物质已遭到严重分解破坏，不仅蛋白质、脂肪和碳水化合物发生降解，无机盐和微量元素也出现严重的流失和破坏。霉菌和酵母菌所产生的有毒代谢产物（霉菌毒素）可引起人体不良反应和食物中毒。因此，霉菌和酵母菌也可作为评价食品卫生质量的指示菌，而且，霉菌和酵母菌计数还可用来判定食品被污染的程度。霉菌和酵母菌计数是教育部"1＋X"食品检验管理（中级）证书微生物部分考核的内容。

霉菌和酵母菌广泛分布于自然环境中。它们有时是食品中正常菌相的一部分，但有时也能造成多种食品的腐败变质。因而，霉菌和酵母菌也常被用作评价食品卫生质量的指标菌。霉菌和酵母菌的测定是指食品检样经过处理，在一定条件下（如培养基、培养温度和培养时间、pH 值和需氧性质等）培养后，所得 1 g 或 1 mL 检样中所含的霉菌和酵母菌菌落数（粮食样品是指 1 g 粮食表面的霉菌总数）。

任务要求

（1）了解霉菌和酵母菌测定的意义。

（2）了解霉菌和酵母菌的菌落形态。

（3）掌握霉菌与酵母菌菌落鉴别和计数方法以及结果的记录规则。

任务实施

（一）设备和材料

设备和材料见表 3 – 18。

操作视频 3.1.3

表 3 – 18　设备和材料

序号	名称	作用
1	恒温培养箱（28 ℃ ±1 ℃）	培养测试样品
2	高压灭菌器	培养基或生理盐水等的灭菌

序号	名称	作用
3	冰箱（±1 ℃）	放置样品
4	恒温水浴箱（46 ℃±1 ℃）	调节培养基温度为恒温：46 ℃±1 ℃
5	电子天平（感量为0.1 g）	称量培养基、样品等
6	拍击式均质器或均质袋	将样品与稀释液混合均匀
7	振荡器或漩涡混匀仪	振摇试管或用手拍打以混合均匀
8	无菌吸管：1 mL（具0.01 mL刻度）、10 mL（具0.1 mL刻度）	吸取无菌生理盐水、样液、稀释样液
9	250 mL无菌锥形瓶	盛放无菌生理盐水
10	500 mL无菌锥形瓶	盛放培养基
11	无菌平皿（直径90 mm）	测试样品
12	显微镜（10～100倍）	第二法镜检
13	pH计或pH比色管、精密pH试纸	调节pH值
14	菌落计数器	菌落计数
15	折光仪	第二法涂片
16	郝氏计测玻片（具有标准计测室的特制玻片）	第二法涂片
17	盖玻片	第二法涂片
18	测微器（具标准刻度的玻片）	第二法测量

注：表中所用的设备和材料指3个稀释度的样品检测所用的物品

（二）培养基和试剂

（1）培养基：马铃薯葡萄糖琼脂培养基、孟加拉红琼脂培养基。培养基配制方法见表3－19。

表3－19　培养基配制方法

马铃薯葡萄糖琼脂培养基	成分	马铃薯（去皮切块）300 g，葡萄糖20.0 g，琼脂20.0 g，氯霉素0.1 g，蒸馏水1 000 mL
	制法	将马铃薯去皮切块，加1 000 mL蒸馏水，煮沸10～20 min。用纱布过滤，补足蒸馏水至1 000 mL。加入葡萄糖和琼脂，加热溶解，分装后，121 ℃灭菌20 min，倾注平板前，用少量乙醇溶解氯霉素加入培养基中
孟加拉红琼脂培养基	成分	蛋白胨5.0 g，葡萄糖10.0 g，磷酸二氢钾1.0 g，无水硫酸镁0.5 g，琼脂20.0 g，孟加拉红0.033 g，氯霉素0.1 g，蒸馏水1 000 mL
	制法	上述各成分加入蒸馏水中，加热溶解，补足蒸馏水至1 000 mL，分装后，121 ℃灭菌20 min，倾注平板前，用少量乙醇溶解氯霉素加入培养基中

（2）磷酸盐缓冲液。

储存液：称取34.0 g的磷酸二氢钾溶于500 mL蒸馏水中，用大约175 mL的1 mol/L氢氧化钠溶液调节pH值为7.2±0.1，用蒸馏水稀释至1 000 mL后储存于冰箱。

稀释液：取储存液1.25 mL，用蒸馏水稀释至1 000 mL，分装于适宜容器中，121 ℃高压灭菌15 min。

（3）无菌生理盐水：称取8.5 g氯化钠加入1 000 mL蒸馏水中，搅拌至完全溶解，分装121 ℃灭菌15 min。

（三）操作步骤

霉菌和酵母菌平板计数法的具体操作步骤见表3-20。

表3-20　霉菌和酵母菌平板计数法的操作步骤

操作	操作步骤	操作说明
霉菌和酵母菌平板计数法	1. 样品的稀释	（1）固体和半固体样品：称取25 g样品，至盛有225 mL无菌稀释液（蒸馏水或生理盐水或磷酸盐缓冲液）的适宜容器中，充分振摇，或用拍击式均质器拍打1～2 min，制成1:10的样品匀液。 （2）液体样品：以无菌吸管吸取25 mL样品至盛有225 mL无菌稀释液（蒸馏水或生理盐水或磷酸盐缓冲液）的适宜容器内（可在容器内预置适当数量的无菌玻璃珠），充分振摇，或用拍击式均质器拍打1～2 min，制成1:10的样品匀液。 （3）取1 mL 1:10稀释液注入含有9 mL无菌稀释液的试管中，另换一支1 mL无菌吸管反复吹吸，或在漩涡混匀仪上混匀，此液为1:100样品匀液。 （4）按上述操作程序，制备10倍递增系列稀释样品匀液。每递增稀释一次，换用一支1 mL无菌吸管。 （5）根据对样品污染状况的估计，选择2～3个适宜稀释度的样品匀液（液体样品可包括原液），在进行10倍递增稀释的同时，每个稀释度分别吸取1 mL样品匀液于2个无菌平皿内。同时分别取1 mL无菌稀释液加入2个无菌平皿作空白对照。 （6）及时将20～25 mL冷却至46 ℃的马铃薯葡萄糖琼脂或孟加拉红琼脂（可放置于46 ℃±1 ℃恒温水浴箱中保温）倾注平皿，并转动平皿使其混合均匀。将平皿置于水平台面待培养基完全凝固
	2. 培养	琼脂凝固后，正置（注：南方或湿度较高的地区需要将平板放置在保鲜袋中，袋口可用橡皮筋捆扎）或翻转平板，28 ℃±1 ℃培养，培养5天，自第3天开始观察至第5天
	3. 菌落计数	用肉眼观察，必要时可用放大镜或低倍镜，记录稀释倍数和相应的霉菌及酵母菌数。以CFU表示。 选取菌落数在10～150 CFU的平板，根据菌落形态分别计数霉菌和酵母菌数。霉菌蔓延生长覆盖整个平板的可记录为蔓延生长
	4. 菌落结果计算	（1）计算同一稀释度两个平板菌落数的平均值，再将平均值乘以相应稀释倍数。 （2）若有两个稀释度平板上菌落数均为10～150 CFU/mL（g），则按照《食品安全国家标准　食品微生物学检验　菌落总数测定》（GB 4789.2—2022）的相应规定进行计算。 （3）若所有平板上菌落数均大于150 CFU/mL（g），则对稀释度最高的平板进行计数，其他平板可记录为"多不可计"，结果按平均菌落数乘以最高稀释倍数计算。 （4）若所有平板上菌落数均小于10 CFU/mL（g），则应按稀释度最低的平均菌落数乘以稀释倍数计算。 （5）若所有稀释度（包括液体样品原液）平板均无菌落生长，则以小于1乘以最低稀释倍数计算。

操作	操作步骤	操作说明
霉菌和酵母菌平板计数法	4. 菌落结果计算	（6）若所有稀释度的平均菌落数均不在 10～150 CFU/mL（g），其中一部分小于 10 CFU/mL（g）或大于 150 CFU/mL（g），则以最接近 10 CFU/mL（g）或 150 CFU/mL（g）的平均菌落数乘以稀释倍数计算
	5. 菌落结果报告	（1）菌落数按"四舍五入"原则修约。菌落数在 10 CFU 以内时，采用一位有效数字报告；菌落数在 10～100 CFU 时，采用两位有效数字报告。 （2）菌落数大于或等于 100 CFU 时，第 3 位数字采用"四舍五入"原则修约后，取前 2 位数字，后面用 0 代替位数来表示结果；也可用 10 的指数形式来表示，此时也按"四舍五入"原则修约，采用两位有效数字。 （3）若空白对照平板有菌落出现，则此次检验结果无效。 （4）称量取样以 CFU/g 为单位报告，体积取样以 CFU/mL 为单位报告，报告或分别报告霉菌和（或）酵母菌数

（四）记录原始数据

将霉菌计数结果的原始数据填入表 3-21 中，将酵母菌计数结果的原始数据填入表 3-22 中。

表 3-21　霉菌计数的原始记录和结果表

稀释度							空白对照
	1	2	1	2	1	2	
平板上菌落数							
平均数							
结果							

表 3-22　酵母菌计数的原始记录和结果表

稀释度							空白对照
	1	2	1	2	1	2	
平板上菌落数							
平均数							
结果							

（五）评价反馈

实验结束后，请按照表 3-23 中的评价要求填写考核结果。

表 3-23 霉菌和酵母菌平板计数法考核评价表

学生姓名： 班级： 日期：

考核项目		评价项目	评价要求	不合格	合格	良好	优秀
知识储备		了解霉菌和酵母菌平板计数法的工作原理	相关知识输出正确（1分）				
		掌握霉菌和酵母菌平板计数法检测的样品种类	能说出哪些食品需要检测霉菌和酵母菌（3分）				
检验准备		能够正确准备试验设备及材料	设备及材料准备正确（6分）				
技能操作		能够熟练掌握霉菌和酵母菌平板计数法的操作规范	操作过程规范、熟练（15分）				
		能够正确、规范记录结果并进行数据处理	原始数据记录准确、数据处理正确（5分）				
课前	通用能力	课前预习任务	课前预习任务完成认真（5分）				
课中	专业能力	实际操作能力	能够按照操作规范进行样品的制备（10分）				
			能够按照操作规范进行样品的稀释（10分）				
			能够按照操作规范进行样品的接种（10分）				
			能够按照操作规范进行样品的培养（5分）				
			能够按照操作规范进行样品的菌落计数（10分）				
	工作素养	发现并解决问题的能力	善于发现并解决实验过程中的问题（5分）				
		时间管理能力	合理安排时间，严格遵守时间安排（5分）				
		遵守实验室安全规范	遵守实验室安全规范(5分)				
课后	技能拓展	稀释过程中的火焰灭菌	正确、规范地完成（5分）				
总分							

注：不合格：<60分；合格：60~74分；良好：75~84分；优秀：>85分

对所学内容进行拓展，查找如何防止霉菌孢子扩散的相关知识，深化对相关知识的学习。

任务四　食品中乳酸菌的检验

学习目标

知识目标

（1）熟悉乳酸菌的形态特征。

（2）了解乳酸菌的生理功能。

（3）掌握食品中乳酸菌的检验方法。

能力目标

（1）能够检验发酵乳制品的乳酸菌数。

（2）能够评价食品中乳酸菌数的检验结果。

素质要求

（1）严格依据国家标准进行相关项目的测定，实事求是，确保检验结果准确，深刻领会并践行"具体问题具体分析"的方法论，立志服务于国家食品安全战略。

（2）了解乳酸菌在食品工业中的作用。

乳酸菌是一类能利用可发酵碳水化合物产生大量乳酸的细菌的统称。这类细菌在自然界分布极为广泛，具有丰富的物种多样性，至少包含 18 个属，共 200 多种。除极少数外，其绝大部分都是人体内必不可少且具有重要生理功能的菌群，广泛存在于人体的肠道中。

乳酸菌是一种益生菌，能够将碳水化合物发酵成乳酸，因而得名。乳酸菌分布广泛，通常存在于肉、乳和蔬菜等食品及其制品中。此外，乳酸菌也广泛存在于畜、禽肠道及少数临床样品中，其中，人类和其他哺乳动物的口腔、肠道等环境中的乳酸菌，是构成特定区域正常微生物菌群的重要成员。

可依据不同的标准对乳酸菌进行分类从。形态上分可分成球菌、杆菌，其中，球形乳酸菌包括链球菌、明串珠菌属、片球菌；杆状菌包括乳球菌、乳杆菌、双歧杆菌等。从生长温度上，可分成高温型、中温型；从发酵类型上，可分成同型发酵、异型发酵；从来源上，大体可分为动物源乳酸菌和植物源乳酸菌。按照 Berry 细菌学手册中的生化分类法，乳酸菌可分为乳杆菌属（*Lactobacillus*）、链球菌属、明串珠菌属、双歧杆菌属（*Bifidobacterium*）和片球菌属等 5 个属。

一、乳酸菌的测定

《食品安全国家标准　食品微生物学检验　乳酸菌检验》（GB 4789.35—2023）中，主要涉及 3 种乳酸菌，分别为乳杆菌属、双歧杆菌属和嗜热链球菌属（*Streptococcus thermophilus*）。由于 3 种乳酸菌的培养条件和特征各有不同，要检验出样品中乳酸菌的总数，就需要根据菌种的不同选择使用合适的培养基，对结果进行计数。

乳杆菌属、双歧杆菌属和嗜热链球菌属都有其各自的特征。乳杆菌属形态多样，有长的、细长的、短杆状、棒状及弯曲状等；微好氧，在固体培养基上培养时，通常厌氧条件或充至 5% ~10% CO_2 时，可增加其表面生长物；最适生长温度为 30~40 ℃。双歧杆菌属的细胞呈多形态，有棍棒状或匙形的，也有呈各种分枝、分叉形的，生长温度为 25~45 ℃，最适温度为 37~41 ℃。链球菌属一般呈短链或长链状排列，生长温度为 25~45 ℃，最适生长温度为 37 ℃。

1. 单一菌种的检测

（1）只有双歧杆菌时，可使用德氏乳杆菌培养基（De Man，Rogosa and Sharpe，MRS）或者双歧杆菌琼脂倾注、培养、计数。

（2）只有乳杆菌时，可使用 MRS 培养基进行培养、计数。

（3）只有嗜热链球菌时，使用 Modified Chalmers（MC）培养基进行培养、计数。

2. 两种菌的检测

如果样品中有两种菌存在，除了要检验出乳酸菌的总数，有时还需要对其中各个菌种的数目进行统计。

（1）含有双歧杆菌和乳杆菌时，使用 MRS 培养基对样品进行倾注后厌氧培养，即可得出两种乳酸菌的总数；如果还想知道里面所含双歧杆菌的数目，则需要同时用改良 MRS 培养基进行倾注、计数，改良 MRS 培养基上长出的菌落数，即为双歧杆菌的数目。

（2）含有双歧杆菌和嗜热链球菌时，《食品安全国家标准 食品微生物学检验 乳酸菌检验》（GB 4789.35-2023）中使用改良 MRS 培养基和 MC 培养基进行倾注、计数，可分别得出双歧杆菌和嗜热链球菌的数目，两者加在一起即为菌落总数。在日常工作中，如果无需严格按照国标要求，也可以选择使用 MRS 培养基和改良 MRS 培养基进行倾注、培养，MRS 培养基上所有菌落之和即为菌落总数，改良 MRS 培养基上的菌数即为双歧杆菌的菌数。

（3）含有乳杆菌和嗜热链球菌时，《食品安全国家标准 食品微生物学检验 乳酸菌检验》（GB 4789.35-2023）中采用 MRS 培养基厌氧培养和 MC 培养基需氧培养进行计数，分别得出乳杆菌和嗜热链球菌的数目，两者之和算作乳酸菌的总数。这一规定的问题在于这两种菌都能在这两种培养基上生长良好，即 MRS 培养基上可以长出乳杆菌和嗜热链球菌，MC 培养基上也能长出乳杆菌和嗜热链球菌，只是菌落大小存在差异。

3. 三种菌的检测

标准中规定，用 MC 培养基需氧培养，得出嗜热链球菌的数目；MRS 培养基厌氧培养，得出乳酸菌和双歧杆菌的总数，最后将两者加和，即为乳酸菌总数；如果要单独检验双歧杆菌的数目，则采用改良 MRS 培养基进行厌氧培养后计数可得。

在多种菌种共存的情况下，要想知道双歧杆菌的数目，可直接选择改良 MRS 培养基；对于嗜热链球菌可以通过计算或 MC 培养基倾注的方式得到。

4. 乳酸菌总数计数培养条件的选择

样品中所含有的乳酸菌菌属培养条件的选择及结果说明：样品中仅含有双歧杆菌属，按《食品安全国家标准　食品微生物学检验　双歧杆菌检验》（GB 4789.34—2016）的规定执行；样品中仅含有乳杆菌属，按照乳杆菌计数操作，结果即为乳杆菌属总数；样品中仅含有嗜热链球菌，按照嗜热链球菌计数操作，结果即为嗜热链球菌总数；样品中同时含有双歧杆菌属和乳杆菌属，按照乳杆菌计数操作，结果即为乳酸菌总数；样品中同时含有双歧杆菌属和嗜热链球菌，按照双歧杆菌计数和嗜热链球菌计数操作，两者结果之和即为乳酸菌总数；样品中同时含有乳杆菌属和嗜热链球菌，按照乳杆菌计数和嗜热链球菌计数操作，两者结果之和即为乳酸菌总数；样品中同时包括双歧杆菌属、乳杆菌属和嗜热链球菌，按照乳杆菌计数和嗜热链球菌计数操作，两者结果之和即为乳酸菌总数。

5. 乳酸菌的鉴定

（1）双歧杆菌的鉴定按照《食品安全国家标准　食品微生物学检验　双歧杆菌的鉴定》（GB 4789.34—2016）的规定操作。双歧杆菌在改良 MRS 培养基上的菌落特征为平皿底为黄色，菌落中等大小，瓷白色，边缘整齐光滑，菌落呈圆形，直径为 2.0 mm ± 1 mm。

（2）乳酸菌属的鉴定按照《食品安全国家标准　食品微生物学检验　乳酸菌检验》（GB 4789.35—2023）的规定操作。

（3）嗜热链球菌在 MC 培养基上的菌落特征为中等偏小、边缘整齐光滑的红色菌落，直径为 2 mm ± 1 mm，菌落背面为粉红色。

问题思考

（1）乳酸菌饮料中乳酸菌检验的意义是什么？
（2）乳酸菌饮料中乳酸菌总数计数培养条件的选择依据是什么？
（3）简述不同乳酸菌在不同培养基上的菌落特征差异。

二、食品中乳酸菌检验实操训练

任务描述

乳酸菌是一类能利用可发酵碳水化合物产生大量乳酸的细菌的统称，是不能液化明胶、不产生吲哚、革兰氏阳性、无运动、无芽孢、触酶阴性、硝酸还原酶阴性及细胞色素氧化酶阴性反应的细菌。乳酸菌是一群相当庞杂的细菌，目前至少可分为 18 个属，共 200多种。这类细菌在自然界分布广泛，在工业、农业和医药等与人类生活密切相关的重要领域中有很高的应用价值。在含糖丰富的食品中，乳酸菌因不断产生乳酸使得环境变酸而杀死其他不耐酸的细菌。与食品工业密切相关的乳酸菌主要有乳杆菌属、双歧杆菌属和嗜热链球菌属。乳酸菌也是一种生存于人类肠道中的益生菌，其中绝大部分都是人体内必不可少且具有重要生理功能的菌群，对人体的健康和长寿起着重要的作用。本任务中的乳酸菌主要为乳杆菌属、双歧杆菌属和嗜热链球菌属。熟悉乳酸菌的形态特征，了解乳酸菌的生理功能，掌握食品中乳酸菌检验的方法，是食品微生物检验人员必须掌握的一项基本技能。

任务要求

（1）能够检验发酵乳制品的乳酸菌数。
（2）能够评价食品中乳酸菌数的检验结果。

任务实施

（一）设备和材料

除微生物实验室常规灭菌及培养设备，其他设备和材料见表 3－24。

操作视频3.1.4

表 3 － 24　设备和材料

序号	名称	作用
1	高压蒸汽灭菌器	用于物品或容器的灭菌
2	恒温培养箱	用于生物样品的生长、培养、繁殖
3	冰箱	用于存放低温样品
4	电子天平	用于测量物体的质量
5	pH 计	用于测定溶液酸碱度值
6	移液器	用于精准量取液体体积
7	无菌试管	用于盛装液体
8	无菌吸管	用于吸取或运输液体
9	无菌锥形瓶	用于微生物的培养、试剂的灭菌
10	均质器及无菌均质袋、均质杯	用于样品的混合、均匀分散、过滤
11	无菌平皿	用于培养基的存放

（二）培养基和试剂

稀释液，见《食品安全国家标准　食品微生物学检验　乳酸菌检验》（GB 4789.35—2023）附录 A.1。

MRS 培养基。称取培养基 80.0 g，加热煮沸完全溶解于 1 000 mL 蒸馏水中，121 ℃高压灭菌 15 min。见《食品安全国家标准 食品微生物学检验 乳酸菌检验》（GB 4789.35—2023）附录 A.2。

MC 培养基。称取培养基 70.15 g，加热煮沸完全溶解于 1 000 mL 蒸馏水中，121 ℃高压灭菌 15 min。见《食品安全国家标准 食品微生物学检验 乳酸菌检验》（GB 4789.35—2023）附录 A.4。

（三）操作步骤

食品中乳酸菌检验的具体操作步骤见表 3－25。

表 3-25　食品中乳酸菌检验的操作步骤

操作	操作步骤	操作说明
乳酸菌检验	1. 样品的制备	样品的全部制备过程均应遵循无菌操作程序。 稀释液在试验前应在 36 ℃ ±1 ℃ 条件下充分预热 15~30 mim。 冷冻样品：先使其在 2~5 ℃ 条件下解冻，时间不超过 18 h，也可在温度不超过 45 ℃ 的条件下解冻，时间不超过 15 min。 固体和半固体食品：以无菌操作称取 25 g 样品，置于装有 225 mL 稀释液的无菌均质杯内，于 8 000~10 000 r/min 均质 1~2 min，制成 1:10 样品匀液；或置于 225 mL 稀释液的无菌均质袋中，用拍击式均质器拍打 1~2 min 制成 1:10 的样品匀液。 液体样品：先将样品充分摇匀后以无菌吸管吸取样品 25 mL 放入装有 225 mL 稀释液的无菌锥形瓶（瓶内预置适当数量的无菌玻璃珠）或均质袋中，充分振摇或用拍击式均质器拍打 1~2 min，制成 1:10 的样品匀液
	2. 样品的稀释	用 1 mL 无菌吸管吸取 1:10 样品匀液 1 mL，沿管壁缓慢注于装有 9 mL 稀释液的无菌试管中（注意吸管尖端不要触及稀释液），振摇试管或换用 1 支无菌吸管反复吹打使其混合均匀，制成 1:100 的样品匀液。另取 1 mL 无菌吸管，按上述操作顺序，做 10 倍递增样品匀液，每递增稀释 1 次，即换用 1 次 1 mL 灭菌吸管
	3. 培养	乳杆菌：根据对待检样品活菌总数的估计，选择 2~3 个连续的适宜稀释度，每个稀释度吸取 1 mL 样品匀液于灭菌平皿内，每个稀释度做两个平皿。稀释液移入平皿后，将冷却至 48~50 ℃ 的 MRS 培养基倾注入平皿 15~20 mL，转动平皿使其混合均匀。培养基凝固后倒置于 36 ℃ ±1 ℃ 条件下厌氧培养；根据乳杆菌生长特性，一般选择培养 48 h，若菌落无生长或生长较小可选择培养至 72 h。从样品稀释到平板倾注要求在 15 min 内完成。 嗜热链球菌：根据对待检样品嗜热链球菌活菌数的估计，选择 2~3 个连续的适宜稀释度，每个稀释度吸取 1 mL 样品匀液于灭菌平皿内，每个稀释度做两个平皿。稀释液移入平皿后，将冷却至 48~50 ℃ 的 MC 培养基倾注入平皿 15~20 mL，转动平皿使其混合均匀。培养基凝固后于 36 ℃ ±1 ℃ 条件下有氧培养；根据嗜热链球菌生长特性，一般选择培养 48 h，若菌落无生长或生长较小可选择培养至 72 h。嗜热链球菌在 MC 平板上的菌落特征为：中等偏小、边缘整齐光滑的红色菌落，直径 1~3 mm，菌落背面为粉红色
	4. 计数	MC 与 MRS 培养基上菌落总数之和，即为样品中乳酸菌总数，具体计数方式见《食品安全国家标准　食品微生物学检验　乳酸菌检验》（GB 4789.35—2023）菌落计数部分

（四）结果与报告

根据乳酸菌计数结果出具报告，报告单位以 CFU/g（mL）表示。将原始数据填入表 3-26 中。

表 3-26　乳酸菌检验原始记录表

样品信息								
样品名称	生产批号	采样日期年月日	检测日期年月日	检测地点	相对湿度/%	温度/℃	检测依据	样品状态
检测结果		检测人		复核人		复核时间		

仪器信息					
计量编号		设备编号	仪器名称	仪器型号	检定有效期 年 月 日
培养信息					
培养基MRS		培养温度	培养时间/h	培养箱编号	
培养基MC		培养温度	培养时间/h	培养箱编号	

实验数据

序号	样品批号	MRS 平板							MC 平板							稀释对照	空白对照	检测结果 CFU / mL (g)
		稀释倍数1	平皿1	平皿2	稀释倍数2	平皿1	平皿2	稀释倍数3	平皿1	平皿2	结果	稀释倍数1	平皿1	平皿2	稀释倍数2	平皿1	平皿2	稀释倍数3	平皿1	平皿2	结果			
1																		
2																		

（五）评价反馈

实验结束后，请按照表 3 – 27 中的评价要求填写考核结果。

表 3 – 27 乳酸菌检验考核评价表

学生姓名：　　　　　　　　　　　班级：　　　　　　　　　　　日期：

考核项目		评价项目	评价要求	不合格	合格	良好	优秀
知识储备		了解乳酸菌培养的基本原理	相关知识输出正确（1分）				
		掌握不同类型乳酸菌适宜生长的培养基种类	能够说出乳杆菌、乳球菌适宜生长在哪些培养基上（3分）				
检验准备		能够正确准备试验设备及材料	设备及材料准备正确（6分）				
技能操作		能够熟练掌握乳酸菌检验的操作规范	操作过程规范、熟练（15分）				
		能够正确、规范记录结果并进行数据处理	原始数据记录准确、数据处理正确（5分）				
课前	通用能力	课前预习任务	课前预习任务完成认真（5分）				

考核项目		评价项目	评价要求	不合格	合格	良好	优秀
课中	专业能力	实际操作能力	能够按照操作规范进行样品的制备（10分）				
			能够按照操作规范进行样品的稀释（10分）				
			能够按照操作规范进行样品的培养（15分）				
	工作素养	发现并解决问题的能力	善于发现并解决实验过程中的问题（10分）				
		时间管理能力	合理安排时间，严格遵守时间安排（5分）				
		遵守实验室安全规范	遵守实验室安全规范（10分）				
课后	技能拓展	乳酸菌的镜检	正确、规范地完成（5分）				
总分							
注：不合格：<60分；合格：60~74分；良好：75~84分；优秀：>85分							

拓展训练

对所学内容进行拓展，查找乳酸菌检测的相关知识，深化对乳酸菌检测相关知识的学习。

案例介绍

通过手机扫码获取食品中常见微生物的相关安全事件案例，做好对由常见微生物引起的食物中毒案例的分析。

3.1　案例

拓展资源

利用互联网、国家标准、微课等，对所学内容进行拓展，查找线上相关知识，深化对相关知识的学习。

3.1　资源

项目二　食品中常见病原微生物的检验

任务一　食品中金黄色葡萄球菌的检验

学习目标

3.2　PPT

知识目标

（1）了解《食品安全国家标准　食品微生物学检验　金黄色葡萄球菌检验》（GB 4789.10—2016）。

（2）熟悉金黄色葡萄球菌的概念及卫生学意义。

（3）掌握金黄色葡萄球菌测定的依据与步骤。

（4）掌握金黄色葡萄球菌的计数方法及结果的记录规则。

（5）掌握金黄色葡萄球菌测定质控的关键步骤。

能力目标

（1）能够查阅与解读《食品安全国家标准　食品微生物学检验　金黄色葡萄球菌检验》（GB 4789.10—2016），并能进行标准比对工作。

（2）能够根据待测产品类型确定金黄色葡萄球菌的检验方案。

（3）能够根据检验方案完成金黄色葡萄球菌检验的标准操作程序。

（4）能够按要求准确完成金黄色葡萄球菌的检验与结果记录。

（5）能够分析、处理及判定检验结果，并按格式要求撰写微生物检验报告。

素质要求

（1）培养学生勇往直前、坚韧不拔的优秀品质，激励学生提高自我学习和团队协作的能力。

（2）树立正确的技能观，强化技能训练，不断提高自身的技能。

一、金黄色葡萄球菌

金黄色葡萄球菌（*Staphylococcus aureus*）隶属于葡萄球菌属，是一种革兰氏阳性球菌，又称嗜肉菌；在自然界中无处不在，空气、土壤、水、饲料、食品、灰尘以及人和动物的排泄物中都可以找到，能引起人和动物的感染，是人和动物的常见病原菌。食品受其污染的机会也很多，根据美国疾病控制中心的报告，由金黄色葡萄球菌引起的感染占第二位，

·

仅次于大肠埃希氏菌。

金黄色葡萄球菌主要存在于人的鼻腔、咽喉、头发上，50%以上健康人的皮肤上都有金黄色葡萄球菌的存在。一般说来，金黄色葡萄球菌可通过以下途径污染食品：食品加工人员、炊事员或销售人员带菌，造成食品污染；食品在加工前本身带菌，或在加工过程中受到了污染，产生了肠毒素，引起食物中毒；熟食制品包装不密封，运输过程中受到污染；奶牛患化脓性乳腺炎或禽畜局部化脓时，对肉体其他部位造成污染。

由金黄色葡萄球菌产生的肠毒素引起的食物中毒是一个重大的世界性公共卫生问题。在美国，此类食物中毒占所有细菌性食物中毒的33%；在我国，金黄色葡萄球菌引起的食物中毒事件也时有发生。由金黄色葡萄球菌引起的食物中毒多见于春夏季，引起食物中毒的食品包括乳、肉、蛋、鱼及其制品等多个种类。此外，剩饭、油煎蛋、糯米糕及凉粉等引起的中毒事件也有报道。尤其值得注意的是，上呼吸道感染患者鼻腔带菌率高达83%，所以，人畜化脓性感染部位常成为污染源。

1. 金黄色葡萄球菌的生物学特性

（1）形态与染色。

该菌为革兰氏阳性球菌，直径为 $0.5 \sim 1.0$ μm，显微镜下排列呈葡萄串状，故称为葡萄球菌；无鞭毛，无芽孢，一般不形成荚膜。

（2）培养特性。

该菌对营养要求不高，在普通培养基上生长良好；需氧或兼性厌氧，最适生长温度为37 ℃，最适 pH 值为7.4，干燥环境下可存活数周；耐盐性强，可在含10% ~15%氯化钠的培养基中生长；在含有20% ~30% CO_2 的环境中培养，可产生大量毒素。

该菌在普通营养琼脂平板上形成圆形凸起、边缘整齐、表面光滑、湿润、有光泽、不透明的菌落，直径为 $1 \sim 2$ mm，在含有血液和葡萄糖的培养基中生长更好；在培养初期呈灰白色，2 ~3 天后，可呈现金黄色，也可能有白色、黄色或橘色菌落；大多数菌株产生类胡萝卜素，使细胞团呈现出深橙色到浅黄色，色素的产生取决于生长条件，而且在单个菌株中可能也有变化。

（3）生化特性。

该菌能分解葡萄糖、麦芽糖、乳糖、蔗糖，产酸不产气；甲基红反应阳性，Voges - Proskauer（V - P）反应为弱阳性，多数菌株可分解精氨酸，水解尿素，还原硝酸盐，液化明胶。

（4）致病力。

金黄色葡萄球菌是人类化脓感染中最常见的病原菌，可引起局部化脓感染，也可引起肺炎、假膜性小肠结肠炎、心包炎等，甚至败血症、脓毒症等全身感染。金黄色葡萄球菌为侵袭性细菌，能产生毒素，其致病力强弱主要取决于其产生的毒素和侵袭性酶。

①溶血毒素：外毒素，分 α、β、γ、δ 共4种，能损伤血小板，破坏溶酶体，引起机体局部缺血和坏死。

②杀死白细胞：可破坏人的白细胞和巨噬细胞。

③血浆凝固酶：当金黄色葡萄球菌侵入人体时，该酶使血液或血浆中的纤维蛋白沉积于菌体表面或凝固，阻碍吞噬细胞的吞噬作用。金黄色葡萄球菌形成的感染易局部化，这与此酶有关。

④脱氧核糖核酸酶：金黄色葡萄球菌产生的脱氧核糖核酸酶能耐受高温，可用来作为鉴定金黄色葡萄球菌的依据。

⑤肠毒素：金黄色葡萄球菌能产生数种引起急性胃肠炎的蛋白质性肠毒素，分为A、B、C1、C2、C3、D、E及F共8种血清型。肠毒素可耐受100 ℃煮沸30 min而不被破坏。它引起的食物中毒症状是呕吐和腹泻。

此外，金黄色葡萄球菌还会产生溶表皮素、明胶酶、蛋白酶、脂肪酶、肽酶等。

（5）抵抗力。

金黄色葡萄球菌在无芽孢细菌中抵抗力最强，耐干燥，在干燥环境中可存活数月；耐热，加热70 ℃、1 h或80 ℃、30 min不被杀死；耐低温，在冷冻食品中不易死亡；耐高渗，在含有50% ~66%蔗糖或15%以上食盐食品中才可被抑制；对龙胆紫敏感，对青霉素、红霉素和庆大霉素等抗生素敏感，但耐药菌株逐年增多。

◆ 问题思考

（1）金黄色葡萄球菌检验的卫生学意义是什么？

（2）简述金黄色葡萄球菌定性检验的操作步骤。

（3）写出金黄色葡萄球菌在Baird – Parker琼脂平板上的菌落特征。

二、食品中金黄色葡萄球菌检验实操训练

◎ 任务描述

我国标准法规中规定了多类食品中金黄色葡萄球菌的限量要求，如《食品安全国家标准 预包装食品中致病菌限量》（GB 29921—2021）中规定：金黄色葡萄球菌在肉制品、粮食制品、即食豆制品、即食果蔬制品、冷冻饮品及即食调味品6类食品中的限量，具体为$n = 5$，$c = 1$，$m = 100$ CFU/mL（g），$M = 1\ 000$ CFU/mL（g）。而乳制品中金黄色葡萄球菌限量有三种：$n = 5$，$c = 0$，$m = 0/25$ g（mL）仅适用于巴氏杀菌乳、调制乳、发酵乳、加糖炼乳（甜炼乳）、调制加糖炼乳；$n = 5$，$c = 2$，$m = 100$ CFU/g，$M = 1\ 000$ CFU/g仅适用于干酪、再制干酪和干酪制品；$n = 5$，$c = 2$，$m = 10$ CFU/g，$M = 100$ CFU/g仅适用于乳粉和调制乳粉。《食品安全国家标准 食品微生物学检验 金黄色葡萄球菌检验》（GB 4789.10—2016）规定了食品中金黄色葡萄球菌的检验方法。

（1）第一法适用于食品中金黄色葡萄球菌的定性检验。

（2）第二法适用于金黄色葡萄球菌含量较高的食品中金黄色葡萄球菌的计数。

（3）第三法适用于金黄色葡萄球菌含量较低的食品中金黄色葡萄球菌的计数。

本任务旨在帮助学生掌握食品中金黄色葡萄球菌的检验方法，使其能够熟练地进行无菌操作，独立完成实验和原始记录并给出结果和报告。

◎ 任务要求

（1）能够准确掌握金黄色葡萄球菌的检验操作流程。

（2）能够采用《食品安全国家标准 食品微生物学检验 金黄色葡萄球菌检验》

（GB 4789. 10—2016）中的方法对食品中金黄色葡萄球菌进行检验。

任务实施

（一）设备和材料

设备和材料见表3 - 28。

表 3 - 28　设备和材料

序号	名称	作用
1	高压蒸汽灭菌器	用于培养基、物品或容器等的灭菌
2	恒温培养箱	用于生物样品的生长、培养、繁殖
3	电子天平	用于测量物体的质量
4	均质器	用于样品混合物的均匀分散
5	振荡器	用于混合液的均匀混合，避免手动操作的误差
6	pH 计	用于测定溶液酸碱度值
7	移液器	用于精准量取液体体积
8	无菌吸头	用于吸取或转移液体
9	无菌锥形瓶	用于处理液体样品，也可用于微生物的培养、试剂配制等
10	无菌均质袋	用于将样品处理
11	无菌涂布棒	用于样品匀液在平板上均匀涂布
12	无菌培养皿	用于倾注培养基、微生物的培养

（二）培养基和试剂

7. 5%氯化钠肉汤、血琼脂、Baird - Parker 琼脂、脑心浸出液（brain heart infusion，BHI）肉汤、兔血浆、稀释液（磷酸盐缓冲液/无菌生理盐水）、营养琼脂小斜面、革兰氏染色液。

（三）操作步骤

金黄色葡萄球菌检验的具体操作步骤见表3 - 29。

操作视频3. 2. 1

表 3 – 29 金黄色葡萄球菌检验的操作步骤

操作	操作步骤	操作说明
第一法（定性方法）	1. 样品的制备	称取 25 g 样品至盛有 225 mL 7.5% 氯化钠肉汤的无菌均质杯内，8 000 ~ 10 000 r/min 均质 1 ~ 2 min，或放入盛有 225 mL 7.5% 氯化钠肉汤的无菌均质袋中，用拍击式均质器拍打 1 ~ 2 min。 若样品为液态，吸取 25 mL 样品至盛有 225 mL 7.5% 氯化钠肉汤的无菌锥形瓶（瓶内可预置适当数量的无菌玻璃珠）中，振荡混匀
	2. 增菌	将 1. 制备的样品匀液于 36 ℃ ±1 ℃ 培养 18 ~ 24 h。 注：金黄色葡萄球菌在 7.5% 氯化钠肉汤中呈混浊生长
	3. 分离	将 2. 增菌后的培养物，分别划线接种到 Baird – Parker 琼脂平板和血琼脂平板中。 血琼脂平板在 36 ℃ ±1 ℃ 条件下培养 18 ~ 24 h。 Baird – Parker 琼脂平板在 36 ℃ ±1 ℃ 条件下培养 24 ~ 48 h
	4. 初步鉴定	金黄色葡萄球菌在 Baird – Parker 琼脂平板上的典型菌落：呈圆形，表面光滑、凸起、湿润，菌落直径为 2 ~ 3 mm，颜色呈灰黑色至黑色，有光泽，常有浅色（非白色）的边缘，周围绕以不透明圈（沉淀），其外常有一清晰带。当用接种针触及菌落时具有黄油样黏稠感。有时可见到不分解脂肪的菌株，除没有不透明圈和清晰带外，其他外观基本相同。从长期储存的冷冻或脱水食品中分离的菌落，其黑色常较典型菌落浅些，且外观可能较粗糙，质地较干燥。 金黄色葡萄球菌在血琼脂平板上的典型菌落：形成菌落较大，呈圆形、光滑、凸起、湿润、金黄色（有时为白色），菌落周围可见完全透明溶血圈
	5. 确证鉴定	挑取 4. 中典型或可疑菌落进行革兰氏染色镜检及血浆凝固酶实验。 革兰氏染色镜检：金黄色葡萄球菌为革兰氏阳性球菌，排列呈葡萄串状，无芽孢，无荚膜，直径为 0.5 ~ 1 μm。 血浆凝固酶实验：挑取 Baird – Parker 琼脂平板或血琼脂平板上至少 5 个可疑菌落（小于 5 个全选），分别接种到 5 mL BHI 肉汤和营养琼脂小斜面，36 ℃ ±1 ℃ 培养 18 ~ 24 h。 取新鲜配制兔血浆 0.5 mL，放入小试管中，再加入 BHI 肉汤培养物 0.2 ~ 0.3 mL，振荡摇匀，置 36 ℃ ±1 ℃ 恒温培养箱或水浴箱内，每半小时观察一次，观察 6 h，如出现凝固现象（即将试管倾斜或倒置时，出现凝块）或凝固体积大于原体积的一半，判定为阳性结果。同时以血浆凝固酶实验阳性和阴性葡萄球菌菌株的肉汤培养物作为对照。推荐使用商品化的试剂，按说明书操作，进行血浆凝固酶实验
	6. 葡萄球菌肠毒素的检验（选做）	可疑食物中毒样品或产生葡萄球菌肠毒素的金黄色葡萄球菌菌株的鉴定：按《食品安全国家标准 食品微生物学检验 金黄色葡萄球菌检验》（GB 4789.10—2016）中附录 B 检验葡萄球菌肠毒素
	7. 结果与报告	25 g（mL）样品中检出或未检出金黄色葡萄球菌
第二法（平板计数法）	1. 样品的处理	固体和半固体样品：称取 25 g 样品置于盛有 225 mL 磷酸盐缓冲液或生理盐水的无菌均质杯内，8 000 ~ 10 000 r/min 均质 1 ~ 2 min；或置于盛有 225 mL 稀释液的无菌均质袋中，用拍击式均质器拍打 1 ~ 2 min，制成 1:10 的样品匀液。 液体样品：以无菌吸管吸取 25 mL 样品置于盛有 225 mL 磷酸盐缓冲液或生理盐水的无菌锥形瓶（瓶内预置适当数量的无菌玻璃珠）中，充分混匀，制成 1:10 的样品匀液

操作	操作步骤	操作说明
第二法（平板计数法）	2. 样品的稀释	用 1 mL 无菌吸管或微量移液器吸取 1:10 样品匀液 1 mL，沿管壁缓慢注于盛有 9 mL 磷酸盐缓冲液或生理盐水的无菌试管中（注意吸管或吸头尖端不要触及稀释液面），振摇试管或换用 1 支 1 mL 无菌吸管反复吹打使其混合均匀，制成 1:100 的样品匀液。 以此类推，制备 10 倍系列稀释样品匀液。每递增稀释 1 次，换用 1 次 1 mL 无菌吸管或吸头
	3. 样品的接种	根据对样品污染状况的估计，选择 2~3 个适宜稀释度的样品匀液（液体样品可包括原液），在进行 10 倍递增稀释时，每个稀释度分别吸取 1 mL 样品匀液以 0.3 mL、0.3 mL、0.4 mL 接种量分别加入 3 块 Baird-Parker 琼脂平板中，然后用无菌涂棒涂布整个平板（注意不要触及平板边缘）。 注：使用前，如 Baird-Parker 琼脂平板表面有水珠，可放在 25~50 ℃ 的培养箱里干燥，直到平板表面的水珠消失
	4. 培养	倒置于培养箱中 36 ℃±1 ℃ 培养 24~48 h
	5. 典型菌落计数和确认	金黄色葡萄球菌在 Baird-Parker 琼脂平板上的典型菌落见第一法中 4. 初步鉴定中的描述。 选择有典型的金黄色葡萄球菌菌落，且同一稀释度 3 个平板所有菌落数合计在 20~200 CFU 的平板，计数典型菌落数。 从典型菌落中至少选 5 个可疑菌落（小于 5 个全选）进行鉴定实验。分别做革兰氏染色镜检及血浆凝固酶实验（见第一法确证鉴定）；同时划线接种到血琼脂平板上，并于 36 ℃±1 ℃ 条件下培养 18~24 h 后观察菌落形态，典型菌落见第一法中 4. 初步鉴定中的描述
	6. 结果计算	根据不同典型菌落数情况，采用不同计算公式： $$T = AB/Cd \qquad (3-1)$$ $$T = \frac{A_1 B_1/C_1 + A_2 B_2/C_2}{1.1d} \qquad (3-2)$$ （1）若只有一个稀释度平板的典型菌落数为 20~200 CFU，计数该稀释度平板上的典型菌落，按式（3-1）计算。 （2）若最低稀释度平板的典型菌落数小于 20 CFU，计数该稀释度平板上的典型菌落，按式（3-1）计算。 （3）若某一稀释度平板的典型菌落数大于 200 CFU，但下一稀释度平板上没有典型菌落，计数该稀释度平板上的典型菌落，按式（3-1）计算。 （4）若某一稀释度平板的典型菌落数大于 200 CFU，且下一稀释度平板上虽有典型菌落但其平板上的菌落数不在 20~200 CFU 之间，应计数该稀释度平板上的典型菌落，按式（3-1）计算。 （5）若两个连续稀释度的平板典型菌落数均在 20~200 CFU 之间，按式（3-2）计算
	7. 结果与报告	根据 Baird-Parker 琼脂平板上金黄色葡萄球菌的典型菌落数，按上述计算结果，报告每克（毫升）样品中金黄色葡萄球菌数，以 CFU/g（mL）表示；如 T 值为 0，则以小于 1 乘以最低稀释倍数报告

操作	操作步骤	操作说明
第三法（MPN法）	1. 样品的处理	同第二法（平板计数法）
	2. 样品的稀释	同第二法（平板计数法）
	3. 接种和培养	根据对样品污染状况的估计，选择3个适宜稀释度的样品匀液（液体样品可包括原液），在进行10倍递增稀释时，每个稀释度分别吸取1 mL样品匀液接种到7.5%氯化钠肉汤管（如接种量超过1 mL，则用双料7.5%氯化钠肉汤），每个稀释度接种3管，将上述接种物于36 ℃±1 ℃培养18~24 h。 用接种环从培养后的7.5%氯化钠肉汤管中分别取培养物一环，移种于Baird-Parker琼脂平板上，并于36 ℃±1 ℃条件下培养24~48 h
	4. 典型菌落确认	同第二法（平板计数法）
	5. 结果与报告	根据证实为金黄色葡萄球菌阳性的试管管数，查MPN检索表（附MPN检索表），报告每克（毫升）样品中金黄色葡萄球菌的MPN，以MPN/g（mL）表示

金黄色葡萄球菌MPN检索表如表3-30所示。

表3-30　金黄色葡萄球菌MPN检索表

阳性管数			MPN	95%置信区间		阳性管数			MPN	95%置信区间	
0.1	0.01	0.001		下限	上限	0.1	0.01	0.001		下限	上限
0	0	0	<3.0	—	9.5	2	2	0	21	4.5	42
0	0	1	3.0	0.15	9.6	2	2	1	28	8.7	94
0	1	0	3.0	0.15	11	2	2	2	35	8.7	94
0	1	1	6.1	1.2	18	2	3	0	29	8.7	94
0	2	0	6.2	1.2	18	2	3	1	36	8.7	94
0	3	0	9.4	3.6	38	3	0	0	23	4.6	94
1	0	0	3.6	0.17	18	3	0	1	38	8.7	110
1	0	1	7.2	1.3	18	3	0	2	64	17	180
1	0	2	11	3.6	38	3	1	0	43	9	180
1	1	0	7.4	1.3	20	3	1	1	75	17	200
1	1	1	11	3.6	38	3	1	2	120	37	420
1	2	0	11	3.6	42	3	1	3	160	40	420
1	2	1	15	4.5	42	3	2	0	93	18	420
1	3	0	16	4.5	42	3	2	1	150	37	420
2	0	0	9.2	1.4	38	3	2	2	210	40	430
2	0	1	14	3.6	42	3	2	3	290	90	1 000
2	0	2	20	4.5	42	3	3	0	240	42	1 000

阳性管数			MPN	95% 置信区间		阳性管数			MPN	95% 置信区间	
0.1	0.01	0.001		下限	上限	0.1	0.01	0.001		下限	上限
2	1	0	15	3.7	42	3	3	1	460	90	2 000
2	1	1	20	4.5	42	3	3	2	1 100	180	4 100
2	1	2	27	8.7	94	3	3	3	>1 100	420	—

注：①本表采用 3 个稀释度 [0.1 g（mL）、0.01 g（mL）和 0.001 g（mL）]，每个稀释度接种 3 管。

②表内所列检样量如改用 1 g（mL）、0.1 g（mL）和 0.01 g（mL），表内数字应相应降低 10 倍；如改用 0.01 g（mL）、0.001 g（mL）、0.000 1 g（mL），则表内数字应相应增高 10 倍，其余类推

（四）结果与报告

结果的计算方法和报告规则按照《食品安全国家标准　食品微生物学检验　金黄色葡萄球菌检验》（GB 4789.10—2016）的规定执行，实验结束后，将金黄色葡萄球菌检验结果的原始数据填入表 3-31 中。

表 3-31　金黄色葡萄球菌原始记录表

样品名称		样品状态		检测地点		
检验日期		检验环境		检验依据		《食品安全国家标准　食品微生物学检验　金黄色葡萄球菌检验》（GB 4789.10—2016） □第一法 □第二法
设备						
培养基						
第一法	称/吸取 25 g（mL）样品至盛有 225 mL 7.5% 氯化钠肉汤的无菌均质杯内，8 000 ~ 10 000 r/min 均质 1 ~ 2 min；放入盛有 225 mL 7.5% 氯化钠肉汤的无菌均质袋中，用拍击式均质器拍打 1 ~ 2 min；至盛有 225 mL 7.5% 氯化钠肉汤的无菌锥形瓶（瓶内可预置适当数量的无菌玻璃珠）中，振荡混匀					
	增菌（36 ℃±1 ℃培养 18 ~ 24 h）/分离（36 ℃±1 ℃培养 18 ~ 24 h）					
	Baird-Parker 琼脂平板				血琼脂平板	
	□未长菌 □可见菌落				□未长菌 □可见菌落	
	镜检：				镜检：	
	凝固酶试验：					
	凝固酶试验阳性对照：		凝固酶试验阴性对照：			
	结果报告	□检出/25 g（mL）　□未检出/25 g（mL）				

样品名称		样品状态		检测地点	
检验日期		检验环境		检验依据	《食品安全国家标准 食品微生物学检验 金黄色葡萄球菌检验》(GB 4789.10—2016) □第一法 □第二法
设备					
培养基					
	称/吸取 25 g（mL）样品置于盛有 225 mL 磷酸盐缓冲液或生理盐水的无菌均质杯内，8 000～10 000 r/min 均质 1～2 min；置于盛有 225 mL 稀释液的无菌均质袋中，用拍击式均质器拍打 1～2 min；置于盛有 225 mL 磷酸盐缓冲液或生理盐水的无菌锥形瓶（瓶内预置适当数量的无菌玻璃珠）中，充分混匀，制成 1:10 的样品匀液。以此类推，10 倍梯度稀释				
第二法	Baird–Parker 琼脂平板（36 ℃ ± 1 ℃ 培养 h）	10^{-1}	□0/0/0□		
		10^{-2}	□0/0/0□		
		10^{-3}	□0/0/0□		
		10^{-4}	□0/0/0□		
	确认试验	10^{-1}			
		10^{-2}			
		10^{-3}			
		10^{-4}			
	计算公式				
	结果报告/$[CFU \cdot g^{-1}(mL^{-1})]$				
第三法					

（五）评价反馈

实验结束后，请按照表 3–32 中的评价要求填写考核结果。

表 3 – 32　金黄色葡萄球菌检验考核评价表

学生姓名：　　　　　　　　　　　　班级：　　　　　　　　　　　　日期：

考核项目		评价项目	评价要求	不合格	合格	良	优
知识储备		了解金黄色葡萄球菌的特征	相关知识输出正确（1分）				
		掌握《食品安全国家标准 预包装食品中致病菌限量》（GB 29921—2021）标准中要求检测金黄色葡萄球菌的食品种类和限量要求	能够说出《食品安全国家标准　预包装食品中致病菌限量》（GB 29921—2021）中要求检测金黄色葡萄球菌的食品种类和相应的限量要求（3分）				
检验准备		能够正确准备试验设备及材料	设备及材料准备正确（6分）				
技能操作		能够熟练掌握金黄色葡萄球菌培养的操作规范	操作过程规范、熟练（15分）				
		能够正确、规范地记录结果并出具结果报告	原始数据记录准确、结果报告正确（5分）				
课前	通用能力	课前预习任务	课前预习任务完成认真（5分）				
课中	专业能力	实际操作能力	能够按照操作规范进行样品的制备/稀释（10分）				
			能够按照操作规范进行样品的接种（10分）				
			能够按照操作规范进行样品的培养（5分）				
			能够按照操作规范进行革兰氏染色镜检（5分）				
			能够按照操作规范进行血浆凝固酶试验（15分）				
	工作素养	解决问题的能力	能够解决实验过程中的问题，如培养物溢洒后的处理（5分）				
		时间管理能力	合理安排实验时间（5分）				
		遵守实验室安全规范	遵守实验室安全规范（5分）				
课后	技能拓展	了解国外金黄色葡萄球菌检验的不同	完成国内外标准的对比（5分）				
总分							

注：不合格：<60分；合格：60～74分；良好：75～84分；优秀：>85分

对所学内容进行拓展，查找金黄色葡萄球菌检测的相关知识，深化对金黄色葡萄球菌引起的食品污染相关知识的学习。

任务二　食品中沙门氏菌的检验

学习目标

知识目标

（1）了解《食品安全国家标准　食品微生物学检验　沙门氏菌检验》（GB 4789.4—2024）。

（2）熟悉沙门氏菌的概念及卫生学意义。

（3）掌握沙门氏菌的测定依据与步骤。

（4）掌握沙门氏菌测定质控的关键步骤。

能力目标

（1）能够查阅与解读《食品安全国家标准　食品微生物学检验　沙门氏菌检验》（GB 4789.4—2024），并能进行标准比对工作。

（2）能够根据待测产品类型确定沙门氏菌的检验方案。

（3）能够根据检验方案完成沙门氏菌检验的标准操作程序。

（4）能够按要求准确完成沙门氏菌的检验与记录。

（5）能够分析、处理及判定检验结果，并按格式要求撰写微生物检验报告。

素质要求

（1）致病菌问题关系到人体健康和食品安全。帮助学生认识到致病菌对人类生命健康的潜在威胁，从而增强他们的安全意识和责任感。

（2）培养学生在食品安全监管中的责任感与使命感。

一、沙门氏菌概述

沙门氏菌属（*Salmonella*）是肠杆菌科中的一个大属，到目前为止已发现 2 500 多个血清型。它们主要寄生在人和动物的肠道和内脏内。该属细菌绝大多数对人和动物有致病性，是一种重要的肠道致病菌，能引起人和动物的败血症、胃肠炎甚至流产，并能引起人类食物中毒，是人类细菌性食物中毒的主要病原菌之一。

根据沙门氏菌的致病范围，沙门氏菌可分为 3 大类群。第一类群专门对人致病，如伤寒沙门氏菌（*S. typhi*）和副伤寒沙门氏菌（*S. paratyphi*）。第二类群能引起食物中毒，如鼠伤寒沙门氏菌（*S. typhimurium*）、猪霍乱沙门氏菌（*S. choleraesuis*）和肠炎沙门氏菌（*S. enteritidis*）等。第三类群专门对动物致病，很少感染人，如马流产沙门氏菌和鸡白痢沙门氏菌等。致病性最强的是猪霍乱沙门氏菌，其次是鼠伤寒沙门氏菌和肠炎沙门氏菌。沙门氏菌可存在于生肉、禽、蛋、乳制品、虾、鱼和田鸡等多种食物中，人主要通过食物、饮水经口感染。据统计，在世界各国的细菌性食物中毒中，沙门氏菌引起的食物中毒常居榜首。沙门氏菌的检验也是各国检验机构对多种进出口食品的必检项目之一。

1. 沙门氏菌的生物学特性

沙门氏菌属是一大群形态、生化性状及抗原结构相似的革兰氏阴性杆菌，具有以下生物学特性。

（1）形态与染色。

该菌为革兰氏阴性无芽孢杆菌，菌端钝圆，大小通常为 $(0.7 \sim 1.5) \mu m \times (2.0 \sim 5.0) \mu m$；大多数具有菌毛，能吸附于宿主细胞表面；一般无荚膜，除鸡白痢沙门氏菌和鸡伤寒沙门氏菌外，都有周身鞭毛，运动力强。

（2）培养特性。

该菌为需氧或兼性厌氧菌，$10 \sim 42\ ℃$ 都可生长，最适生长温度为 $37\ ℃$，最适 pH 值为 $6.8 \sim 7.8$；对营养要求不高，在普通培养基中生长旺盛。

沙门氏菌在普通营养琼脂培养基上 24 h 能形成中等大小、直径为 $2 \sim 3$ mm、圆形或卵形、表面光滑湿润、无色半透明、边缘整齐的菌落；在麦康凯琼脂培养基和 EMB 琼脂培养基上，菌落呈无色半透明；在 SS 琼脂培养基和胆硫乳（deoxyclolate hydrogen sulfide lactose，DHL）琼脂培养基上，菌落呈无色半透明，中心为黑色或几乎全部黑色（多数菌株）；在 HE（Hekton enteric）琼脂培养基上形成蓝绿色或蓝色菌落，产硫化氢菌株菌落中心带黑色；在液体培养基中，呈均匀浑浊性生长，无菌膜。

（3）生化特性。

沙门氏菌发酵葡萄糖、麦芽糖、甘露醇和山梨醇产气；不发酵乳糖、蔗糖、侧金盏花醇；多数沙门氏菌产生硫化氢，不产吲哚，V－P 反应阴性，靛基质反应阴性，不产生乙酰、甲基、甲醇，不水解尿素和对苯丙氨酸不脱氨。其中，伤寒沙门氏菌、鸡伤寒沙门氏菌及一部分鸡白痢沙门氏菌发酵糖不产气，大多数鸡白痢沙门氏菌不发酵麦芽糖；除鸡白痢沙门氏菌、猪伤寒沙门氏菌、甲型副伤寒沙门氏菌、伤寒沙门氏菌和仙台沙门氏菌等外，均能利用柠檬酸盐。

（4）血清学特性。

沙门氏菌具有复杂的抗原结构，一般沙门氏菌具有菌体抗原（即 O 抗原）、鞭毛抗原（即 H 抗原）和表面抗原（荚膜或包膜抗原，即 Vi 抗原）3 种抗原。

（5）抵抗力。

沙门氏菌对热及外界环境的抵抗力属于中等水平，在 $60\ ℃$ 经 $20 \sim 30$ min 即被杀死。因此，蒸煮、巴氏消毒、正常家庭烹调、注意个人卫生等均可防止沙门氏菌污染。该菌在普通水中虽不易繁殖，但可存活 $2 \sim 3$ 周；在自然环境的粪便中可生存 $3 \sim 4$ 个月。沙门氏菌对化学药品的抵抗力较弱，如以 5% 苯酚处理，5 min 可被杀死；胆盐、煌绿及孔雀绿等对其抑制作用较大肠埃希氏菌弱，常用以制备选择性培养基；沙门氏菌对氯霉素敏感。

2. 沙门氏菌的检验原理

食品中沙门氏菌的含量较少，且常因在食品加工过程受到损伤而处于濒死的状态。为了分离与检测食品中的沙门氏菌，对某些加工食品必须经过前增菌处理，用无选择性的培养基使处于濒死状态的沙门氏菌恢复活力，再进行选择性增菌，使沙门氏菌得以增殖而大多数的其他细菌受到抑制，然后再进行分离鉴定。

沙门氏菌属是一群血清学上相关的需氧、无芽孢的革兰氏阴性杆菌，周身鞭毛，能运动，不发酵乳糖及蔗糖，不液化明胶，不产生靛基质，不分解尿素，能有规律地发酵葡萄糖并产酸产气。沙门氏菌属细菌由于不发酵乳糖，故能在各种选择性培养基上生成特殊形态的菌落。大肠埃希氏菌由于发酵乳糖产酸而出现与沙门氏菌形态特征不同的菌落，如在 SS 琼脂培养基上会使中性红指示剂变红，菌落呈红色，借此可把沙门氏菌同大肠埃希氏菌相区别。根据沙门氏菌属的生化特征，借助于三糖铁、靛基质，尿素、氰化钾及赖氨酸等实验可与肠道其他菌属相鉴别。本菌属的所有菌种均有特殊的抗原结构，借此也可以把它们分辨出来。

问题思考

（1）沙门氏菌检验的卫生学意义是什么？
（2）沙门氏菌检验中为什么要进行预增菌和增菌操作？所使用的培养基分别是什么？

二、沙门氏菌检验实操训练

任务描述

沙门氏菌广泛存在于自然环境中，通过沙门氏菌病患者或健康带菌的人和动物的排泄物污染环境和食品。沙门氏菌在粪便、土壤、食品、水中可生存 5 个月~2 年之久。沙门氏菌最适繁殖温度为 37 ℃，最适 pH 值为 7.2 ~ 7.6，在 20 ℃以上即能大量繁殖，因此，低温储存食品是一项重要预防措施。易被污染的高危食物为畜禽肉类、蛋、奶及其制品。沙门氏菌在肉类中不分解蛋白质，不产生靛基质，所以当食品污染了沙门氏菌后，通常没有感官性状的改变。

沙门氏菌传统鉴定方法的主要依据是形态学特征、培养特征、生理生化特征、抗原特征、噬菌体特征等。根据《食品安全国家标准　食品微生物学检验　沙门氏菌检验》（GB 4789.4—2024），该方法适用于食品中沙门氏菌的检验。沙门氏菌的检验是农产品食品检验员（高级）证书微生物部分考核的内容。

任务要求

（1）能够掌握沙门氏菌检验的标准操作程序。
（2）能够分析、处理并判定检验结果。

任务实施

（一）设备和材料

设备和材料见表 3－33。

表 3 – 33　设备和材料

序号	名称	作用
1	恒温培养箱（±1℃）	36℃，培养测试样品，预增菌和分离培养
2	恒温培养箱（±1℃）	42℃，培养测试样品，增菌培养
3	高压灭菌器	培养基或生理盐水等的灭菌
4	冰箱（±1℃）	2~5℃，放置样品
5	恒温水浴箱（±1℃）	调节培养基温度为恒温：46℃±1℃
6	电子天平（感量为0.1g）	配制培养基
7	均质器	将样品与稀释液混合均匀
8	振荡器	振摇试管或用手拍打以混合均匀
9	1 mL 无菌吸管或微量移液器及吸头（精确度0.01 mL）	吸取无菌生理盐水或稀释样液
10	10 mL 无菌吸管及吸头（精确度0.1 mL）	吸取样液
11	250 mL 无菌锥形瓶	盛放 BPW
12	500 mL 无菌锥形瓶	盛放预增菌样品
13	直径90 mm、60 mm 无菌培养皿	测试样品
14	无菌试管（3 mm×50 mm、10 mm×75 mm）	
15	pH 计或 pH 比色管	调节 pH 值
16	精密 pH 试纸	调节 pH 值
17	全自动微生物生化鉴定系统	
18	无菌毛细管	

（二）培养基和试剂

沙门氏菌检验中需要14种培养基：BPW、四硫磺酸钠煌绿（tatrathionate broth base，TTB）增菌液、亚硒酸盐胱氨酸（selenite cystine，SC）增菌液、亚硫酸铋（bismuth sulfite，BS）琼脂、HE 琼脂、木糖赖氨酸脱氧胆盐（xylose lysine desoxychdale，XLD）琼脂、TSI 琼脂、氰化钾培养基、赖氨酸脱羧酶实验培养基、糖发酵管、邻硝基酚 β-D-半乳糖苷（ONPG）培养基、丙二酸钠培养基、半固体琼脂、尿素琼脂（pH 值为7.2）。显示剂，即蛋白胨水、靛基质试剂。沙门氏菌 O、H 和 Vi 诊断血清。生化鉴定试剂盒。

（三）操作步骤

沙门氏菌检验的具体的操作步骤见表3 – 34。

表 3 - 34　沙门氏菌检验操作步骤

操作	操作步骤	操作说明
沙门氏菌检验	1. 预增菌	无菌操作称取 25 g（mL）样品，置于盛有 225 mL BPW 的无菌均质杯或合适容器内，以 8 000～10 000 r/min 均质 1～2 min；或置于盛有 225 mL BPW 的无菌均质袋中，用拍击式均质器拍打 1～2 min。若样品为液体，不需要均质，振荡混匀。如需调整 pH 值，用 1 mol/mL 无菌氢氧化钠或盐酸调 pH 值至 6.8 ± 0.2。无菌操作将样品转至 500 mL 锥形瓶或其他合适容器内（如均质杯本身具有无孔盖，可不转移样品），如使用均质袋，可直接进行培养，于 36 ℃ ± 1 ℃ 培养 8～18 h。 　　如为冷冻产品，应在 45 ℃ 以下不超过 15 min，或 2～5 ℃ 不超过 18 h 解冻
	2. 增菌	轻轻摇动培养过的样品混合物，移取 1 mL，转种于 10 mL TTB 内，于 42 ℃ ± 1 ℃ 培养 18～24 h。同时，另取 1 mL，转种于 10 mL SC 内，于 36 ℃ ± 1 ℃ 培养 18～24 h
	3. 分离	分别用直径 3 mm 的接种环取增菌液一环，划线接种于 1 个 BS 琼脂平板和 1 个 XLD 琼脂平板（或 HE 琼脂平板、沙门氏菌属显色培养基平板）。于 36 ℃ ± 1 ℃ 分别培养 40～48 h（BS 琼脂平板）或 18～24 h（XLD 琼脂平板、HE 琼脂平板、沙门氏菌属显色培养基平板），观察各个平板上生长的菌落。 　　BS 琼脂平板：菌落为黑色有金属光泽、棕褐色或灰色，菌落周围培养基可呈黑色或棕色；有些菌株形成灰绿色的菌落，周围培养基不变 　　HE 琼脂平板：蓝绿色或蓝色，多数菌落中心的黑色或几乎全黑色；有些菌株为黄色，中心呈黑色或几乎全黑色 　　XLD 琼脂平板：菌落呈粉红色，带或不带黑色中心，有些菌株可呈现大的带光泽的黑色中心，或者呈现全部黑色的菌落；有些菌株为黄色菌落，带或不带黑色中心 　　沙门氏菌属显色培养基平板：按照显色培养基的说明进行判定
	4. 生化实验	（1）自选择性琼脂平板上分别挑取两个以上典型或可疑菌落，接种 TSI 琼脂平板，先在斜面上划线，再于底层穿刺；接种针不要灭菌，直接接种赖氨酸脱羧酶实验培养基和营养琼脂平板，于 36 ℃ ± 1 ℃ 培养 18～24 h，必要时可延长至 48 h。 　　（2）接种 TSI 琼脂平板和赖氨酸脱羧酶实验培养基平板的同时，可直接接种蛋白胨水（供做靛基质实验）、尿素琼脂平板（pH 值为 7.2）、氰化钾培养基平板，也可在初步判断结果后从营养琼脂平板上挑取可疑菌落接种。于 36 ℃ ± 1 ℃ 培养 18～24 h，必要时可延长至 48 h。 　　（3）如选择生化鉴定试剂盒或全自动微生物生化鉴定系统，则从营养琼脂平板上挑取可疑菌落，用生理盐水制备成浊度适当的菌悬液，使用生化鉴定试剂盒或全自动微生物生化鉴定系统进行鉴定
	5. 血清学鉴定	（1）检查培养物有无自凝性。 　　一般采用 1.2%～1.5% 琼脂培养物作为玻片凝集实验用的抗原。首先排除自凝集反应：在洁净的玻片上滴加 1 滴生理盐水，将待试培养物混合于生理盐水滴内，使之成为均一性的浑浊悬液；将玻片轻轻摇动 30～60 s，在黑色背景下观察反应（必要时用放大镜观察），若出现可见的菌体凝集，即认为有自凝性，反之无自凝性。对无自凝性的培养物参照下面方法进行血清学鉴定。 　　（2）多价菌体抗原（O）鉴定。 　　在玻片上划出 2 个约 1 cm×2 cm 的区域，挑取 1 环待测菌，各放 1/2 环于玻片上的每一区域上部，在其中一个区域下部加 1 滴多价菌体（O）抗血清，

操作	操作步骤	操作说明
沙门氏菌检验	5. 血清学鉴定	在另一区域下部加入 1 滴生理盐水，作为对照。再用无菌的接种环或针分别将 2 个区域内的菌苔研成乳状液。将玻片倾斜摇动混合 1 min，并对着黑暗背景进行观察，任何程度的凝集现象皆为阳性反应。O 血清不凝集时，将菌株接种在琼脂量较高的（如 2%~3%）培养基上再检查；如果是由于 Vi 抗原的存在而阻止了 O 凝集反应，可挑取菌苔于 1 mL 生理盐水中做成浓菌液，于酒精灯火焰上煮沸后再检查。 （3）多价鞭毛抗原（H）鉴定。 操作同（2）。H 抗原发育不良时，将菌株接种在 0.55%~0.65% 半固体琼脂平板的中央，待菌落蔓延生长时，在其边缘部分取菌检查；或将菌株通过装有 0.3%~0.4% 半固体琼脂的小玻管 1~2 次，自远端取菌培养后再检查。 （4）结果与报告。 综合以上生化实验和血清学鉴定的结果，报告 25 g（mL）样品中检出或未检出沙门氏菌

（四）记录原始数据

实验结束后，将沙门氏菌检验结果的原始数据填入表 3-35 中。

表 3-35　沙门氏菌原始记录表

样品名称		样品状态		检测地点	
检验日期		检验环境		检验依据	
设备					
培养基					
生化反应	沙门氏菌属在 TSI 琼脂和赖氨酸脱羧酶实验培养基内的反应结果				

TSI 琼脂				赖氨酸脱羧酶实验培养基	初步判断
斜面	底层	产气	硫化氢		
K	A	+（-）	+（-）	+	可疑沙门氏菌属
K	A	+（-）	+（-）		可疑沙门氏菌属

TSI 琼脂				赖氨酸脱羧酶实验培养基	初步判断
斜面	底层	产气	硫化氢		
A	A	+（-）	+（-）	+	可疑沙门氏菌属
A	A	+/-	+/-	-	非沙门氏菌
K	K	+/-	+/-	+/-	非沙门氏菌

沙门氏菌属生化反应初步鉴别表					
反应序号	硫化氢	靛基质	尿素	氰化钾	赖氨酸脱羧酶
A1	+	-	-	-	+

沙门氏菌属生化反应初步鉴别表				
A2	＋	＋	－	－	＋
A3	－	－			＋／－

沙门氏菌属生化反应初步鉴别表			
pH 值为 7.2 的尿素	氰化钾	赖氨酸脱羧酶	判定结果
－	－	－	甲型副伤寒沙门氏菌（要求血清学鉴定结果）
－	＋	＋	沙门氏菌Ⅳ或Ⅴ（要求符合本群生化特性）
＋		＋	沙门氏菌个别变体（要求血清学鉴定结果）

注：K 表示产碱，A 表示产酸；＋表示阳性，－表示阴性；＋（－）表示多数阳性，少数阴性；＋／－表示阳性或阴性

（五）评价反馈

实验结束后，请按照表 3-36 中的评价要求填写考核结果。

表 3-36　沙门氏菌检验考核评价表

学生姓名：　　　　　　　　　　　班级：　　　　　　　　　　日期：

考核项目		评价项目	评价要求	不合格	合格	良好	优秀
知识储备		了解沙门氏菌的特征	相关知识输出正确（1分）				
		掌握要求检测沙门氏菌的食品种类和限量要求	能够说出要求检测沙门氏菌的食品种类和相应的限量要求（3分）				
检验准备		能够正确准备试验设备及材料	设备及材料准备正确（6分）				
技能操作		能够熟练掌握沙门氏菌培养的操作规范	操作过程规范、熟练（15分）				
		能够正确、规范记录结果并出具结果报告	原始数据记录准确、结果报告正确（5分）				
课前	通用能力	课前预习任务	课前预习任务完成认真（5分）				
课中	专业能力	实际操作能力	能够按照操作规范进行样品的制备/稀释（10分）				
			能够按照操作规范进行样品的接种（10分）				
			能够按照操作规范进行样品的培养（5分）				
			能够按照操作规范进行生化实验（5分）				
			能够按照操作规范进行血清学鉴定（15分）				

考核项目		评价项目	评价要求	不合格	合格	良好	优秀
课中	工作素养	解决问题的能力	能够解决实验过程中的问题，如培养物溢洒后的处理（5分）				
		时间管理能力	合理安排实验时间（5分）				
		遵守实验室安全规范	遵守实验室安全规范（5分）				
课后	技能拓展	了解国外沙门氏菌检验的不同	完成国内外标准对比（5分）				
总分							

注：不合格：<60分；合格：60~74分；良好：75~84分；优秀：>85分

拓展训练

对所学内容进行拓展，查找致病菌的相关知识，深化对相关知识的学习。

课后习题

一、选择题

1. 以下哪个是《食品安全国家标准　食品微生物学检验　金黄色葡萄球菌检验》的标准号？（　　）。

　　A. GB 29921—2021　　　　　　　　B. GB 4789.10—2016

　　C. GB 4789.4—2024　　　　　　　　D. GB 4789.9—2014

习题答案

2. 《食品安全国家标准　食品微生物学检验　金黄色葡萄球菌检验》（GB 4789.10—2016）第二法样品稀释后接种的平板是（　　）。

　　A. Baird – Parker 琼脂平板　　　　　B. 血琼脂平板

　　C. 营养琼脂平板　　　　　　　　　　D. TSA 平板

3. 《食品安全国家标准　食品微生物学检验　金黄色葡萄球菌检验》（GB 4789.10—2016）第二法平板计数的最佳范围是（　　）。

　　A. 10~100 CFU　　　B. 20~200 CFU　　　C. 15~150 CFU　　　D. 30~300 CFU

4. 凝固酶试验的阴性对照应使用（　　）。

　　A. 金黄色葡萄球菌　　　　　　　　　B. 大肠埃希氏菌

　　C. 肠球菌　　　　　　　　　　　　　D. 表皮葡萄球菌

5. 使用《食品安全国家标准　食品微生物学检验　金黄色葡萄球菌检验》（GB 4789.10—2016）第二法检验蛋糕样品时，计算后 T 为958，结果应为（　　）（可多选）。

　　A. 958 CFU/g　　　B. 950 CFU/g　　　C. 960 CFU/g　　　D. 9.6×10^2 CFU/g

6. 以下哪个是《食品安全国家标准 食品微生物学检验 乳酸菌检验》的标准号？
（   ）。

    A. GB 29921—2021   B. GB 14881—2013

    C. GB 4789.35—2023   D. GB 4789.31—2013

7. 检验乳酸菌的 MRS 琼脂培养基的高压蒸汽灭菌条件是（   ）。

    A. 121 ℃高压灭菌 15 min   B. 110 ℃高压灭菌 15 min

    C. 121 ℃高压灭菌 25 min   D. 115 ℃高压灭菌 15 min

8. 稀释液在试验前应在（   ）温度条件下充分预热（   ）时间。

    A. （36±1）℃   B. （25±1）℃   C. 15~30 mim   D. 10~15 mim

9. 以下哪个标准是《食品安全国家标准 食品微生物学检验 菌落总数测定》。
（   ）

    A. GB 29921—2021   B. GB 4789.2—2022

    C. GB 14881—2013   D. GB 4789.3—20161

10. 现行食品中菌落总数测定时所使用的培养基名称为营养琼脂（   ）。

    A. 对   B. 错

11. 菌落总数的最佳判读范围是（   ）。

    A. 10~100 CFU   B. 10~300 CFU   C. 15~150 CFU   D. 30~300 CFU

12. 菌落总数检验应在（   ）实验室中进行。

    A. 生物安全一级实验室   B. 生物安全二级实验室

    C. 生物安全三级实验室   D. 生物安全四级实验室

13. 测定菌落总数时，将食品样品制成（   ）倍递增稀释液。

    A. 1:5   B. 1:15   C. 1:10   D. 1:20

14. 水被粪便污染的主要指标是（   ）。

    A. 大肠埃希氏菌   B. 霍乱弧菌   C. 伤寒沙门氏菌   D. 痢疾志贺氏菌

15. 下列哪项不是金黄色葡萄球菌的特点？（   ）

    A. 血浆凝固酶试验阳性   B. 产生溶血素

    C. 分解甘露醇   D. 胆汁溶解试验阳性

16. 我国城市水饮用卫生标准是（   ）。

    A. 每 1 000 mL 水中不得超过 3 个大肠菌群

    B. 每 1 000 mL 水中不得超过 10 个大肠菌群

    C. 每 100 mL 水中不得超过 5 个大肠菌群

    D. 每 100 mL 水中不得超过 30 个大肠菌群

17. 霉菌接种时，通常采用的方法是（   ）。

    A. 倾注法   B. 点植法   C. 划线法   D. 涂布法

18. 下列微生物中，能在血平板上产生溶解圈的是（   ）。

    A. 肉毒杆菌   B. 伤寒沙门氏菌   C. 金黄色葡萄球菌 D. 粪链球菌

19. 青霉素的抗菌作用机理是（   ）。

    A. 干扰细菌蛋白质的合成   B. 抑制细菌的核酸代谢

    C. 抑制细菌的酶活性   D. 破坏细胞壁中的肽聚糖

20. 大肠杆菌是人体肠道正常菌群的组成部分，在每克粪便中存在（　　）。

 A. $10^2 \sim 10^3$ 个细菌   B. $10 \sim 10^5$ 个细菌

 C. $10^6 \sim 10^8$ 个细菌   D. $10^9 \sim 10^{10}$ 个细菌

二、判断题

1. 乳酸菌的定义是：一类可发酵糖主要产生大量乳酸的细菌的通称，不能液化明胶、不产生吲哚、革兰氏阳性、无运动、无芽孢、触酶阴性、硝酸还原酶阴性及细胞色素氧化酶阴性反应的细菌。（　　）

2. 菌落总数以菌落形成单位 CFU 表示。（　　）

三、简答题

1. 写出金黄色葡萄球菌检测的主要程序。

2. 什么是大肠菌群？请写出大肠菌群检测的主要程序。

◆ 案例介绍

  通过手机扫码获取沙门氏菌的相关安全事件案例，通过阅读网络资源总结沙门氏菌对人体健康的重要性，做好样品的致病菌检测。

3.2　案例

◆ 拓展资源

  利用互联网、国家标准、微课等，对所学内容进行拓展，查找线上相关知识，深化对相关知识的学习。

3.2　资源

模块四
食品微生物检验新技术的应用

食品微生物检验作为食品卫生管理和安全性评价的指标越来越受到重视。食品微生物检验是指运用微生物学、化学和统计学的理论和方法，检验食品中微生物的总量、种类、性质，或者某种微生物的数量和性质，并以此作为评价其对人体健康影响指标，以及判断食品是否符合质量标准、可否食用的方法。同时，食品微生物检验也可根据对特定的食物中毒菌的检验分析，制定预防食物中毒的对策，提高食品安全标准。

随着生活水平的提高，人们对食品的新鲜度、营养价值和便捷性等方面的要求越来越高。许多低温短保的食品，如低温乳制品、鲜食预制菜等，保质期较短，还需要冷链运输。因此，终产品的快速放行及流通过程中的快速监控对控制微生物尤为重要。许多行业的生产许可细则要求企业根据产品特性建立微生物出厂检验制度，明确主体责任。企业可采用有效的微生物快速检测方法进行检验，或通过有效的过程控制措施，保障产品符合食品安全标准。

传统微生物培养法操作较为烦琐，耗时长，不能满足快速检测需求，且在培养基制备和接种等步骤的操作过程中对人员的技术要求较高。近几年，随着国际交流合作的开展、标准的进步以及我国科研水平的提高，相继出现了许多快速检测及鉴定技术和产品。食品微生物检测及鉴定技术也取得了较大的进展，主要体现在两大方面：一方面是在传统微生物培养法的基础上进行改进，如以酶底物显色法为原理的显色培养基、测试片、全自动微生物检测鉴定仪等；另一方面是基于抗体和核酸的快速检测技术。围绕这两大类技术还配套开发了自动化检测仪器，通过缩短检测时间、提高检测效率等方式进一步提高食品中微生物的检测准确性和效率。

项目一　食品中微生物快检技术的应用

任务一　食品中菌落总数的快速检测

学习目标

4.1　PPT

知识目标

（1）熟悉微生物快速检测的主要方法。

（2）掌握食品中菌落总数快速检测的方法。

能力目标

（1）能够采用快速检测的方法对食品中菌落总数进行检测。

（2）能够根据企业生产需要确定菌落总数快速检测的方案。

（3）能够分析、处理及判定检测结果，并按格式要求撰写微生物检验报告。

素质目标

（1）了解微生物快速检验对食品检测的影响，加深对食品安全监管的认知。

（2）分析微生物标准和检测方法的更替，认识微生物检测技术的发展对食品安全保障的作用。

一、微生物测试片法

微生物测试片是以凝胶、无纺布和滤纸3种主流载体替代琼脂作为培养基载体培养微生物的一种检测新技术。测试片作为在传统琼脂平板计数法基础上经过简化和改进而形成的一种新型检测方法，具有操作简单、判读清晰，可降低误差、提高效率等优势，检测过程无须配置试剂，提高了工作效率并有效降低了实验误差，且可以在24～48 h内完成检测；结果判读以菌落显色为依据，相比传统培养基更容易计数，很适合实验室使用，是微生物快速检验方法发展的趋势，测试方法的接受度也在逐年上升。

1. 微生物测试片的结构

微生物测试片主要由基础营养成分（如培养基）、功能性成分（如冷水可凝胶、显色剂等）及载体和防溢结构等组成。目前，主流的微生物测试片有3种形式，即凝胶测试片、无纺布测试片和测试板。图4－1所示为凝胶测试片的组成结构。

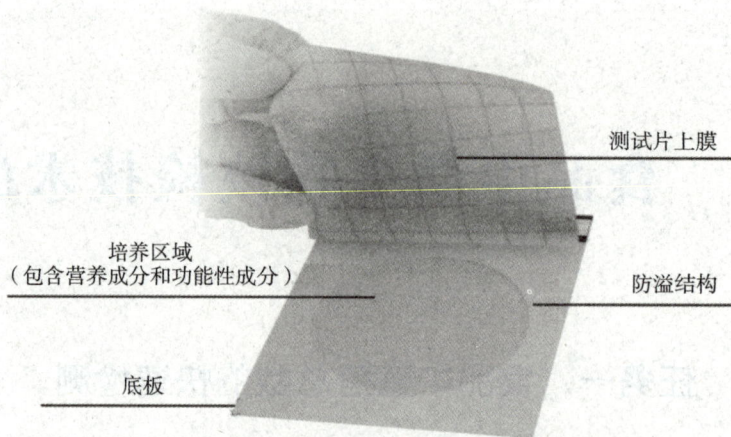

图 4 - 1 凝胶测试片组成结构

测试片上膜

培养区域
（包含营养成分和功能性成分）

防溢结构

底板

2. 微生物测试片的技术原理

微生物测试片的反应原理根据检测项目不同而有所区别。例如，菌落总数测试片的反应原理是细菌在测试片上生长时，细胞代谢产物与测试片中的显色剂 TTC 发生氧化还原反应，将显色剂还原成红色非溶解性产物三苯甲䐶，从而使细菌着色，故测试片上红色菌落可判定为菌落总数。大肠菌群测试片的反应原理（见图 4 - 2）是大肠菌群在生长繁殖时发酵乳糖产酸，将测试片中的显色剂还原成红色，从而使细菌着色。另外，测试片表面覆盖的薄膜可留住发酵乳糖的大肠菌群产生的气体，故测试片上红色菌落周围有气泡者，为大肠菌群。

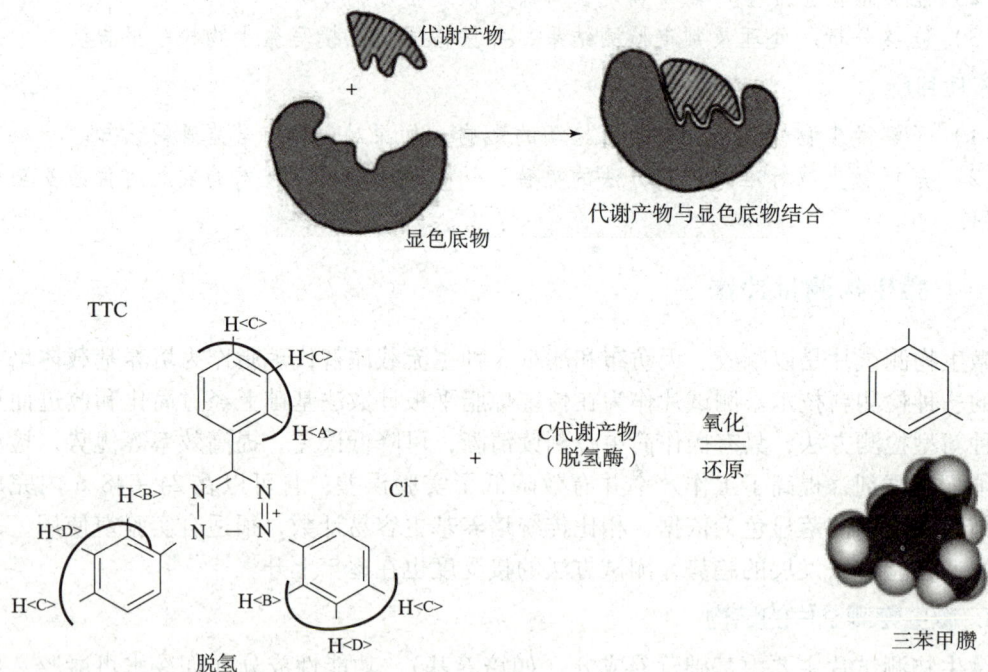

代谢产物

+

显色底物

代谢产物与显色底物结合

TTC

H<C>
H<C>
H<A>

H<B>

N

N

N+

Cl⁻

H<D>

H<C>

H<B>

H<C>

H<D>

脱氢

C代谢产物
（脱氢酶）

氧化

还原

三苯甲䐶

图 4 - 2 测试片反应原理图

霉菌酵母、金黄色葡萄球菌和沙门氏菌等测试片的反应原理是测试片功能性成分中的显色剂由微生物代谢物质、显色基团组成，微生物生长代谢产生的酶与显色底物发生反应，进而使测试片上的菌落显色。不同微生物在测试片上的菌落形态如图4-3所示。

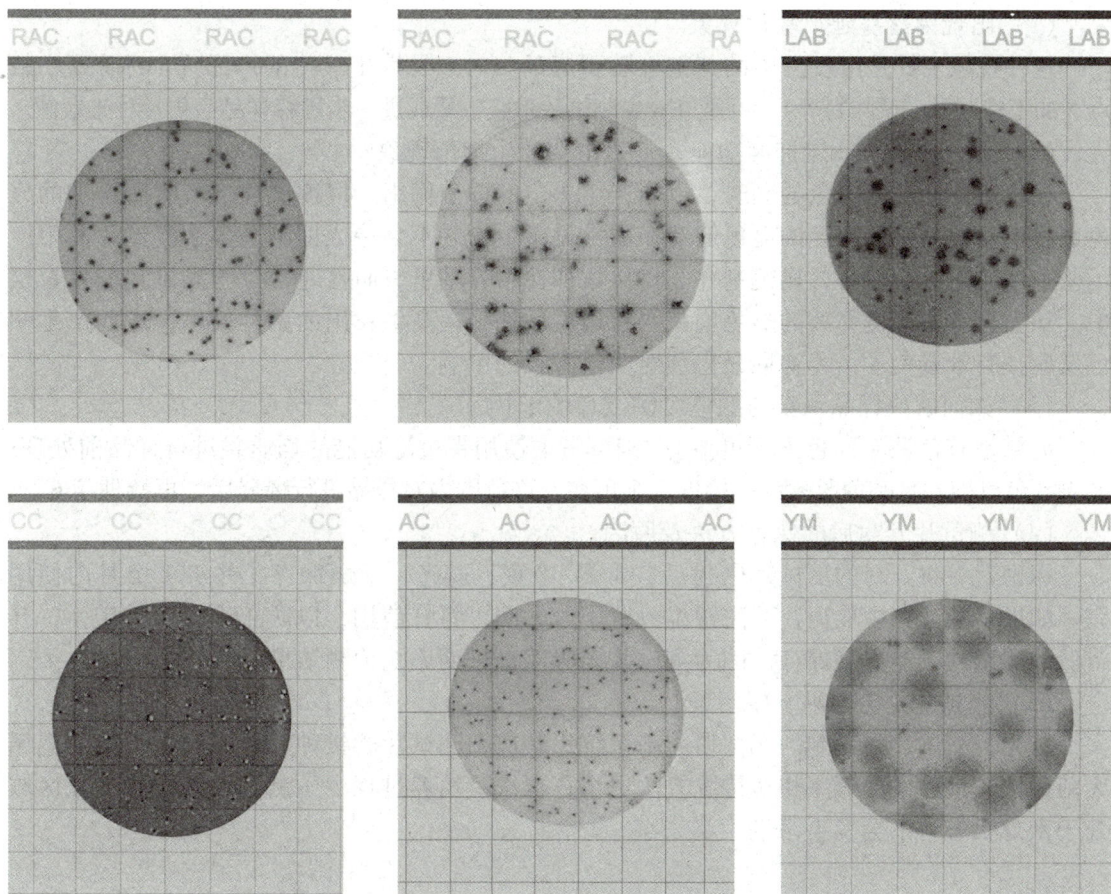

图4-3 不同微生物在测试片上的菌落形态

3. 微生物测试片的主要应用

伴随测试片技术的发展，越来越多的企业开始开发并生产微生物测试片产品。目前，市场主流的测试片品种有菌落总数测试片、快速菌落总数测试片、大肠菌群测试片、高灵敏度大肠菌群测试片、霉菌酵母测试片、快速霉菌酵母测试片、金黄色葡萄球菌测试片、金黄色葡萄球菌确认片、沙门氏菌测试片、沙门氏菌确认片、大肠埃希氏菌/大肠菌群确认片、大肠杆菌科测试片、乳酸菌测试片、环境李斯特氏菌测试片和单核细胞增生李斯特氏菌测试片等。

国外学者针对食品中微生物快速测定方法开展了许多研究，其中利用纸片法来替代传统平板法的研究受到了食品企业和检测机构的青睐。我国自2008年开始使用测试片方法进行食品中的微生物检验，2022年发布的《食品安全国家标准 食品微生物学检验 菌落总数测定》（GB 4789. 2—2022）中正式引入测试片方法。此次标准修订在广泛征集修订意见后增加了测试片方法的并行准入，这是此次标准修订的一大亮点，也是重大突破点。

测试片作为即用型培养基，具有操作简单、判读清晰、误差小、效率高等优势，可广泛应用于食品及其环境微生物的快速检测。

4. 微生物测试片法的常见问题及讨论

（1）出现菌落蔓延、水化现象。

这种现象主要是由食品中的芽孢杆菌引起的。对于易发生液化的产品（如冰激凌、糕点、加工肉制品、调味料等），可通过减少测试片堆叠数量或进一步稀释样品后再接种来缓解。

（2）显色剂具有一定抑菌功能，是否也会产生抑菌现象？

显色剂在为菌落着色的同时，也会产生一定的抑菌作用。但测试片生产时所添加的显色剂浓度非常低，低浓度的显色剂对多数常见微生物并不会造成抑制。多数测试片的生产工艺采用的是分层涂布，显色剂并非直接添加在培养基里，而是通常位于测试片的黏合层中。从黏合剂中缓慢释放的显色剂只会在培养后期与逐渐生长出的菌落接触，进而产生颜色反应，有效避免了培养初期显色剂对菌落生长的影响。

（3）如何解决样品颗粒与颜色对测试片的干扰？

如果是有色颗粒（色素不可溶），则可考虑使用带过滤功能的均质袋进行样品前处理；如果颜色可溶并且和菌落颜色很接近，则可在允许范围内对样品进行稀释后，再接种培养。

（4）测试片开封后的保存方法及原因。

用密封夹将开封的测试片密封后，常温/冷藏、避光、干燥保存，并于1个月内使用完。如果是从冰箱中取出，要先常温放置一段时间再打开使用，以防止冷凝水的产生；开封后的测试片不能冷藏保存，因为测试片会吸潮，进而影响检测结果。

（5）测试片是否容易发生污染？

首先，测试片是预制的无菌培养基系统；其次，测试片的接种操作时间短，只要遵循无菌操作，其污染的概率相对传统方法更小；再次，培养过程中，测试片的接种生长区域处于密封状态，不会发生污染。

问题思考

（1）什么是微生物测试片法？

（2）如何采用测试片法快速检测食品中的菌落总数？

二、食品中菌落总数快速检测（微生物测试片法）实操训练

任务描述

菌落总数是指食品经过处理，在一定条件下（如培养基、培养温度和培养时间等）培养后，所得每克（毫升）食品中形成的微生物菌落总数。菌落总数测定是用来判定食品样品被微生物污染的程度及卫生质量的，尤其是某些对环境因素（如干燥、加热等）抵抗力强的微生物（如芽孢类）可在食品样品中长期存活。此检测结果常常被看作是对食品样品生产加工过程中卫生状况的客观记录，且可用于评价被检样品的卫生学状况。

我国标准法规中规定了30多种（类）食品中菌落总数的限量要求，由于菌落总数测试片法操作简单，易于判读，且已经被写入国家标准中，从而被广泛使用。因此，能够正确使用菌落总数测试片测定食品中菌落总数已成为微生物检验人员的必备技能。

任务要求

（1）能够正确掌握菌落总数测试片法的操作流程。

（2）能够采用菌落总数测试片法对食品中菌落总数进行测定。

任务实施

（一）设备和材料

设备和材料见表4-1。

表4-1 设备和材料

序号	名称	作用
1	高压蒸汽灭菌器	用于物品或容器的灭菌
2	恒温培养箱	用于生物样品的生长、培养、繁殖
3	电子天平	用于测量物体的质量
4	均质器	用于样品混合物的均匀分散
5	漩涡混匀仪	用于试剂的均匀混合，避免手动操作的误差
6	pH 计	用于测定溶液酸碱度值
7	移液器	用于精准量取液体体积
8	无菌吸头	用于吸取或运输液体
9	无菌锥形瓶	用于微生物的培养、试剂的灭菌
10	无菌均质袋	用于样品的混合、过滤
11	测试片压板	用于测试片加样后扩散

（二）培养基和试剂

菌落总数测试片、快速菌落总数测试片、无菌磷酸盐缓冲液、无菌生理盐水、1 mol/L 氢氧化钠溶液、1 mol/L 盐酸溶液。

操作视频 4.1.1

（三）操作步骤

菌落总数测定的具体操作步骤见表4-2。

表4-2 菌落总数测定的操作步骤

操作	操作步骤	操作说明
菌落总数测试片	1. 样品的制备	固体和半固体样品：称取 25 g 样品置于盛有 225 mL 磷酸盐缓冲液或生理盐水的无菌均质杯内，8 000 ~ 10 000 r/min 均质 1 ~ 2 min；或放入盛有 225 mL 磷酸盐缓冲液或生理盐水的无菌均质袋中，用拍击式均质器拍打 1 ~ 2 min，制成1:10 的样品匀液。 液体样品：以无菌吸管吸取 25 mL 样品置于盛有 225 mL 磷酸盐缓冲液或生理盐水的无菌锥形瓶（瓶内预置适当数量的无菌玻璃珠）中，充分混匀；或放入盛 225 mL 磷酸盐缓冲液或生理盐水的无菌均质袋中，用拍击式均质器拍打 1 ~ 2 min，制成1:10 的样品匀液。

操作	操作步骤	操作说明
菌落总数测试片	1. 样品的制备	样品匀液（液体样品包括原液）的 pH 值应为 5.0～8.5，必要时用 1 mol/L 氢氧化钠或 1 mol/L 盐酸调节样品匀液的 pH 值
	2. 样品的稀释	无菌操作，吸取 1:10 样品匀液 1 mL，沿管壁缓慢注于盛有 9 mL 磷酸盐缓冲液或生理盐水的无菌试管中（注意吸管或吸头尖端不要触及液面），在漩涡混匀仪上混匀，制成 1:100 的样品匀液，以此类推，制备 10 倍系列稀释样品匀液，每递增稀释一次，换用 1 支 1 mL 无菌吸管或吸头
	3. 接种	根据对样品微生物污染状况的估计，选择 2～3 个适宜的连续稀释度样品匀液进行接种检测（液体样品包括原液）。每个稀释度接种两张测试片。测试片使用前，应先平衡至室温。测试片平放在水平实验台上，缓慢揭开上膜。将 1 mL 样品匀液垂直滴加在测试片中心区域。缓慢盖上上膜，尽量避免气泡的产生。将压板放在测试片中央，轻轻压下，使样液均匀分布于圆形培养基上，拿起压板，静置 2 min，再移动测试片。从样品稀释开始至测试片接种完毕的时长不应超过 20 min。吸取 1 mL 磷酸盐缓冲液或生理盐水接种两张测试片作空白对照
	4. 培养	菌落总数测试片法：将测试片正置于培养箱内，最多可堆叠至 20 片。置于 36 ℃ ±1 ℃ 温度下，培养 48 h ±2 h；水产品置于 30 ℃ ±1 ℃ 温度下，培养 72 h ±3 h。快速菌落总数测试片法：将测试片正置于培养箱内，最多可堆叠至 20 片。置于 36 ℃ ±1 ℃ 温度下，培养 24 h ±2 h
	5. 计数	肉眼观察，必要时使用菌落计数装置，计数菌落总数测试片上的红色菌落或快速菌落总数测试片上的红色和蓝色菌落。记录稀释倍数和相应的菌落数量，菌落计数以 CFU 表示。选取菌落数在 30～300 CFU 之间的测试片进行计数；低于 30 CFU 的测试片记录具体菌落数；当测试片上菌落数多至无法计数时，即菌落总数测试片整片变成红色，快速菌落总数测试片整片变成红色或蓝色，记录为"多不可计"

（四）结果与报告

结果的计算方法和报告规则遵循《食品安全国家标准 食品微生物学检验 菌落总数测定》（GB 4789.2—2022）中的相关规定，将菌落总数快速测定结果的原始数据填入表 4－3 中。

表 4－3　菌落总数快速测定原始记录表

样品名称		样品状态	检测方法依据	测试片		环境状况		检测地点	检测日期	备注
				名称	编号	温度/℃	湿度/%			
样品	样品基质	样品名称	稀释梯度	测试片结果/（CFU·g^{-1}）		计算结果/（CFU·g^{-1}）				
乳制品	巴氏杀菌乳	1－1	10^{-1}							
			10^{-2}							
			100^{-1}							
			100^{-2}							
检测						校核				

（五）评价反馈

实验结束后，请按照表4-4中的评价要求填写考核结果。

表4-4　菌落总数测试片考核评价表

学生姓名：　　　　　　　　　　　班级：　　　　　　　　　　日期：

考核项目		评价项目	评价要求	不合格	合格	良好	优秀
知识储备		了解菌落总数测试片的工作原理	相关知识输出正确（1分）				
		掌握需进行菌落总数项目检测的样品种类	能够说出哪些食品需要检测菌落总数（3分）				
检验准备		能够正确准备试验设备及材料	设备及材料准备正确（6分）				
技能操作		能够熟练掌握菌落总数测试片的操作规范	操作过程规范、熟练（15分）				
		能够正确、规范记录结果并进行数据处理	原始数据记录准确、数据处理正确（5分）				
课前	通用能力	课前预习任务	课前预习任务完成认真（5分）				
课中	专业能力	实际操作能力	能够按照操作规范进行样品的制备（10分）				
			能够按照操作规范进行样品的稀释（10分）				
			能够按照操作规范进行样品的接种（10分）				
			能够按照操作规范进行样品的培养（5分）				
			能够按照操作规范进行样品的计数（10分）				
		发现并解决问题的能力	善于发现并解决实验过程中的问题（5分）				
	工作素养	时间管理能力	合理安排时间，严格遵守时间安排（5分）				
		遵守实验室安全规范	遵守实验室安全规范（5分）				
课后	技能拓展	稀释过程中的火焰灭菌	正确、规范地完成（5分）				
总分							
注：不合格：<60分；合格：60~74分；良好：75~84分；优秀：>85分							

对所学内容进行拓展，查找线上微生物测试片的相关知识，深化对微生物测试片在微生物检测中应用的相关知识的学习。

任务二　牛奶中金黄色葡萄球菌肠毒素的检测（酶联免疫法）

学习目标

知识目标

（1）掌握金黄色葡萄球菌肠毒素检验快速检测的原理及方法。
（2）熟悉肠毒素检测的相关概念。
（3）掌握使用酶联免疫法进行快速检测的关键步骤。

能力目标

（1）能够使用酶联免疫法检测牛奶中金黄色葡萄球菌肠毒素。
（2）能够分析、处理及判定检测结果，并按格式要求撰写微生物检验报告。

素质要求

（1）深刻理解金黄色葡萄球菌对食品安全的影响，增强对食品安全的重视和自我保护意识。
（2）运用科学的方法和态度对待致病菌污染问题，培养严谨治学的科学精神和批判性思维。

免疫检测法的原理是基于抗原抗体特异性反应而对微生物进行快速检测，主要分为胶体金检测卡和酶联免疫试剂盒两类。

胶体金检测卡运用了双抗体夹心法的原理，目标致病菌和金标记的特异性单克隆抗体结合，再与预包被于 NC 膜检测线（T 线）位置的特异性多克隆抗体结合，由于金颗粒的聚集会显示明显的红线。通过肉眼直接观察是否出现 T 线，判断样品中是否含有目标菌。检测时，滴加增菌液 10 min 左右即可进行结果判读，适合用于大量样品的快速筛查。

酶联免疫吸附测定（enzyme linked immuno sorbent assay，ELISA）技术比较成熟，只要获得微生物特异性抗原抗体便可以开发快速检测 ELISA 试剂盒，微生物检测一般采用夹心模式，因此具有较好的灵敏度和特异性。

一、酶联免疫法

1. 检测原理和主要分类

ELISA 检测技术主要采用酶分子和抗体或抗原相结合的方式来实现检测。该技术既可以保持抗体本身的免疫学活性，又不影响酶的生物学活性。这种酶标记的抗体能够以物理形态吸附于固相载体表面，与载体表面抗原或抗体进行特异性结合，通过与酶相融合而产生酶的结合物，整个过程具有较强的免疫学活性。形成的酶结合物与抗原或抗体发生反应，在加入底物溶液后，根据显色的变化来判断是否发生了免疫反应，显色的深浅变化与样品中抗体或抗原的量成正比关系。显色的深浅程度需要通过 ELISA 检测仪进行精准判断或通过肉眼根据颜色进行判断。通过试验结果可以确定样品中待测物质的含量，进行定量检测；或者通过查看有无目标物，进行定性检测。这样，可以将酶的敏感性与抗原抗体的特异性更好地结合起来，使 ELISA 检测技术既符合特异性，又具有敏感性，从而达到精确检测目的。

　　ELISA 常用的两种测定方法为直接法与间接法。直接法是待检测样品中的固相抗原与酶标记抗体直接作用，加入底物后，显色。间接法是在固相载体上吸附已知抗原，同待检测样品中的抗体相互反应；再将抗体加入其中，与该抗体复合物相互反应；加入酶底物后，颜色显现出来，样品中抗体量的多少同颜色深浅成正比关系。

　　ELISA 有很多种改良方法，如双抗体夹心法和双抗体法，一般可以归纳为以下几种：间接测定抗体法；双抗体夹心法测定抗原；竞争法测定抗原。在测定大分子抗原与抗体时，主要应用前两种方法，而且两种方法在临床诊断中应用较多；在测定小分子抗原时，主要采用竞争法，此法适用于食品分析领域。

　　图 4 - 4 所示为双抗夹心法的酶联免疫荧光法商品化试剂盒的反应原理。该试剂盒中自带固相吸附管，管内预先包被了特异性的抗体，检测时，用固相吸附管吸取经热处理好的样品增菌液。如果增菌液中含有目标致病菌的抗原，则会和吸附管中的抗体相结合，并被转移至试剂条中的微孔中。含有目标抗原的试剂孔会和结合了碱性磷酸酶的抗体形成新的结合物，多余的抗体会通过多次自动移液之后去除。最后加入酶底物，形成多抗夹心的结合物。由于该结合物中含有对应的酶，会发生显色反应。仪器会通过所发产生的荧光信号大小来测定荧光强度，通过计算可以得出目标待测微生物为阴性还是阳性。

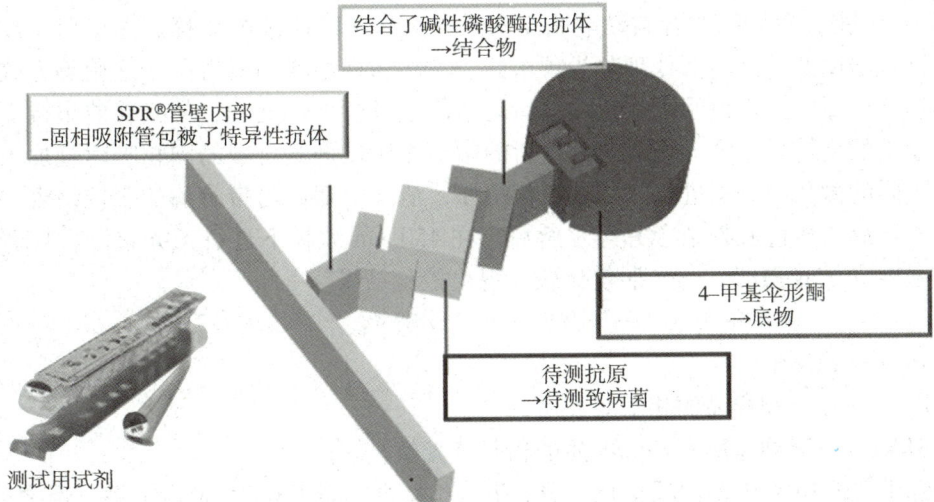

图 4 - 4　酶联免疫荧光法反应原理

2. ELISA 技术在微生物检测领域的应用

在食品微生物检测中，ELISA 技术主要用于检测沙门氏菌、李斯特氏菌属、单核细胞增生李斯特氏菌、大肠杆菌 O157 和弯曲菌等致病菌。此外，该技术还可用于细菌或真菌毒素的检测，如葡萄球菌肠毒素和黄曲霉毒素 B1。ELISA 技术因特异性强、准确度高、操作便捷且反应快，而被广泛应用于食品微生物检测领域。

在食品食源性致病菌的检测中，若怀疑在生鸡肉或牛肉食品中存在沙门氏菌污染，则可以把 ELISA 作为一种快速筛查法。在筛查过程中，经过特殊处理的沙门氏菌特异性抗体被固定到 ELISA 板上，将待测食品样品增菌液加入每一个孔中。如果样品中存在沙门氏菌，抗原会与反应孔上的抗体结合。将另一种标记有酶的抗沙门氏菌抗体加入反应孔中，这些抗体会结合到任何已经与固定抗体结合的沙门氏菌上。加入含有该酶底物的溶液，酶与底物作用，会产生可测量的颜色反应，颜色的深浅程度与样品中沙门氏菌的浓度成正比。

使用 ELISA 技术，实验室可以在 10 h 内确定食品样品中是否存在沙门氏菌，这种快速的反馈能够帮助食品生产商迅速做出决策，召回可能受污染的产品，从而更好地保护消费者的健康。虽然 ELISA 技术为食品微生物的检测提供了一个高度敏感和特异性的工具，但仍存在一些局限性和缺点。例如，虽然抗体和抗原之间的亲和作用具有高度特异性，但有时可能会出现交叉反应，即抗体可能与非目标抗原结合，导致出现假阳结果。另外，ELISA 的结果可能会受到样品中其他成分的干扰（如脂质、蛋白质、盐），这些成分会影响抗原抗体的结合或酶的活性。因此，在使用 ELISA 进行微生物快速检测时，需要对检测结果进行仔细解读，并在结果呈报阳时，使用传统培养法进行再次确认。

3. 全自动酶联免疫检测系统的微生物检测流程

在酶联免疫检测技术平台上衍生出了很多检测产品。为了满足自动化、数据可追溯和操作便捷的需求，全自动酶联免疫检测系统近些年在食品检测行业中广受欢迎。下面介绍一下全自动酶联免疫检测系统的主要操作流程。

图 4-5 展示了 VIDAS 全自动酶联免疫系统检测沙门氏菌的流程。先将食品或环境涂抹样品进行增菌处理。增菌处理分为预增菌、二次选择性增菌或者一步增菌等方式，具体操作需按照仪器的操作说明来进行。然后对增菌液进行加热处理，使其释放出抗原，进而和试剂盒中的抗体相结合。将经热处理后的增菌液用试剂盒自带的固相吸附管加入至试剂条，在不同的微孔中分别进行；捕获目标抗原，清洗；随后与带有酶的二抗结合，进行再次冲洗；最后与显色底物结合并经水解后，在 450 nm 波长下进行荧光检测；接着，将检测反应强度（荧光强度）与参照值比较，得出检验结果。

$$TV = RFV_1/RFV_0$$

式中　TV——检测值；

　　　RFV_1——待测样品的相对荧光值；

　　　RFV_0——试剂盒所配备标准品的相对荧光值。

如选用 VIDAS SPT 沙门氏菌试剂盒，TV 值大于或等于 0.25 时为阳性，反之为阴性；如选用 VIDAS SLM 沙门氏菌试剂盒，TV 值大于或等于 0.23 时为阳性，反之为阴性。阴性可直接报结果，阳性结果需要用国标方法或者其他传统培养方法确证。

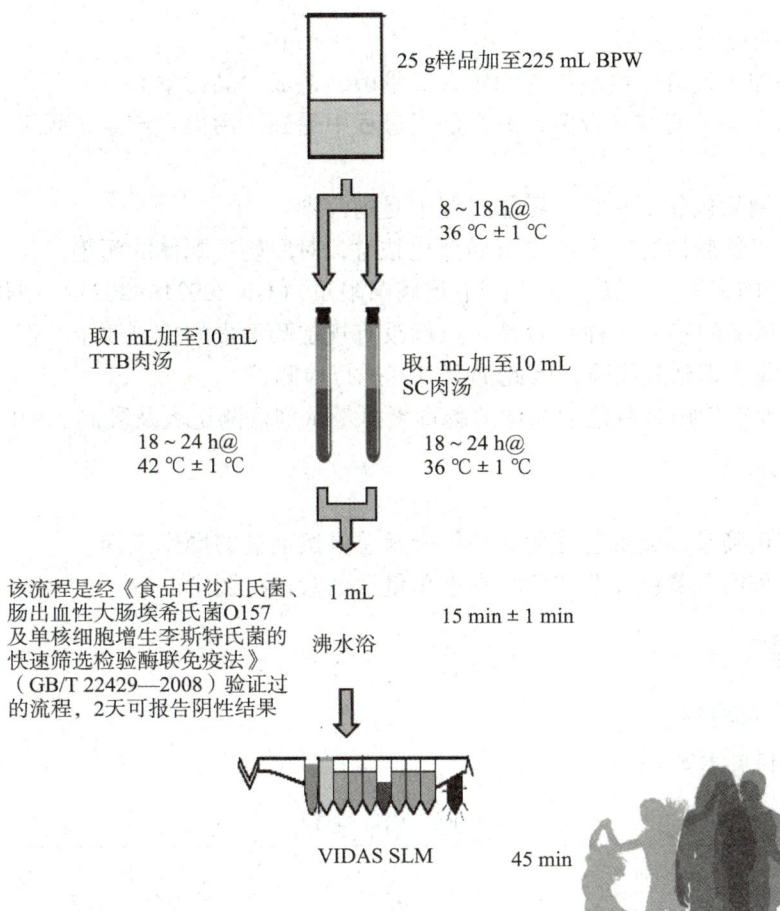

25 g样品加至225 mL BPW

8~18 h@ 36 ℃±1 ℃

取1 mL加至10 mL TTB肉汤

取1 mL加至10 mL SC肉汤

18~24 h@ 42 ℃±1 ℃

18~24 h@ 36 ℃±1 ℃

该流程是经《食品中沙门氏菌、肠出血性大肠埃希氏菌O157及单核细胞增生李斯特氏菌的快速筛选检验酶联免疫法》（GB/T 22429—2008）验证过的流程，2天可报告阴性结果

1 mL

15 min±1 min

沸水浴

VIDAS SLM

45 min

图4-5 沙门氏菌VIDAS全自动酶联免疫系统检测流程

二、牛奶中金黄色葡萄球菌肠毒素检测（酶联免疫法）实操训练

任务描述

引起食源性疾病的致病因子并不是造成食品污染的金黄色葡萄球菌本身，其产生的肠毒素才是罪魁祸首！肠毒素的产生又与食品基质、温度、水活性、菌浓度（一般认为应达到10^5 CFU/g（mL）以上）密切相关。金黄色葡萄球菌产生毒素的条件必须是其携带产毒基因，同时金黄色葡萄球菌需要达到一定数量。产毒条件如下。

（1）携带产毒基因——罪魁祸首。

（2）食品基质有利于细菌生长和产毒——营养成分。

（3）适宜细菌生长的温度、湿度和充足的时间——繁殖条件。

（4）活菌数量，如金黄色葡萄球菌一般要达到10^5 CFU/g（mL）以上——数量。

金黄色葡萄球菌易污染的食品有乳制品、糕点、即食熟肉、烧烤、沙拉等。其主要污染来源：食品制作人员的鼻腔（咽喉、皮肤）、化脓部位，患乳腺炎的牛、羊和土壤等。

污染食品的途径主要如下。

（1）食品加工人员、炊事员或销售人员带菌，造成食品污染。

（2）食品在加工前本身带菌，或在加工过程中受到了污染，产生了肠毒素，引起食物中毒。

（3）熟食制品包装不密封，运输过程中受到污染。

（4）奶牛患化脓性乳腺炎或禽畜局部化脓时，对原奶、胴体的污染。

《食品安全国家标准　预包装食品中致病菌限量》（GB 29921—2021）中规定了需要检测金黄色葡萄球菌的 8 类（种）食品。虽然没有规定肠毒素的检测要求，但由于越来越多的食品加工企业认识到其风险，因此都会对其进行检测。

本次任务要求使用金黄色葡萄球菌肠毒素总量试剂盒测定乳及乳制品中的肠毒素。

◎ 任务要求

（1）能够正确掌握金黄色葡萄球菌肠毒素总量试剂盒的操作流程。

（2）能够采用金黄色葡萄球菌肠毒素总量试剂盒进行测定。

◎ 任务实施

（一）设备和材料

设备和材料见表 4-5。

表 4-5　设备和材料

序号	名称	作用
1	微孔板酶标仪	用于 ELISA 试剂的测定
2	恒温培养箱	用于生物样品的生长、培养、繁殖
3	电子天平	用于测量物体的质量
4	漩涡混匀仪	用于试剂的均匀混合，避免手动操作的误差
5	低温离心机	用于生物学物质的分离和纯化
6	无菌移液器	用于精准量取液体体积
7	无菌吸头	用于吸取或运输液体
8	无菌离心管	用于生物学物质的分离和纯化

（二）培养基和试剂

金黄色葡萄球菌肠毒素总量试剂盒、去离子水。

（三）操作步骤

金黄色葡萄球菌肠毒素检测的具体操作步骤见表 4-6。

操作视频 4.1.2

表 4 – 6　金黄色葡萄球菌肠毒素检测的操作步骤

操作	操作步骤	操作说明
金黄色葡萄球菌肠毒素 ELISA 检测	1. 样品前处理	（1）生鲜奶、成品奶样品处理方法：取适量样品于 50 mL 聚苯乙烯离心管中；低温（4~10 ℃）10 000 r/min 离心 10 min；取中间层奶样 100 μL 用于分析。 （2）发酵乳样品处理方法：称取 1 g 样品于 50 mL 聚苯乙烯离心管中；加入 5 mL 去离子水后振荡混匀；低温（4~10 ℃）10 000 r/min 离心 10 min；取中间层乳清于新的离心管中，用氢氧化钠溶液将乳清 pH 值调至 7.0 左右；取 100 μL 用于分析。 （3）乳饮料样品处理方法：称取 1 g 样品于 7 mL 聚苯乙烯离心管中；加入 1 mL 去离子水进行 1∶1 稀释，振荡混匀；用氢氧化钠溶液将上述混合液的 pH 值调至 7.0 左右；取 100 μL 用于分析。 （4）乳清粉样品处理方法：称取 1 g 样品于 50 mL 聚苯乙烯离心管中；加入 4 mL 去离子水后振荡混匀；10 000 r/min 离心 10 min；取中间层乳清 100 μL 用于分析。 （5）奶粉样品处理方法：称取 1 g 样品于 50 mL 聚苯乙烯离心管中；加入 7 mL 去离子水后振荡混匀；取 100 μL 用于分析
	2. 样品的检测	（1）将所需试剂从冷藏环境中取出，置于室温（20~25 ℃）平衡 1 h 或 37 ℃ 温箱平衡 30 min 以上，注意每种液体试剂使用前均须完全溶解摇匀。 （2）取出需要数量的微孔板，将不用的微孔板放进原锡箔袋中并且与提供的干燥剂一起重新密封，保存于 2~8 ℃。切勿冷冻。 （3）洗涤工作液在使用前也需回温。 （4）编号：将样品和对照品对应微孔按序编号，每个样品和对照品做 2 孔平行，并记录对照孔和样品孔所在的位置。 （5）加样品/对照品：加 100 μL 样品或阴性/阳性对照品到对应的微孔中，轻轻振荡混匀，用盖板膜盖板后置 37 ℃ 环境中反应 60 min。 （6）洗板：小心揭开盖板膜，将孔内液体甩干，用洗涤液 250 μL/孔，充分洗涤 5 次，每次间隔 10 s，用吸水纸拍干（拍干后未被清除的气泡可用未使用过的枪头戳破）。 （7）加抗体试剂：加金黄色葡萄球菌肠毒素总量抗体试剂 100 μL 到对应的微孔中，轻轻振荡混匀，用盖板膜盖板后置 37 ℃ 环境中反应 30 min。取出，重复步骤（6）。 （8）加酶标物：加金黄色葡萄球菌肠毒素总量酶标物 100 μL 到对应的微孔中，轻轻振荡混匀，用盖板膜盖板后置 37 ℃ 环境中反应 15 min。取出，重复步骤（6）。 （9）显色：加入底物液 A 液 50 μL/孔，再加入底物液 B 液 50 μL/孔，轻轻振荡混匀，用盖板膜盖板后置 37 ℃ 环境中反应 15 min。 （10）测定：加入终止液 50 μL/孔，轻轻振荡混匀，设定酶标仪于 450 nm 处（建议用双波长 450/630 nm 检测，请在 5 min 内读完数据），测定每孔吸光度（OD）值
	3. 判定	阴性对照孔 OD 值应低于 0.2，阳性对照孔 OD 值应高于 0.5。OD 值是光密度的缩写，又称吸光度，T 是阈值，NC1 和 NC2 是阴性对照的 OD 值。两个阴性对照孔的平均值加上 0.2 为阈值（T）；$T = (NC1 + NC2)/2 + 0.2$。 如果样品吸光度值高于或等于阈值，则结果为阳性，表示样品中检测出金黄色葡萄球菌肠毒素。如果样品吸光度值低于阈值，则结果为阴性，表示样品中未检测出金黄色葡萄球菌肠毒素。如果阴性对照孔 OD 值高于 0.2 或阳性对照孔 OD 值低于 0.5，则需重做实验

（四）记录原始数据

将金黄色葡萄球菌肠毒素检测结果的原始数据填入表4-7中。

表4-7　金黄色葡萄球菌肠毒素检测原始记录表

样品名称		样品状态	检测方法依据	检测仪器		环境状况		检测地点	检测日期	备注
				名称	编号	温度/℃	湿度/%			
样品编号	实验次数	样品质量 m/g	稀释倍数	仪器显示读数测定结果/10^{-9}		平均值/10^{-9}	修约值/10^{-9}	平行允差/10^{-9}	实测差/10^{-9}	
检测						校核				

（五）评价反馈

实验结束后，请按照表4-8中的评价要求填写考核结果。

表4-8　金黄色葡萄球菌肠毒素总量试剂盒考核评价表

学生姓名：　　　　　　　　　　　　　班级：　　　　　　　　　　　　日期：

考核项目		评价项目	评价要求	不合格	合格	良好	优秀
知识储备		了解酶联免疫技术的工作原理	相关知识输出正确（1分）				
		掌握需要检测的金黄色葡萄球菌肠毒素的样品种类和肠毒素的风险	能够说肠毒素的风险（3分）				
检验准备		能够正确准备试验设备及材料	设备及材料准备正确（6分）				
技能操作		能够熟练掌握金黄色葡萄球菌肠毒素总量试剂盒的操作规范	操作过程规范、熟练（15分）				
		能够正确、规范记录结果并进行数据处理	原始数据记录准确、数据处理正确（5分）				
课前	通用能力	课前预习任务	课前预习任务完成认真（5分）				

考核项目		评价项目	评价要求	不合格	合格	良好	优秀
课中	专业能力	实际操作能力	能够按照操作规范进行样品的前处理（10分）				
			能够按照操作规范进行样品的检测（25分）				
			能够按照操作规范进行样品的判定（10分）				
	工作素养	发现并解决问题的能力	善于发现并解决实验过程中的问题（5分）				
		时间管理能力	合理安排时间，严格遵守时间安排（5分）				
		遵守实验室安全规范	遵守实验室安全规范（5分）				
课后	技能拓展	洗板操作	正确、规范地完成（5分）				
总分							
注：不合格：＜60分；合格：60～74分；良好：75～84分；优秀：＞85分							

拓展训练

对所学内容进行拓展，查找线上关于 ELISA 检测技术的相关知识，深化对快速检测技术在致病菌检测中应用的相关知识的学习。

任务三　金黄色葡萄球菌的快速检测（RT – PCR 法）

学习目标

知识目标

（1）掌握实时荧光 PCR 法检测微生物的原理。

（2）掌握实时荧光 PCR 法检测微生物的方法与步骤。

能力目标

（1）能够采用实时荧光 PCR 法检测食品中的微生物。

（2）能根据企业产品类型确定微生物实时荧光 PCR 法的检测方案。

（3）能够正确找出各类微生物实时荧光 PCR 法检测的相关引物。

（4）能够按要求准确完成实时荧光 PCR 法检测微生物的计数与记录。

（5）能够分析、处理及判定检测结果，并按格式要求撰写微生物检验报告。

素质要求

（1）介绍微生物致病的相关案例，帮助学生树立食品安全重于泰山的意识。

（2）强化检验操作的重、难点，培养学生的工匠精神和追求精益求精的理念。

聚合酶链式反应（polymerase chain reaction，PCR）自 20 世纪 80 年代发明以来，已经在医学、微生物学、植物学和动物学等领域得到广泛应用，特别是 2020 年新冠疫情以来，采用核酸筛查的方法寻找新冠病毒感染者，可谓是一种适用于大规模人群的快速筛查手段，同时也被当成是阳性病例的确诊手段之一。由此，PCR 反应被广大的普通民众所了解和熟知。

自 20 世纪 80 年代美国化学家穆利斯（Kary Mullis）发明 PCR 以来，这项技术已成为生物学研究的基础。PCR 技术以 DNA 半保留复制机制为基础，利用体外酶促合成和扩增特定核酸片段。30 多年以来，为了解决研究中遇到的各种新问题和新需求，科学家们对 PCR 技术不断进行改良，实现了 PCR 方法由定性到定量再到绝对定量的跃迁。目前，实验室常用的 PCR 方法主要分为 4 个类型：普通 PCR、实时荧光 PCR、数字 PCR 和环介导等温扩增 PCR。

PCR 技术具有高灵敏性、快速和高通量的特点。随着 PCR 技术的发展，PCR 技术的使用从测序和分子克隆，逐渐扩展到病毒、细菌、真菌和物种的鉴别和鉴定。目前，PCR 技术在疾病诊断、致病性微生物鉴定、物种鉴别等领域也得到了推广和应用。

一、实时荧光 PCR 技术

实时荧光 PCR（RT-PCR）是在 PCR 反应体系中加入荧光基团，利用荧光信号累积实现实时监测整个 PCR 反应进程，对起始模板进行定量分析的方法。1996 年，第一台实时荧光定量 PCR 仪由美国 Applied Biosystem 公司推出，实现了 PCR 检测由定性到定量的飞跃。与常规 PCR 相比，实时荧光定量 PCR 在反应体系中加入了荧光基团，提高了检测的灵敏度；引入探针，提高了反应的特异性。

1. 实时荧光 PCR 技术原理

实时荧光 PCR 是在普通 PCR 反应体系中加入了荧光标记探针或荧光染料，随着 PCR 反应的进行，PCR 反应产物不断累积，荧光信号强度也随之增加。每经过一个循环，就会收集一个荧光强度信号，因此，通过荧光强度的变化即可监测产物量的变化，从而得到一条荧光扩增曲线图（见图 4-6）。

荧光扩增曲线可大致分成 3 个阶段。第一个阶段是荧光背景信号阶段，在这个阶段，产物扩增产生的荧光信号被荧光背景信号掩盖，看不出荧光信号有明显变化。第二个阶段是荧光信号呈指数级增加的阶段。经研究表明，在这个阶段，PCR 产物量的对数值与起始模板量之间存在线性关系，因此选择在这个阶段进行定量分析。第三个阶段是平台期。在这个阶段，扩增产物达到了一定水平，已不再呈现指数级增加。用等量模板在 96 孔板上做重复实验，收集到的荧光 PCR 扩增曲线显示，虽然起始模板量相同，但是 PCR 终产物量并不完全相同，根据最终的 PCR 产物量已不能计算出起始 DNA 拷贝数。

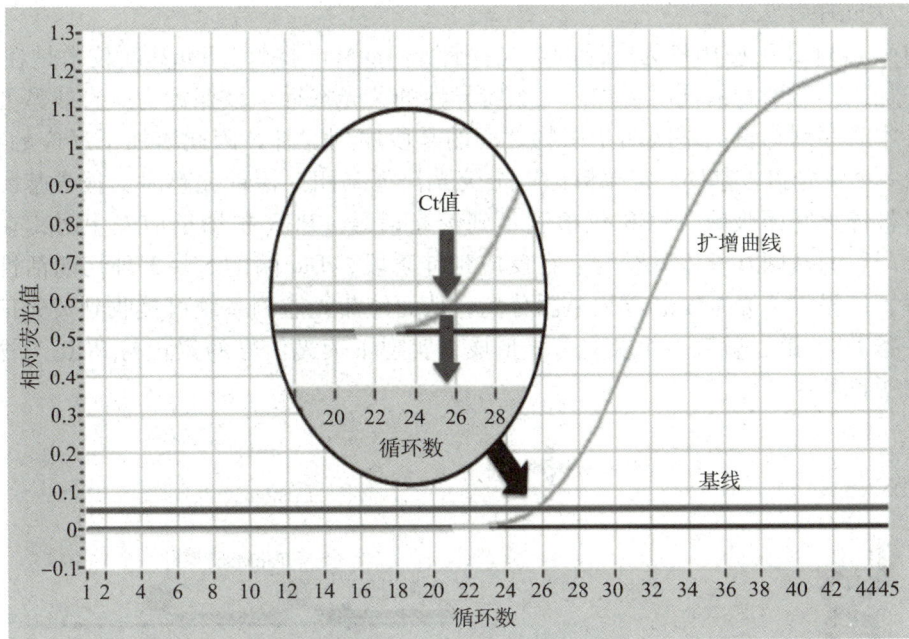

图 4 – 6　荧光扩增曲线图

2. 实时荧光 PCR 中的几个重要概念

在介绍实时荧光 PCR 的数学原理之前，我们需要先了解几个非常重要的概念：基线、荧光阈值和 Ct 值。

基线（baseline）：是指在 PCR 的初始循环期间的信号水平，通常是在 3 至 15 个循环之间，此时荧光信号几乎没有变化。初始循环期间的低信号可以认为是背景或反应的"噪声"。

荧光阈值（fluorescence threshold）：是在荧光扩增曲线上人为设定的一个值，代表的是明显超出基线的扩增信号水平。它可以设定在荧光信号指数扩增阶段的任意位置上，但一般荧光阈值的默认设置是 PCR 反应前 3～15 个循环荧光信号值标准偏差的 10 倍。在阈值线上，所有样品的荧光强度与其本底荧光强度的差值全部相同。

Ct（cycle threshold）值：Ct 值的含义是在 PCR 过程中，每个反应管内扩增产物的荧光信号达到设定的阈值时所经历的循环数。

3. 实时荧光 PCR 的分类

根据所使用的荧光化学物质不同，可将实时荧光 PCR 分为荧光染料法和荧光探针法。

（1）荧光染料法。

荧光染料法是在普通 PCR 反应体系中加入过量荧光染料。荧光染料在游离状态下基本不发光，与双链 DNA 结合后才释放出荧光信号。因此，在 PCR 体系中，随着特异性 PCR 产物的扩增，染料掺入双链 DNA 而产生的信号强度与 PCR 产物的数量是呈正相关的。

荧光染料法的优点是实验设计简单，无须合成探针，降低了检测成本；操作简便，可用于监测任何双链 DNA 序列的扩增。荧光染料法的最大缺点在于可能会产生假阳性信号。由于荧光染料可以与任何双链 DNA 结合，无法区分不同的双链 DNA，因此非特异产物和引物二聚体的存在都会影响检测结果的准确性。

（2）荧光探针法。

实时荧光 PCR 中使用最为广泛的荧光探针是 TaqMan 探针，TaqMan 技术是在 PCR 扩增体系中加入一对引物的同时再加入一个特异性的荧光探针。该探针为一直线型的寡核苷酸，探针本身序列与目的基因两个引物之间的某段序列互补，因此增加了反应的特异性。5'端标记一个荧光报告基团，3'端标记一个荧光淬灭基团。探针完整时，报告基团发射的荧光信号被淬灭基团吸收，PCR 仪检测不到荧光信号。PCR 扩增反应发生时，在退火阶段，探针与目的基因互补序列结合。在反应延伸阶段，Taq 酶的 5'-3'外切酶活性将探针酶切降解，使报告荧光基团和淬灭基团分离，从而使荧光监测系统可接收到荧光信号，即每扩增一条 DNA 链，就有一个荧光分子形成，实现了荧光信号的累积与 PCR 产物形成完全同步（见图 4-7）。

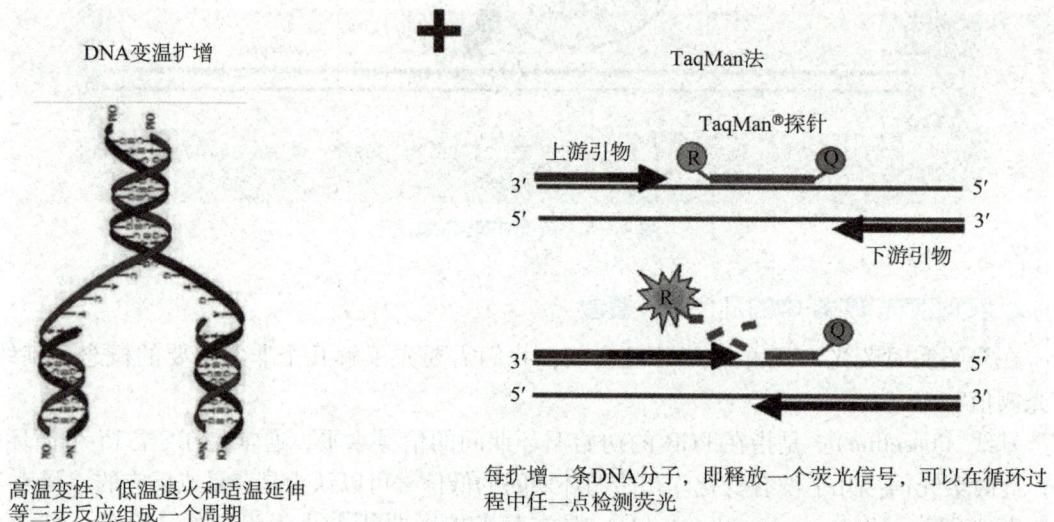

DNA变温扩增

TaqMan法

TaqMan®探针

上游引物

3'   5'
5'   3'

下游引物

高温变性、低温退火和适温延伸等三步反应组成一个周期

每扩增一条DNA分子，即释放一个荧光信号，可以在循环过程中任一点检测荧光

图 4-7　实时荧光 PCR 扩增原理图

荧光探针法的优点是特异性高，重复性好，定量结果准确。通过合成不同荧光标记的探针，可以在一个反应体系中实现多重 PCR 及 SNP 检测。其缺点是需要合成探针，检测成本高。

4. 分子实验室的要求

PCR 实验室的设计和布局应遵循相关法律法规的要求，符合《检测和校准实验室能力的通用要求》（GB/T 27025—2019）的相关规定。为避免污染、确保生物安全，必须严格遵循《转基因产品检测　实验室技术要求》（GB/T 19495.2—2004）、《实验室　生物安全通用要求》（GB 19489—2008）、《生物安全实验室建筑技术规范》（GB 50346—2011）等标准要求建设PCR 实验室。

实验室设计应将不相容活动区域进行有效隔离，合理设计实验分区，防止不同区域间的交叉污染对实验结果造成影响；确保检测工作区域中的生物、化学、辐射和物理危险控制在已经过评估的、适当的风险程度；应考虑意外伤害和职业病风险，并尽量将其风险降到最低；同时，还要保证所有工作人员和外来人员免受已知危害的伤害。

PCR 实验室通常可划分为 5 个工作区域：试剂储备和准备区、样品制备区、PCR 反应

· 224 ·

配制区、扩增区及扩增产物分析区。进入各个工作区域均须严格遵循单一方向顺序，即只能从试剂储存和准备区、样品制备区、PCR 反应配制区、扩增区至扩增产物分析区，避免发生交叉污染。实验室应当具备相应的安全消防保障条件并配备相应的保障措施，在使用、存放及处理放射性、爆炸性、毒害性和污染性物质时，应符合有关安全、防护、疏散、环境保护等方面的规定。

5. 荧光定量 PCR 仪

荧光定量 PCR 仪是专门用于实时荧光 PCR 检测的仪器，集 PCR 扩增、荧光检测、数据分析 3 种功能于一身，可以在 PCR 扩增的同时，实时监测每个试管内荧光量的增长过程。在扩增结束后，软件会自动处理实验数据，对样品进行定量、定性检测或基因分型分析，显示并打印样品的起始浓度等实验结果。

荧光定量 PCR 仪由电子控制模块、电源模块、温控模块、检测模块、外壳模块和软件模块等部分组成，其中温控模块包括热盖子模块和热循环子模块，检测模块包括光路子模块和光学扫描子模块（见图 4 - 8）。

图 4 - 8　荧光定量 PCR 仪结构

1—样品模块；2—样品仓；3—进风口；4—出仓按钮；5—电源指示灯；6—运输锁孔；
7—状态指示灯；8—通风口；9—电源开关；10—电源线插座；11— USB 接口；12—保险丝

在选择荧光定量 PCR 仪时，我们需要考虑仪器使用的广泛程度、仪器的检测通量、仪器的荧光通道数量、耗材的开放性、软件设计是否友好、运行速度和使用的灵活性等因素。例如，常见的设备规格为 96 孔、5 通道，96 孔代表检测通量，5 通道代表荧光信号采集通道。

6. 实时荧光 PCR 操作的常见问题

（1）实时荧光 PCR 与普通 PCR 相比有什么不同？

实时荧光 PCR 为实时检测（在对数扩增期）而不是终点检测，具有引物和探针双重特异性，灵敏度高，可对模板进行定量，无须接触 EB 等有害物质，在密闭的反应管中进行，减少对环境中气溶胶的污染，可提高检测结果的准确性。

（2）荧光标记应选择使用 SYBR Green 法还是 Taqman 探针法？

从实验成本来讲，SYBR Green 法是经济的，基本上就是普通 PCR 加上 SYBR Green Ⅰ 荧光染料即可，其信号强度也很好，可以进行融解曲线分析等，但缺点是只能在一个反应管内进行一种 PCR 反应的检测，而且非特异性扩增会影响实验结果。对于研究人员来说，如果需要检测的基因很多，而每个反应管中只进行一种 PCR 反应的检测可以满足实验要求，则 SYBR Green 法是最好的选择。

如果需要进行多通道实验，即在一个反应管中进行两种或以上的反应，则要选择其他的方法，最常用的是 Taqman 探针法，由于增加了探针的特异性，该法具有双重特异性。

（3）分子实验室的几个区可以合并吗？

根据卫办医政发〔2010〕194 号《临床基因扩增检验实验室区域设计原则》的要求，原则上，临床基因扩增检验实验室应当设置以下区域：试剂储存和准备区、标本制备区、扩增区和扩增产物分析区。这 4 个区域在物理空间上必须是完全相互独立的。《临床基因扩增检验实验室区域设计原则》中提到，根据所使用仪器的功能，可适当合并区域。例如，当使用实时荧光 PCR 仪进行检测时，扩增区、扩增产物分析区可合并为一个区；采用样品处理、核酸提取及扩增检测为一体的自动化分析仪，则标本制备区、扩增区、扩增产物分析区可合并。

二、食品中金黄色葡萄球菌检测实时荧光 PCR 法实操训练

◉ 任务描述

金黄色葡萄球菌为革兰氏阳性球菌，广泛分布于自然界，形态多为球状或椭圆状，常如葡萄串状聚集排列。金黄色葡萄球菌除了可引起感染，也是常见的食源性致病菌之一，其污染食品后，在适当的条件下会产生肠毒素，若被人食用可引起食物中毒。金黄色葡萄球菌常寄生于人和动物的皮肤、鼻腔、咽喉、肠胃、痈、化脓疮口中；在空气、污水等环境中也广泛存在，可在干燥的环境中存活数月。金黄色葡萄球菌营养要求不高，在普通培养基上生长良好，需氧或兼性厌氧，最适生长温度 37 ℃，最适生长 pH 值为 7.4。金黄色葡萄球菌耐低温、耐高渗、耐热性强。常见的易被金黄色葡萄球菌污染的食品为蛋白质或淀粉含量丰富的食品，如奶、肉、蛋、鱼及其制品等。

《食品安全国家标准 食品微生物学检验 金黄色葡萄球菌检验》（GB 4789.10—2016）是目前金黄色葡萄球菌检验的金标准。此标准在食品安全领域和保障人们健康方面发挥了突出作用。但是，此类方法操作较为烦琐、耗时长，不能满足快速检测需求，且在培养基制备和接种等步骤的操作过程中对人员的技术要求较高。

实时荧光 PCR 法具有准确性高、操作和判读简单的特点，可减少实验室操作步骤，减少因手动操作造成的误差。本次任务要求使用实时荧光 PCR 法定性测定食品中的金黄色葡萄球菌。

◉ 任务要求

（1）能够正确掌握金黄色葡萄球菌检测实时荧光 PCR 法的操作流程。

（2）能够正确掌握金黄色葡萄球菌检测实时荧光 PCR 法的结果判读。

（3）能够采用金黄色葡萄球菌检测实时荧光 PCR 法对食品中金黄色葡萄球菌进行测定。

任务实施

（一）设备和材料

设备和材料见表 4 - 9。

表 4 - 9　设备和材料

序号	名称	作用
1	高压蒸汽灭菌器	用于物品或容器的灭菌
2	恒温培养箱	用于生物样品的生长、培养、繁殖
3	电子天平	用于测量物体的质量
4	均质器	用于样品混合物的均匀分散
5	漩涡混匀仪	用于试剂的均匀混合，避免手动操作的误差
6	pH 计	用于测定溶液酸碱度值
7	移液器	用于精准量取液体体积
8	无菌吸头	用于吸取或运输液体
9	无菌锥形瓶	用于微生物的培养、试剂的灭菌
10	无菌均质袋	用于样品的混合、过滤
11	实时荧光 PCR 仪	用于 DNA/RNA 的扩增和荧光信号的识别与检测
12	掌上离心机	快速离心 PCR 管中的试剂
13	冰箱	用于试剂的存放
14	金属浴	用于加热、保温，能够控制其温度并稳定在特定的温度范围内，如核酸提取过程的加热裂解

（二）培养基和试剂

金黄色葡萄球菌核酸检测试剂盒（PCR - 探针法）、7.5% 氯化钠肉汤。

操作视频 4.1.3

（三）操作步骤

金黄色葡萄球菌检测实时荧光 PCR 法的具体操作步骤见表 4 - 10。

表 4 - 10　金黄色葡萄球菌检测实时荧光 PCR 法的操作步骤

操作	操作步骤	操作说明
金黄色葡萄球菌检测实时荧光 PCR 法	1. 样品的制备	称取 25 g 样品至盛有 225 mL 7.5% 氯化钠肉汤的无菌均质杯内，8 000 ~ 10 000 r/min 均质 1 ~ 2 min；或放入盛有 225 mL 7.5% 氯化钠肉汤无菌均质袋中，用拍击式均质器拍打 1 ~ 2 min。若样品为液态，吸取 25 mL 样品至盛有 225 mL 7.5% 氯化钠肉汤的无菌锥形瓶（瓶内可预置适当数量的无菌玻璃珠）中，振荡混匀。将匀液置于 36 ℃ ±1 ℃ 培养 18 ~ 24 h。金黄色葡萄球菌在 7.5% 氯化钠肉汤中呈混浊生长
	2. PCR 模板制备	将培养后的增菌液混匀后，用移液器移取 40 μL 至金黄色葡萄球菌核酸检测试剂盒的裂解液管中（可在开盖前采用合适方式将管中液体集中至底部），盖好管盖，98 ℃ 金属浴或沸水浴 10 min，冷却至室温，吸取上清备用或者于 -20 ℃ 保存

操作	操作步骤	操作说明
金黄色葡萄球菌检测实时荧光PCR法	3. PCR体系配置	从试剂盒中取出 SA 预混液，充分融化，短暂离心，然后将空白对照、样品的 DNA 提取液、阳性对照各取 5 μL 分别加入 PCR 管中，盖好管盖，短暂离心，立即进行 PCR 扩增反应
	4. PCR扩增	将 PCR 管置于 PCR 仪上，推荐反应程序设定如下：反应体系为 25 μL，在第二步每个循环 60 ℃时检测荧光信号，检测通道选择 FAM。 注：使用 ABI 系列 PCR 仪器，passive reference 和 quencher 均选择 none。也可采用如下反应程序： 注：二步法一般不会影响检测结果，但扩增曲线可能会受到一定影响
	5. 结果判定	阈值调整：通常软件自动设定的阈值可以满足要求。若需要调整，以刚好超过正常阴性对照的荧光信号最高点为阈值线，或根据仪器噪声进行调整。 质量控制：空白对照无扩增曲线（或 Ct≥40），且阳性对照在相应的检测通道有标准的 S 型扩增曲线。 结果判定：如下表所示（二步法结果判定也参照此表）

第一步、第二步反应程序表（4. PCR扩增 单元格内）：

第一步	第二步		
1 个循环	45 个循环		
95 ℃	95 ℃	60 ℃√	72 ℃
5 min	15 s	30 s√	30 s

第一步	第二步	
1 个循环	45 个循环	
95 ℃	95 ℃	60 ℃√
5 min	15 s	30 s√

结果判定表（5. 结果判定 单元格内）：

通道	Ct 值	结果判断
FAM	Ct≥40	金黄色葡萄球菌核酸阴性
FAM	Ct≤35	金黄色葡萄球菌核酸阳性
FAM	35<Ct<40	建议重新检测，若结果 Ct≥40，金黄色葡萄球菌核酸阴性，否则为金黄色葡萄球菌核酸阳性

（四）结果与报告

PCR 结果呈阳性的样品，应按照《食品安全国家标准 食品微生物学检验 金黄色葡萄球菌检验》（GB 4789.10—2016）中规定的方法进行确证实验。

如不能及时进行确证实验，可将增菌液在 2~8 ℃保存，不超过 72 h。

根据 PCR 检测结果及《食品安全国家标准 食品微生物学检验 金黄色葡萄球菌检验》（GB 4789.10—2016）确证实验结果，报告 25 g（mL）样品中检出或未检出金黄色葡萄球菌。将金黄色葡萄球菌检测实时荧光 PCR 法结果的原始数据填入表 4-11 中。

表 4－11　金黄色葡萄球菌检测实时荧光 PCR 法原始记录表

样品名称		样品状态	检测方法依据	试剂盒名称		环境状况		检测地点	检测日期	备注
				名称	编号	温度/℃	湿度/%			
样品名称	样品基质	样品名称	是否加标菌株	PCR 结果（Ct 值）		结果判定（检出/未检出）		阴性对照结果（Ct 值）	阳性对照结果（Ct 值）	
乳制品	巴氏杀菌乳	1－1	自然样品平行 1							
			自然样品平行 2							
			加标样品平行 1							
			加标样品平行 2							
检测						校核				

（五）评价反馈

实验结束后，请按照表 4－12 中的评价要求填写考核结果。

表 4－12　金黄色葡萄球菌检验实时荧光 PCR 法考核评价表

学生姓名：　　　　　　　　　　班级：　　　　　　　　　　日期：

考核项目		评价项目	评价要求	不合格	合格	良	优
知识储备		了解 PCR 法的工作原理	相关知识输出正确（1 分）				
		掌握需要进行金黄色葡萄球菌项目检测、样品种类	能够说出哪些食品需要检测金黄色葡萄球菌（3 分）				
检验准备		能够正确准备试验设备及材料	设备及材料准备正确（6 分）				
技能操作		能够熟练掌握金黄色葡萄球菌核酸检测试剂盒的操作规范	操作过程规范、熟练（15 分）				
		能够正确、规范判读并记录结果	判读准确，曲线记录正确（5 分）				
课前	通用能力	课前预习任务	课前预习任务完成认真（5 分）				
课中	专业能力	实际操作能力	能够按照操作规范进行样品的制备（10 分）				
			能够按照操作规范进行 PCR 模板制备（5 分）				
			能够按照操作规范进行 PCR 体系配置（10 分）				
			能够按照操作规范进行 PCR 扩增（10 分）				
			能够按照操作规范进行结果判定（10 分）				

考核项目		评价项目	评价要求	不合格	合格	良	优
课中	工作素养	发现并解决问题的能力	善于发现并解决实验过程中的问题（5分）				
		时间管理能力	合理安排时间，严格遵守时间安排（5分）				
		遵守实验室安全规范	遵守实验室安全规范（5分）				
课后	技能拓展	各种PCR仪的程序设置	正确、规范地完成（5分）				
总分							

注：不合格：<60分；合格：60~74分；良好：75~84分；优秀：>85分

◆ 拓展训练

对所学内容进行拓展，查找实时荧光PCR法的相关知识，深化对致病菌快速检测相关知识的学习。

任务四　饮料中霉菌和酵母菌的快速检测技术（膜过滤法）

◎ 学习目标

知识目标

（1）熟悉饮料中霉菌和酵母菌的快速检测技术。

（2）熟悉膜过滤法的处理技术，能对不同种类和状态的样品进行制备，以备检验。

能力目标

（1）能够依据样品的种类进行合理的制备样品。

（2）依据制定的膜过滤法制备方案，正确进行饮料中霉菌和酵母菌的检验。

素质要求

（1）引导学生关注新技术在食品检验方面的运用情况，领会创新精神在食品安全保障中发挥的作用。

（2）培养学生勤奋好学、克服困难、勇攀高峰的开创精神。

一、基于膜过滤法的荧光染色检测技术

1. 膜过滤技术概述

膜过滤技术是自 20 世纪 60 年代开始逐步发展起来的一项分离技术，具有操作条件温和、无污染、无变相等特点。膜过滤是通过使用一定孔径的滤膜从液体中截留微生物，使该微生物在膜表面成长为菌落，然后对其进行培养、计数、鉴定等。

膜过滤方法广泛应用于食品及饮料工业、环境监测、化妆品、制药工业品质控制和电子工业等领域的微生物检测，也可用于冲洗水、加工水、污水中的微生物检测，是一种国际公认的微生物检验方法，得到了美国分析化学家协会，美国、欧洲和日本等国家和地区的药典，美国食品药品监督管理局，世界卫生组织和国际标准化组织（ISO）等机构或组织的推荐。《食品安全国家标准　食品微生物学检验　酒类、饮料、冷冻饮品采样和检样处理》（GB 4789.25—2024）规定，可过滤的酒类、饮料、包装饮用水（包括饮用天然矿泉水）、食用冰块及稀释后可过滤的饮料浓浆和固体饮料样品，都适用膜过滤法进行检测。

2. 荧光染色技术的原理

过滤步骤后，通过特定的荧光活性标记物将滤膜上所有被截留的微生物进行荧光染色。随着微生物代谢过程中产生的荧光素酶和荧光底物的结合，可在微生物细胞质中释放游离的荧光素，荧光素在微生物体内代谢产物中的累积会使荧光信号增强。该信号能被一定波长的光激活产生荧光，使用荧光染色读数设备即可提前读出菌落数。该荧光染色剂只会对活的微生物进行染色，染色剂在细胞外不发荧光（见图 4-9）。

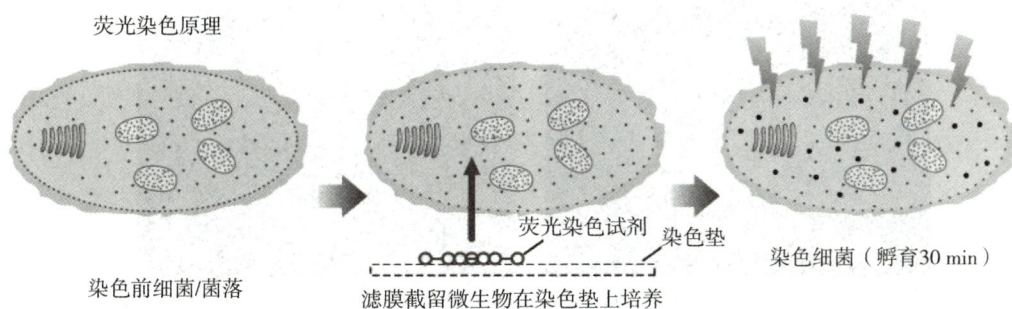

荧光染色原理

染色前细菌/菌落

荧光染色试剂　染色垫

滤膜截留微生物在染色垫上培养

染色细菌（孵育30 min）

图 4-9　荧光染色技术原理图

3. 基于膜过滤法的荧光染色快速检测技术的主要法应用

由于膜过滤技术的广泛应用，基于膜过滤法的荧光染色检测技术，在不改变可过滤样品检测方法的基础上，可实现快速微生物计数检测，并可以同时和传统方法的结果做比对，大大提高了检测效率，满足了饮料/酒等可过滤食品生产企业对快速出结果的要求。

该技术的操作步骤简单，只需要将样品中的微生物通过膜过滤系统收集起来，短时间培养过后（约为传统培养方法时间的1/3），取出培养皿，将滤膜转移到浸有 1.7 mL 荧光染色试剂的纤维垫片上，重新放入培养箱，在 32.5 ℃ ±2.5 ℃培养 30 min（见图 4-10）。

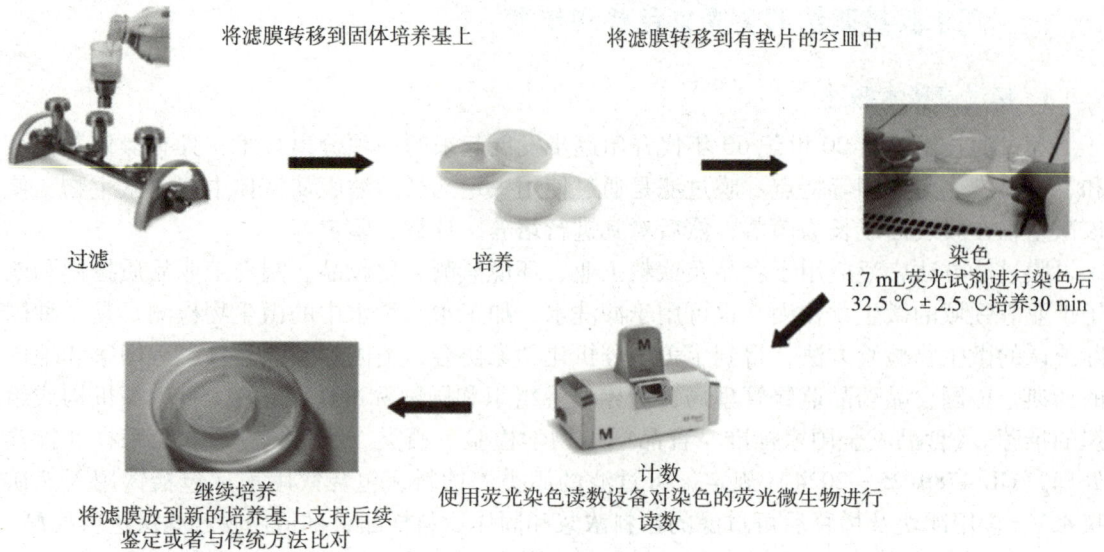

将滤膜转移到固体培养基上　　　　　　将滤膜转移到有垫片的空皿中

过滤　　　　　　　　　　　培养　　　　　　　　　　　染色
1.7 mL荧光试剂进行染色后
32.5 ℃±2.5 ℃培养30 min

计数
使用荧光染色读数设备对染色的荧光微生物进行
读数

继续培养
将滤膜放到新的培养基上支持后续
鉴定或者与传统方法比对

图4-10　操作流程图

荧光菌落有两种计数方式：一是通过读数器窗口直接手动计数；二是通过摄像头和计数软件将图片拍摄到计算机界面计数。读数结束后，如果有检测到污染样品，滤膜可以再次培养，用于微生物的收集和鉴定（见图4-11）。

荧光计数　　　　　　　　　　　　　同张滤膜再培养计数

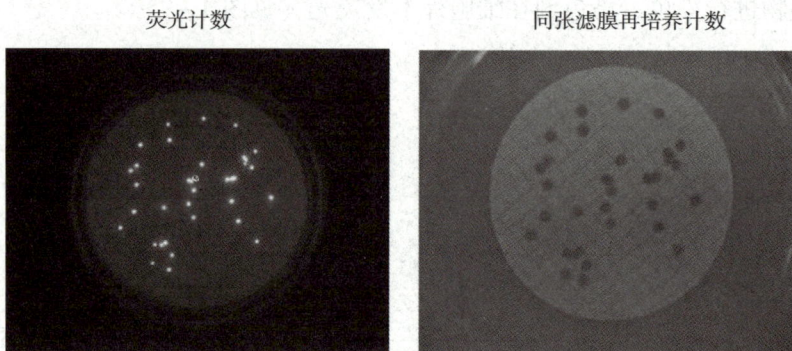

图4-11　计数图

4. 基于膜过滤法的荧光染色快速检测技术的优势和局限性

基于膜过滤法的荧光染色快速检测技术是基于膜过滤和微生物生长的经典方法，不仅不改变培养温度和培养基种类，检测时间还可减少至传统方法检测时间的1/3。此外，该方法为非破坏性的检测方法，可通过继续培养进行微生物的收集和鉴定，荧光染色剂不会影响后续微生物的鉴定，还可兼容各种鉴定方法，如革兰氏染色、PCR等。样品可以同步和传统方法比对，是用可替代方法进行验证的基础。由于基于膜过滤法，因此该检测方法和膜过滤法一样只适用可过滤样品，固体颗粒可能会堵膜。

二、运用膜过滤技术快速检测饮料中的微生物

1. 概述

微生物膜过滤法的原理是将待测液体通过一张具有微孔的薄膜，使液体中的微生物被滞留在薄膜表面，从而实现微生物的分离和检测。这种薄膜通常由聚酯、聚碳酸酯、聚丙烯等材料制成，具有一定的孔径大小，可以根据需要选择不同孔径的薄膜。一般饮料中的微生物检测使用的滤膜孔径为 $0.45~\mu m$，直径一般为 $47 \sim 50~mm$。一定量的待测样品通过滤膜时，霉菌和酵母菌等被截留在滤膜的方格内，将滤膜贴于相应的培养基上培养后，计数相应菌落数并进行相应确认实验即可测得该样品的菌落总数、霉菌和酵母菌、大肠菌群数量（见图 4-12）。目前国内外针对饮料及包装饮用水微生物检测都制定有相应的检测方法。

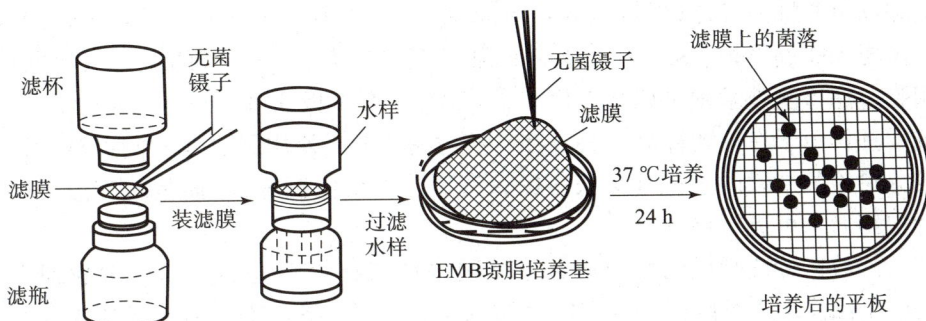

图 4-12　膜过滤检测示意图

国内外常用的微生物膜过滤检测标准见表 4-13。

表 4-13　国内外常用的微生物膜过滤检测标准

标准号	名称
T/CBIA005—2019	《饮料中的微生物检验（滤膜前处理法）》
SN/T 1607—2017	《出口饮料中菌落总数、大肠菌群、粪大肠菌群、大肠杆菌计数方法　疏水栅格滤膜法》
SN/T 1933.2—2007	《食品和水中肠球菌检验方法　第 2 部分：滤膜法》
HJ 347.1—2018	《水质粪大肠菌群的测定　滤膜法》
SN/T 2528—2010	《饮用水中军团菌检测》
GB/T 5750.12—2023	《生活饮用水标准检验方法　第 12 部分：微生物指标》
GB 8538—2022	《食品安全国家标准　饮用天然矿泉水检验方法》
EPA method 600	The total *Coliform* number and *E. coli* in drinking water were determined by the filtration membrane method. 饮用水中总大肠菌群数和大肠杆菌的滤膜法同时测定
AOAC Official Method 990.11	Hydrophobic Mesh Filter/Cup Method for Total *Enterobacter* and *Escherichia coli* Counts in Foods 食品中总肠杆菌和大肠杆菌计数疏水网格滤膜/杯法

标准号	名称
AOAC Official Method 991. 12	Determination of *Salmonella* in Food—hydrophobic filter screening method 食品中沙门氏菌的测定——疏水滤膜筛选法
AOAC Official Method 995. 21	Yeast and Mold Counts in Foods—Hydrophobic Grid Membrane Filter 食品中酵母菌和霉菌的测定——疏水膜过滤法（采用 YM－11 琼脂）

2. 饮料微生物检测膜过滤技术的优势与局限

（1）膜过滤技术的优势。

①取样量大：膜过滤可以在较广泛的取样量范围内（10～1 000 mL）进行灵活调整，且接种量有充分保障，能够很好地富集微生物，所以相对于普通的平板法而言，其具有较低检出限和高可靠性以及良好的再现性。假设需要检测 500 mL 水样，采用 1 mL 平板混释的方法，需要 500 块平板、8～10 L 平板计数琼脂培养基以及更多的人力及时间的付出，但若采用膜过滤检测技术则可以只使用 1 个膜片、1 个平板即可。

②抗干扰：由于在待测样品中会存在一些抑菌成分，使用膜过滤检测可减少待测样品中抑菌成分对检测结果的干扰（如茶多酚、臭氧、二氧化氯等），而传统方法需要对待测样品进行中和后才可进行检测。

③利于计数：传统平板法培养的菌落有很多埋藏在培养基内，如针尖般细小不好计数，这是由于倾注培养基阻碍了很多需氧菌的生长。膜过滤法能有效避免以上不足，膜片上生长的菌落易记数，而且膜过滤还可避免培养基温度过高烫死部分受伤或不耐热细菌。

（2）膜过滤技术的局限性。

任何一项检测技术在使用时都会对其适用性和优缺点进行评估，膜过滤技术也同样具有其自身的局限性，即并不是所有食品的检测都适用该项技术。从技术层面来说，对于不可过滤的、含有复杂基质的样品，膜过滤操作难度较大。从法规层面来看，膜过滤法广泛应用于药品微生物、饮料和水的微生物分析，在其他食品领域却没有明确规定。平板接种法与膜过滤法的对比见表 4 - 14。

表 4 - 14　平板接种法与膜过滤法的对比

项目	平板接种法	膜过滤法
样品量	样品处理量有限	允许测试大体积样品
菌落形态	菌落小，不易识别	菌落更容易识别
灵敏度	低灵敏度	更敏感
抑菌性	pH 值、抑菌成分等会造成干扰	充分冲洗后可有效去除样品中的抑菌成分
工作量	每次需要倒大量的平板，且受培养基温度限制	可提前准备好培养皿，不惧热耗损伤
菌落分离增殖	较难，培养基内部也存有菌落	容易
检测样品种类	各类食品均可检测	可检测可过滤或者完全溶解样品
检测成本	低	略高
法规	国标方法	仅部分检测项目可参考国标

3. 饮料微生物检测膜过滤技术的关键技术点

（1）滤膜材质的选择原则。

在微生物膜过滤检测中，滤膜材质是一个非常关键的因素，其选择应根据被测样品的特性、滤膜材质的特性以及测试方法的要求进行综合考虑。常用的滤膜材质包括纤维素膜、聚酰胺膜、聚四氟乙烯（polytetrafluoroethylene，PTFE）膜等。在选择滤膜材质时应考虑以下几个因素。

①透过率：滤膜材质的透过率要足够高，以保证样品中微生物可以充分吸附在膜表面。

②孔径大小：材质孔径要小于待测微生物的大小，以确保有效地捕捉到全部微生物。

③物化性质：滤膜材质要求具有化学惰性，不会与被测样品中的成分反应而产生干扰。

④耐受性：滤膜要耐受被测样品的条件，如酸碱度、温度、压力等。

（2）常用的滤膜材质介绍。

①混合纤维素酯（mixed cellwlose ester，MCE）。

特点：孔径比较均匀、孔隙率高，无介质脱落，质地薄、阻力小、滤速快、吸附极小，使用成本低，其孔径大小可根据不同的测试方法调整，过滤效果稳定，尤其适用于含大颗粒、高浊度的样品。然而，纤维素膜对有机物和酸碱物质比较敏感，容易受样品物理化学条件干扰，因此需要控制样品条件以保证测试的准确性。

用途：医药工业需热压灭菌的水针剂、大输液中微粒的滤除。纤维素酯是微生物膜过滤测试常用的一种滤膜材质。

②聚丙烯（polypropylene，PP）。

特点：无任何黏结剂，化学性能稳定，柔韧、不易破损，耐高温，能经受高压灭菌。无毒无味，耐酸碱。

用途：适用于制作各种粗、精滤器，折叠式滤芯。可作为饮料、医药等行业的板框压滤机滤膜。适用于反渗透膜、超滤膜的支撑及预处理。聚丙烯膜无毒性，可在医药、化工、食品、饮料等领域广泛应用；具疏水性，对气体的过滤效果尤佳。

③聚醚砜（polyethersulfone，PES）。

特点：醚砜材质的微孔滤膜属于亲水性滤膜，具有高流率、低溶出物、良好的强度等特点，不吸附蛋白和提取物，对样品无污染。

用途：因具有低蛋白质吸附及高药物相容性的特点，故聚醚砜膜专为生化、检验、制药及除菌过滤装置而设计。

④聚偏二氟乙烯（polyvinylidene fluoride，PVDF）。

特点：机械强度高、抗张强度高，具有良好的耐热性和化学稳定性，蛋白吸附率低；具有较强的负静电性及疏水性；具有疏水和亲水两种形式。但不能耐受丙酮、二甲基亚砜（dimethyl sulfoxide，DMSO）、四氢呋喃（tetrahydrofuran，THF）、N，N - 二甲基甲酰胺（N，N - dimethylformamide，DMF）、二氯甲烷、氯仿等。

用途：疏水性聚偏氟乙烯膜主要应用于气体及蒸汽过滤、高温液体的过滤；亲水性聚偏氟乙烯膜主要应用于组织培养基、添加剂等除菌过滤溶剂和化学原料的净化过滤，试剂的无菌处理，高温液体的过滤等。

⑤聚四氟乙烯。

特点：广泛的化学兼容性，能耐受 DMSO、THF、DMF、二氯甲烷、氯仿等强溶剂。

应用：所有有机溶液的过滤，特别是其他滤膜不能耐受的强溶剂的过滤。

⑥尼龙（Nylon）。

特点：耐温性能良好，可耐 121 ℃ 饱和蒸汽热压消毒 30 min，最高工作温度 60 ℃，化学稳定良好，能耐受稀酸、稀碱、醇类、酯类、油类、碳氢化合物、卤代烃及有机氧化物等多种有机和无机化合物。

用途：电子、微电子、半导体工业的水过滤，组织培养基过滤，药液过滤，饮料过滤，高纯化学制品过滤。

⑦聚碳酯酯。

特点：a. 高精度：孔径为 0.05~30 μm，孔形规则，分布均匀；b. 耐化学性：耐强酸、强碱和有机溶剂，可高压灭菌；c. 低吸附：适合高灵敏度检测；d. 透明/黑色：可选黑色膜以减少荧光背景干扰。

用途：微生物检测截留细菌（如孔径为 0.4 μm 的膜截留率为 99.99%），环境水样分析，脂质体粒径控制，细胞培养，血液过滤，高效捕集 PM2.5 等颗粒物。

常用的微生物过滤膜在电子显微镜下的结构如图 4-13 所示。

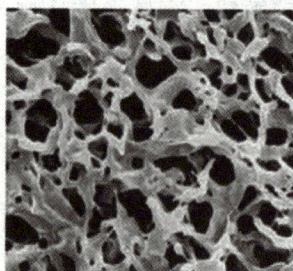

| 聚偏二氟乙烯 | 聚醚砜 | 混合纤维素 |
| 蛋白结合率最低，化学相容性好 | 流速最快，蛋白结合率低 | 最普通用途的膜 |

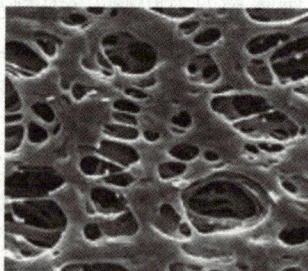

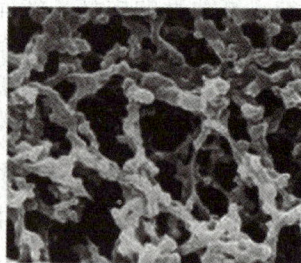

| 聚碳酸酯（polycarbonate）光滑的玻璃状表面，用于清晰的样品观察分析 | 聚四氟乙烯 耐各种极性化学溶剂 | 尼龙 溶出低 |

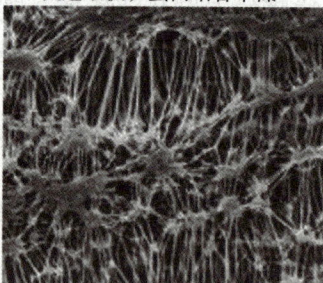

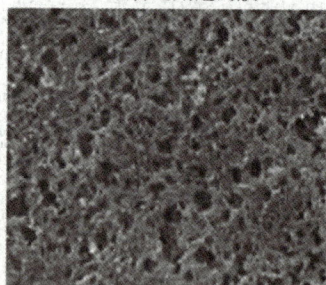

图 4-13　常用的微生物过滤膜在电子显微镜下的结构图

4. 膜过滤检测中的注意事项

（1）建议使用已灭菌膜片，如需要自行灭菌则应将膜片按无菌操作要求包扎，经 121 ℃ 高压蒸汽灭菌 20 min，晾干备用；或将滤膜放入烧杯中，加实验用水煮沸灭菌 3 次，

15 min/次，前两次煮沸后需要更换无菌水洗涤2~3次。

（2）样液全部过滤后需使用不少于15 mL无菌稀释液进行冲洗，将滤杯上残留的微生物冲洗下来，同时也将样品中的抑菌成分稀释冲洗掉。

（3）过滤后膜片培养应注意方向，滤膜截留细菌面向上。滤膜应与培养基完全贴紧，避免膜片与培养基之间产生气泡。

（4）检测最后需要将冲洗滤杯的无菌水进行空白对照测试。

问题思考

（1）在微生物检验中，采用膜过滤法进行检验前要做好哪些准备工作？

（2）在微生物检验中，基于膜过滤方法的荧光染色快速检验技术对样品的制备有哪些要求？

三、饮料中霉菌和酵母菌的基于膜过滤法的快速检测技术实操训练

任务描述

对于可过滤样品，如饮料，通常使用灵敏度更高的膜过滤方法作为其微生物检测的方法。饮料企业通过冷藏、缩短保质期来加快货架周期，因此对快速检测有很大的需求。按照《饮料生产审查细则》的要求，"企业可以使用快速检测方法及设备，但应保证检测结果准确。使用快速检测方法及设备做检验时，应定期与国家标准规定的检验方法比对或验证。快速检测结果不合格时，应使用国家标准规定的检验方法进行确认"。本次实验任务通过基于膜过滤法的荧光染色快速检测技术，对饮料中可过滤样品的霉菌中、酵母菌含量进行快速测定，并和《食品安全国家标准　食品微生物学检验　霉菌和酵母计数》（GB 4789.15—2016）中规定的检验方法进行对比。

任务要求

（1）能够正确掌握膜过滤及荧光染色方法的操作流程，对样品中的霉菌和酵母菌进行快速计数，并对实验数据进行分析，确定确切的快速出结果时间。

（2）将快速计数结果和传统（国标）方法做对比，验证其准确性。

（3）独立完成实验，记录结果并完成报告。

任务实施

（一）设备和材料

设备和材料见表4-15。

表 4 − 15　设备和材料

序号	名称	作用
1	Merck EZ − Family/Oasis 微生物过滤系统	用于液体样品的膜过滤
2	Merck EZ − Fluo 微生物快速检测系统	用于快速结果的读取和结果的保存
3	恒温培养箱	用于生物样品的生长、培养、繁殖
4	无菌量筒	用于量取液体体积
5	漩涡混匀仪	用于试剂的均匀混合，避免手动操作的误差
6	无菌镊子	用于转移膜

（二）培养基和试剂

马铃薯葡萄糖琼脂、Merck MilliporeS − Pak 滤膜（混合纤维素酯，0.45 μm）及 EFFU 一次性滤杯、EZ − Fluo™ 荧光染色剂、Petri − Pad™ 培养皿。

操作视频 4.1.4

（三）操作步骤

基于膜过滤法的霉菌/酵母菌荧光染色快速检测的具体操作步骤见表 4 − 16。

表 4 − 16　基于膜过滤法的霉菌/酵母菌荧光染色快速检测的操作步骤

操作	操作步骤	操作说明
EZ − Fluo 快速实验测定	1. 评估荧光背景干扰	（1）实验方法： 过滤 3 个无菌产品平行样或者 3 个无菌水平行样，规定温度下培养 16 ~ 24 h 后，染色并观察滤膜。（通过读数器窗口肉眼直接观察，而不是使用软件） （2）接受标准：无任何荧光信号或绿色荧光背景
	2. 确定荧光培养时间	（1）实验方法。 准备霉菌/酵母菌（标准菌株或分离菌或自然受污染产品），接种于产品的菌悬液浓度小于 100 CFU。 比如，过滤体积为 100 mL。先在滤杯中加入 50 mL 样品，用移液器加入 1 mL 或者 100 μL 的菌悬液（小于 100 CFU），再将样品加至 100 mL 后过滤。进行 3 个平行样试验。 （2）培养时间的确定。 测试 2 ~ 3 个培养时间点（快速检测出结果的时间预计为传统方法的 1/3，可根据自身情况安排在该时间点左右，以确定确切时间），每个时间点进行 3 个平行样。 培养时间确定的依据：①标准菌或分离菌的菌悬液，生长速度比较快；②自然受污染的样品中的微生物一般是受损状态，生长速度慢些；③培养基成分和温度非常重要；④以往样品中微生物的生长趋势。 （3）可接受标准。 $$荧光回收率(\%) = \frac{荧光计数}{传统方法平均计数值} \times 100$$ $$再培养回收率(\%) = \frac{再培养计数}{传统方法平均计数值} \times 100$$ 荧光回收率、再培养回收率与整体平均回收率均要达到 70% 以上，而且荧光信号清晰，每个菌落很容易被观察和计数。 典型的荧光菌落如下。荧光信号不会太弱，每个菌落很容易观察和计数

操作	操作步骤	操作说明
EZ – Fluo 快速实验测定	2. 确定荧光培养时间	合适荧光信号 不充分荧光信号
	3. EZ – Fluo 法测定霉菌/酵母菌	（1）取 100 mL 酵母菌/霉菌母液，以 EZ – family/Oasis 微生物过滤系统过滤。 （2）将过滤后的膜放置于马铃薯葡萄糖琼脂平板上，于 28 ℃ ±1 ℃ 下，培养 2. 中所确定的时间长度 T 小时。 （3）T 小时后，将滤膜转入带垫片的培养皿中用 1.7 mL 荧光染色剂进行染色，在 32.5 ℃ ±2.5 ℃ 下培养 30 min （4）使用 EZ – Fluo 计数菌落情况，并拍照记录（EZ – Fluo 荧光测定组）。 （5）将染色完成后的滤膜，再转移至（新）琼脂平板上，继续培养（总培养时间 5 天）。 （6）到达时长后，再次拍照计数（EZ – Fluo 再培养组）（共做 3 组平行实验）
	4. 传统法测定霉菌/酵母菌（对照）	取 100 mL 母液，以 EZ – Family/Oasis 微生物过滤系统过滤后，放置于马铃薯葡萄糖琼脂平板，于 28 ℃ ±1 ℃ 下，培养 120 h（5 天）后计数（传统对照组）（共做 3 组平行实验）
	5. 验证结果分析	EZ – Fluo 荧光测定组平均值或 EZ – Fluo 再培养组的平均值/传统对照组平均值＝回收率（％）（recovery）。回收率超过 70%，验证通过。 EZ – Fluo 荧光测定组或继续培养组的菌落数与对应传统组的菌落数相比，使用 t 检验［t 检测是一种用于比较两组数据平均值是否存在显著差异的统计方法，主要用于样品含量较小（例如 $n<30$）、总体标准差未知的正态分布。］统计结果，若 P 值均大于 0.05，说明快检组与传统组检测结果无显著性差异

（四）结果与报告

在用 EZ – Fluo 法测定饮料中霉菌和酵母菌菌落数组结果验证合格的情况下，以该方法测定样品，可缩短培养时间、加速实验流程、更快获得实验结果，并且可以同时通过继续培养做比对，简化快速方法的验证。基于膜过滤法的荧光染色快速检测和传统方法测定结果记录见表4 – 17。

表4 – 17　基于膜过滤法的荧光染色快速检测和传统方法测定结果记录表

	时间点1：如36 h		时间点2：如48 h		
	荧光定量组	荧光定量再培养组（120 h）	荧光定量组	荧光定量再培养组（120 h）	传统方法组（120 h）
平行1					
平行2					
平行3					
平均值					
回收率/%					

（五）评价反馈

实验结束后，请按照表4 – 18 中的评价要求填写考核结果。

表4 – 18　饮料中基于膜过滤法的霉菌和酵母菌快速检测技术考核评价表

学生姓名：　　　　　　　　　班级：　　　　　　　　　日期：

考核项目		评价项目	评价要求	不合格	合格	良好	优秀
知识储备		了解膜过滤方法的工作原理	相关知识输出正确（1分）				
		了解基于膜过滤法的荧光染色快速检测的工作原理	能够说出哪些样品适用于该方法（3分）				
检验准备		能够正确准备试验设备及材料	设备及材料准备正确（6分）				
技能操作		能够熟练掌握基于膜过滤法的霉菌和酵母菌快速检测的操作规范	操作过程规范、熟练（15分）				
		能够正确、规范记录结果并进行数据处理	原始数据记录准确、数据处理正确（5分）				
课前	通用能力	课前预习任务	课前预习任务完成认真（5分）				

考核项目		评价项目	评价要求	不合格	合格	良好	优秀
课中	专业能力	实际操作能力	能够按照操作规范进行样品的过滤（10分）				
			能够按照操作规范进行样品的培养（10分）				
			能够按照操作规范进行滤膜的转移和染色（10分）				
			能够按照操作规范进行样品的计数（5分）				
			能够按照操作规范进行样品的接种（10分）				
	工作素养	发现并解决问题的能力	善于发现并解决实验过程中的问题（5分）				
		时间管理能力	合理安排时间，严格遵守时间安排（5分）				
		遵守实验室安全规范	遵守实验室安全规范(5分)				
课后	技能拓展	含抑菌成分样品的滤膜表面冲洗操作	通过查阅了解相关步骤(5分)				
总分							

注：不合格：<60分；合格：60～74分；良好：75～84分；优秀：>85分

拓展训练

对所学内容进行拓展，查找膜过滤法在食品检测中应用的相关知识，深化对荧光染色法相关知识的学习。

案例介绍

通过手机扫码获取微生物快速检测技术的相关应用案例，通过阅读网络资源总结快速检测技术对微生物检测工作的重要性，做好食品安全的监管。

4.1 案例

拓展资源

利用互联网、国家标准、微课等，对所学内容进行拓展，查找线上相关知识，深化对相关知识的学习。

4.1　资源

项目二　食品微生物快速检验与鉴定技术应用

任务一　全自动生化鉴定技术

学习目标

知识目标

（1）了解主流食品微生物快速检验技术的种类和概况。

（2）了解微生物快速检验技术的瓶颈和发展趋势。

能力目标

（1）了解并掌握目前主流微生物快速检验和鉴定技术的测定原理和应用场景。

（2）根据企业的检测需求，选择合适的微生物快速检验方法。

素质目标

（1）通过开展创造性活动，激发学生在食品微生物检测领域的创新思维，提高解决实际生活中出现的食品微生物污染问题的能力。

（2）鼓励学生自主学习，通过指导和反馈，帮助学生养成自主学习习惯，提高学习成效，切实做到课前自学、课中实践、课后探索。

4.2　PPT

随着自动化、高通量需求的提出，微生物检测技术逐步从传统人工操作向自动化检测系统发展，包括相关的仪器、试剂、分析软件等。目前，市场上的全自动微生物检测系统主要分为快速筛查和鉴定两个方向，且均基于传统微生物培养和鉴定的原理。

例如，实时光电法是通过监控微生物生长代谢带来的 pH 值改变及其他生物学反应来进行检测和判断的。微生物的代谢产物使培养基的化学特性及试剂颜色发生改变，仪器的光学系统对上述化学变化产生的光度改变进行实时监控，微生物含量越高，检出时间越短。

又比如，全自动免疫荧光酶标仪自动酶联荧光免疫测试是集固相吸附、酶联免疫、荧光检测和乳胶凝集诸方法优点于一体的综合性检测系统，可用于检测食品及环境样品中的致病菌，其原理是利用夹心 ELISA 方法，将抗体提前包被在固相接受器上；同时，将其他试剂固定在试剂条上，形成即用型试剂。实验时，将这些试剂条插入仪器中，然后由机器分担所有工作，直至打印报告。一般经 48 h 增菌过程后，多数检测可在 50 min 内完成。

再比如，组合了膜过滤法和荧光染色技术的微生物快速检验系统，通过利用广泛接受

的膜过滤装置进行样品处理，保证了结果的一致性和可靠性；通过使用膜过滤进行大体积样品的检测，也提高了检测灵敏度；同时，这一独特的设计保证了所有可能抑制微生物生长的物质能够被冲洗掉。过滤和培养过后，试剂中的荧光底物在微生物细胞内发生酶解反应并积累，产生荧光信号，通过专用读数器显示并计数。该系统的特点在于快速检测并计数微生物，但并不能对微生物进行鉴定。由于该方法具有非破坏性，因此检测到的微生物可以进一步分离培养，认准利用常规方法进行鉴定。

一、全自动快速培养及鉴定系统

1. 常见的生化鉴定方法及其自动化平台

食品微生物检测的目的主要包括以下几个方面：食品中是否存在可生长的微生物（商业无菌检测）；检测目标微生物的数量（常见的指示菌检测，如菌落总数、大肠菌群计数）；是否存在目标致病性微生物（如沙门氏菌、单核细胞增生李斯特氏菌、克罗诺杆菌的定性检测）以及鉴定微生物的种属。其中，关于种属的鉴定就是本节要探讨的内容。微生物鉴定的经典方法就是生化鉴定，根据微生物的"饮食特点"看其对各种营养成分的代谢情况来界定它到底属于哪个家族。传统微生物鉴定技术分类学及进化相对复杂，种群庞大；工业微生物因环境压力影响容易出现变异；实验涉及许多生化反应项目，操作复杂，工作量巨大；结果观察、后期处理及计算相对复杂；一旦出现谬误重复工作将非常艰巨。微生物自动化检测系统因其具有能准确、快速发现和鉴定病原体的特点而被越来越多地应用于临床检验、疾病控制及食品检测等领域，常见的如 API 细菌鉴定系统（API bacterial identification system）和 VITEK 全自动微生物分析系统（VITEK system for rapid microbial indektfication）。

API 系统诞生于 1969 年，它的出现彻底变革了当时的细菌学领域。API 系统将当时实施复杂且判读困难的生化鉴定技术，引向标准化和微型化。这一革新使微生物鉴定变得简单、快速而可靠。该革命性的创举继而领跑微生物鉴定领域数十载，逐渐成为公认的金标准。API 20 E 是生物梅里埃公司开发的第一套鉴定系统，生物梅里埃公司通过和美国、欧洲、日本及澳大利亚等多个国际参考中心协作，使 API 系列迅速扩展至如今的 16 套系统。系统将生化实验试条与数据库相结合，使众所周知的"数码组合鉴定"法依序引导了软件程序的设计。试条由 10 个、20 个或 50 个不等的测试小杯组成，杯底具有用于生化反应的干燥底物。将配制好的菌悬液接种于杯中的干燥底物，使其复溶。培养一定时间后根据颜色变化判读结果。图 4-14 所示为 API 系统的整体操作流程，简单且便捷。

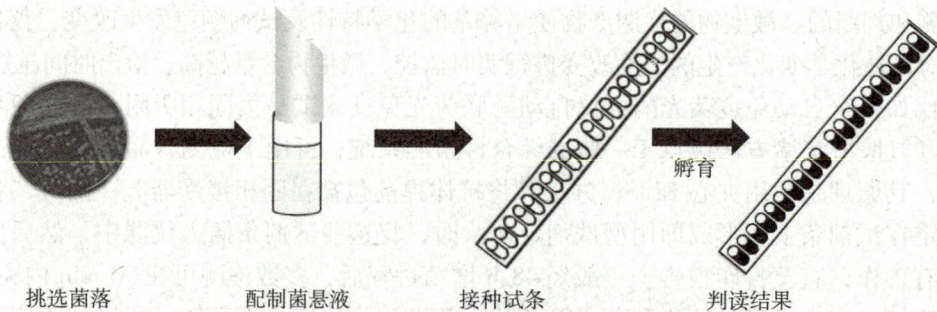

挑选菌落　　　　配制菌悬液　　　接种试条　　　　判读结果

图 4-14　API 鉴定系统的整体操作流程

在 API 系统之上，又开发了自动化程度更高的 VITEK2 Compact 全自动生化鉴定系统，可实现自动进样、自动判定生化反应结果并进行系统查询、直接给出鉴定结果。图 4 – 15 展示了全自动生化鉴定系统的工作流程。

VITEK 2 COMPACT

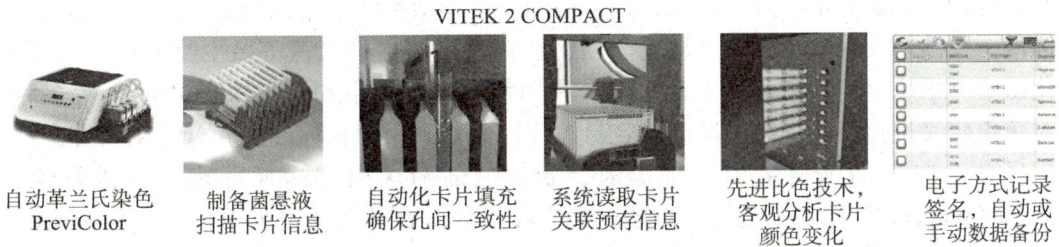

| 自动革兰氏染色 PreviColor | 制备菌悬液 扫描卡片信息 | 自动化卡片填充 确保孔间一致性 | 系统读取卡片 关联预存信息 | 先进比色技术，客观分析卡片颜色变化 | 电子方式记录 签名，自动或 手动数据备份 |

图 4 – 15　全自动微生物鉴定分析系统

VITEK – AMS 全自动细菌鉴定系统的工作原理是将光电技术、计算机技术和细菌 8 进位制数码鉴定相结合。每个鉴定卡内含有 30 项生化反应，每 3 项为一组，各确立阳性反应值分别为 1，2，4。如 3 项全部为阳性，其组值为 7；如第 1、第 2 项阳性为 3；如第 1、第 3 项阳性为 5；以此类推。30 项生化反应可获取 10 位数的生物数码。读数器每隔 30 min 对每一试卡读数 1 次，对各反应孔底物进行光扫描，动态观察反应变化，一旦试卡内终点指示孔到达临界值，指示反应完成，系统会将最后一次判读结果所得的生物数据与菌种库标准菌生物模型进行比较，经矩阵分析得出鉴定值和鉴定结果，并自动打印报告。

2. 全自动生化鉴定技术的特点

（1）准确性好。鉴定卡利用多种生化反应测定微生物的碳源利用、酶活性和耐药性，从而判定其种类，判定结果准确可靠。

（2）速度快。对待检菌株进行初步判定后即可挑选对应的鉴定卡类型，配制好适宜浓度的菌悬液，然后按照操作规程上机检验；检验过程既减少了手工操作，又缩短了检验时间，还提高了检验效率。VITEK2 Compact 鉴定一般需要 2 ~ 10 h，其中革兰氏阳性菌鉴定卡（GP 卡）大约耗时 8 h，革兰氏阴性菌鉴定卡（GN 卡）可以在 10 h 内获得鉴定结果。利用 VITEK2 Compact 对菌株进行鉴定，大肠埃希氏菌检验耗时最短仅需 2.75 h。

（3）可重复性好。一个鉴定系统不仅需要较高的准确性，其鉴定结果还需要有可重复性。VITEK2 Compact 试剂及操作采用标准化流程，系统稳定，大量的验证数据表明其可重复性良好。

（4）安全性好。VITEK2 Compact 采用密闭的一次性系统，生化检验所需试剂均预先填充在不同类型的一次性鉴定卡片上，减少了试剂准备环节，避免人与有毒物质接触，使检验人员的人身安全得到有力保障。

（5）自动化程度高。在传统的鉴定方法中，生化试验结果需要操作者进行判读，判读结果直接影响对微生物的鉴定，因此对操作者要求较高。VITEK2 Compact 全自动微生物鉴定系统自动化程度高，自挑取样品制成适宜浓度的菌悬液后，即可进行装填、转移，后续的数据读取及结果判定工作皆由系统自动操作完成，操作者对所生成的结果认可后，系统可直接输出或打印鉴定报告，避免出现因人为观察和判断而造成的误差。

二、全自动生化鉴定技术在食品检测中的应用

VITEK2 Compact 全自动微生物鉴定系统以微生物生化反应为基础，利用先进的比色技术，测得相关数据并给出判定结果，是常用的全自动微生物鉴定系统之一。按食品安全国家标准，在沙门氏菌、单核细胞增生李斯特氏菌和副溶血性弧菌等微生物的检验过程中，生化试验可采用全自动微生物鉴定系统。利用传统生化鉴定和 VITEK2 Compact 等多种方法对鱼粉样品进行检验，结果准确鉴定出沙门氏菌。利用国家标准法和 API 生化鉴定法对沙门氏菌、单核细胞增生李斯特氏菌、金黄色葡萄球菌和蜡样芽孢杆菌进行检测，VITEK2 Compact 鉴定结果与 API 生化鉴定结果完全一致且准确率为 100%。通过对 12 种常见食源性致病微生物进行检测，结果显示 VITEK2 Compact 能准确鉴定出其中的 11 种，仅革兰氏阳性链球菌鉴定结果不理想，需结合其他方法进行判定，但对常见的金黄色葡萄球菌和单核细胞增生李斯特氏菌鉴定效果较好。以上研究表明，全自动生化鉴定系统在食品微生物检测行业中应用广泛、方法可靠、行业认可度高。

三、全自动生化鉴定技术的影响因素

VITEK2 Compact 全自动微生物鉴定系统自动化程度高，在样品上机以后，人工操作较少，影响因素较少。而在上机前的样品准备过程中，从分离纯化到菌株培养，均会对鉴定结果造成影响。

（1）菌纯度。VITEK2 Compact 系统依据生化反应结果判定菌株种类，要求上机检验样品为分离培养后的纯菌。

（2）菌浓度。上机测试的菌株需按要求制成一定浓度的菌悬液，如 GP 卡和 GN 卡所使用的菌悬液浓度为 0.5 ~ 0.63 麦氏单位，超过此范围会对鉴定结果造成影响。

（3）传代次数。鉴定过程选用的菌株传代次数不宜过多。

（4）培养时间。细菌在不同的生长阶段，其生化反应能力会有所差异。细菌的新鲜培养物容易准确鉴定，而培养时间过长、保存时间过长或者经过反复冻融的菌株则很难被鉴定，因此要求上机所用样品为培养 18 ~ 24 h 的新鲜培养物。

（5）培养基类型。如果待检菌株生长状态不佳，将会使某些生化反应检验结果不准确，从而影响鉴定结果。如具有嗜盐性的弧菌在培养时，若盐水浓度达不到标准，那么吡咯烷基芳胺酶和磷酸酶等生化反应会受到影响而导致误判。因此，菌株培养时，应按照菌株类型和检验项目需要选择合适的培养基。

◆ 问题思考

（1）通过比较，了解微量生化鉴定系统和传统生化试验装置的区别。

（2）了解其他全自动细菌鉴定系统，比如，MicroScan 全自动细菌鉴定系统、Sensititre 全自动微生物鉴定/药敏测试系统及这两种全自动鉴定系统在测定中的优势。

任务二　质谱技术在食品溯源中的应用

学习目标

知识目标

（1）掌握食品微生物检验和鉴定技术的工作原理。

（2）掌握食品微生物检验过程中质谱相关仪器设备的使用方法与常规保养。

能力目标

（1）能够规范操作各种质谱相关仪器设备。

（2）能够完成各种食品微生物检验设备的保养和样品的处理与分析。

素质目标

（1）通过学习，学生能够完成某产品的微生物质谱鉴定。

（2）通过食品微生物检测，能够判断食品加工环境及食品卫生情况，能够对食品被微生物污染的程度做出正确的评价。

食品检测是保障食品质量的重要手段，可为各项卫生管理工作提供科学依据，也可为食源性食物中毒的治疗提供依据。目前，食品致病菌的检验鉴定仍然以传统的培养方法和生理生化方法为主，这些方法分析周期较长、操作烦琐、难以实现自动化。

近年来，微生物的检测和鉴定技术主要朝向快速且准确的测试方式发展。免疫学方法检测速度快、特异性高，但是容易受到干扰。基于代谢物的电阻抗技术等方法检测速度较快，但是特异性较差。分子生物学方法是目前微生物分析的首选方法，具有快速、特异性高、灵敏度高、可自动化、检测范围广等特点，但是一次试验只能确定一种靶标的有无，提供的信息量较少。微生物质谱技术是近年发展起来的新型微生物鉴定方法。它可以将微生物鉴定到属、种甚至菌株的水平，操作简单、检测速度快、通量高、结果准确、可鉴定的微生物种类多，是目前微生物鉴定的热门方法。

一、MALDI‑TOF‑MS 微生物鉴定技术的基本介绍

基质辅助激光解吸电离飞行时间质谱（matrix-assisted laser desorption/ ionization time‑of‑flight mass spectrometry，MALDI‑TOF‑MS）是 20 世纪 90 年代末发展起来的一种新型软电离生物质谱技术。由于缺乏强大的信息工具和高效的数据库，直到 21 世纪初才逐渐实现商业化。MALDI‑TOF‑MS 具有快速灵敏、分辨率和通量高等优点，已在临床、食品和环境安全等领域致病性微生物鉴定中广泛应用。数据库的不断更新与完善极大地提高了 MALDI‑TOF‑MS 对一些难鉴定微生物（如微需氧菌、厌氧菌、分枝杆菌和真菌等）的鉴定效率，已成为公认的微生物快速鉴定的里程碑。

食源性致病菌造成的食品安全事件是世界各国需共同面对的公共卫生问题。食源性致病菌包括金黄色葡萄球菌、单核细胞增生李斯特氏菌、沙门氏菌、副溶血性弧菌等。从整

体上看，我国食源性疾病的发生原因中，微生物性病因占比最大，其引发的食品安全事件往往具有暴发快、范围广的特点。在此环境下，《食品安全国家标准　预包装食品中致病菌限量》（GB 29921—2021）中的传统方法不能完全满足食源性致病菌鉴定的时效性需求。MALDI – TOF – MS 是近几年发展起来的新型快速微生物鉴定技术之一，具有操作简单、快速、准确及高通量等特点，为生命科学、食品、工业等领域提供了一种强有力的分析测试手段，在细菌、酵母菌、分枝杆菌、丝状真菌等微生物鉴定中发挥了重要作用。

二、MALDI – TOF – MS 微生物鉴定技术的原理

每种微生物都由独特的蛋白质组成，蛋白质的种类可以作为鉴定细菌的生物标志物。MALDI – TOF – MS 正是这样一种基于蛋白质检测的微生物快速鉴定技术。MALDI – TOF – MS 鉴定微生物的基本原理为将微生物样品与等量的基质溶液混合或分别点加在样品板上，溶剂挥发后形成样品与基质的共结晶；利用激光作为能量来源辐射结晶体，基质从激光中吸收能量使样品解吸；基质与样品之间发生电荷转移使得样品分子电离，经过飞行时间检测器，以检测到的离子峰为纵坐标，离子质荷比（m/z）为横坐标，形成质量图谱。通过数据库分析比对，根据形成的蛋白图谱的不同峰值分布进行分析计算，从而实现对目标微生物进行种属水平的区分和鉴定。在该方法中，用于进行质量分析的生物标志物主要是细菌体内高丰度、表达稳定和进化保守的核糖体蛋白。图 4 – 16 直观地体现了质谱微生物鉴定技术的原理。

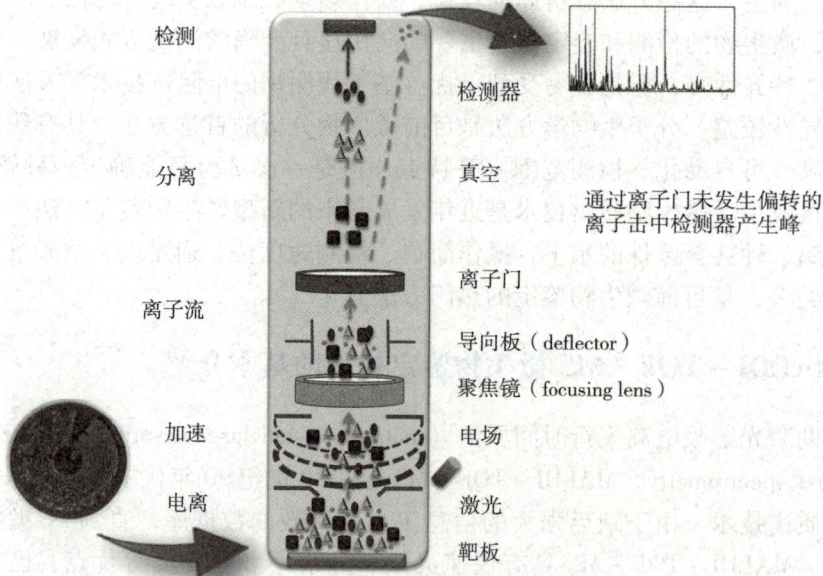

图 4 – 16　质谱微生物鉴定技术的原理

三、MALDI – TOF – MS 微生物鉴定的操作流程

MALDI – TOF – MS 微生物鉴定的操作流程非常简单；将经过纯培养的微生物制备好，

从平板上挑取单菌落；进行涂靶板，薄涂，然后加上基质液静待 1 min 左右，形成菌体与基质液的结晶体之后进行上机；由仪器自带的系统和数据库对待测微生物的蛋白图谱进行分析，给出置信度较高的微生物鉴定结果（见图 4 - 17）。

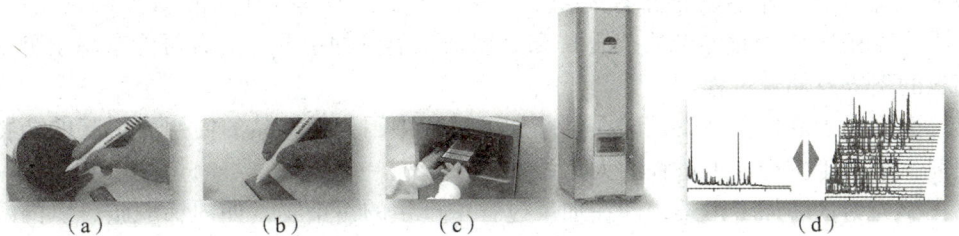

图 4 - 17　MALDI - TOF - MS 微生物鉴定的操作流程

(a) 挑取菌落；(b) 涂靶板；(c) 上机；(d) 系统自动分析出鉴定结果

四、MALDI - TOF - MS 微生物鉴定的注意事项

MALDI - TOF - MS 出现微生物鉴定错误或未鉴定现象的根本原因是数据库中的错误、缺失或参考图谱不完整。选择质谱方法用于微生物鉴定时，一定要注意选择。数据库中单株菌建库时对应的不同来源菌株图谱越多，其准确性越高。幽门螺杆菌的鉴定准确性很低，是因为目前数据库中该物种的图谱较少。随着图谱数据库的不断丰富和图谱质量的提高，MALDI - TOF - MS 将在微生物鉴定中得到更广泛地应用。当物种之间的亲缘关系非常密切，具有几乎相同的质谱时，需要一些生化测试来区分，可通过表型方法和血清学试验进一步证实。

菌株的来源会影响 MALDI - TOF - MS 的鉴定结果。由于许多菌株存在于混合物和生物膜中，使准确鉴定具有一定的挑战性，而从多菌样品中分离和培养纯培养物最为关键，而且蛋白质表达的模式会随着混合物的培养条件改变而变化，因此在 MALDI - TOF - MS 的菌种鉴定中，样品制备方法、基质溶液和培养条件对 MALDI - TOF - MS 鉴定的准确性起着决定性的作用。分枝杆菌属、诺卡氏菌属和丝状真菌具有复杂的壁结构，导致通过基质过程提取蛋白质效果较差，甲酸提取法可以提高萃取效率。鉴定细胞壁厚或核糖体蛋白少的菌株，建议采用裂解破壁、蛋白抽取等方法富集光谱，提高识别能力。根据特定的细菌代表和菌株要求，确定标准化培养条件和样品制备方案，利用获得的质谱来更新和修改参考数据库，从而提高 MALDI - TOF - MS 的准确性。

五、食品污染溯源

食品污染溯源是指对食品中污染物的来源进行追溯，即识别污染的源头，是在食品生产加工过程中的哪一个环节、什么途径引入的。因为食品链很长，涉及的环节繁多，所以通过全程追溯污染的来源难度很大，这需要了解食品加工、运输、销售等详细的过程信息，同时还需要了解污染物产生、演变的过程及其影响因素。由于食品污染种类不同，其产生、演变规律明显不同，应针对不同污染物种类进行溯源。

目前，关于食品污染溯源的研究很少，尤其是基于食品链的溯源，国内外还未见报道。关于微生物溯源和基于大尺度化学性污染物源头解析的研究报道也很少。

1. 食品中污染的种类和可能来源途径分析

第一类为天然化学污染，即非人为产生的天然污染，如重金属、真菌毒素等。前者可能来源于环境污染（如种植的土壤、水源、空气；加工等其他环节的场所和空气）、投入品的杂质（如磷肥使用时伴带的杂质）和金属加工器具的引入。后者可能来源于种植的环境、饲料的引入及储藏过程。

第二类为投入品残留污染，即在生产加工过程中因化学产品的使用而引起的药物残留和添加剂，来源于生产加工过程的人为添加。

第三类为为食品加工污染，即在加工过程中产生的污染物，如丙烯酰胺、氯丙醇和多环芳烃等，来源于不同加工方式。

第四类为生物性污染，即食品中的病毒、寄生虫、真菌和细菌，可能来源于原料的伴带和环境的污染。

2. 食品污染的溯源方式

食品污染的溯源大体可分为 3 种方式。

基于食品链追溯体系的污染物溯源：通过食品链追溯体系查询追溯污染来源于哪一个环节，再通过该环节进一步追溯污染的来源。

基于大区域尺度的污染物源头解析：该方式针对较大尺度（如流域、地区等）的化学性污染物源头解析。

基于微生物分子分型的生物性污染溯源：当发生微生物污染时，通过现代微生物分子分型技术，比较污染微生物与不同环节、不同途径污染微生物之间的同源性，判别污染微生物的来源。

前两种方式适合于化学性污染，后一种方式适合于微生物污染。

六、质谱技术在食品溯源中的应用

质谱技术可以通过分析食品中的稳定同位素和特征化合物，实现对食品的溯源。例如，通过分析食品中的氢氧同位素比值，可以确定食品的地理来源；通过分析食品中的苯丙氨酸同位素比值，可以确定食品的动植物来源。

质谱技术可以对食品的成分和品质进行全面评估和控制。通过质谱技术，可以对食品中的营养成分、添加剂和防腐剂等进行定量分析，确保食品的质量安全。同时，质谱技术还可以对食品中的风味物质进行分析，为食品的调味和改良提供科学依据。

◆ **问题思考**

（1）了解基于质谱技术的食品致病菌检测项目的优势。
（2）了解质谱技术在食品质量控制中的应用。

◆ **案例介绍**

通过手机扫码获取与微生物培养、消毒和灭菌相关的安全事件案例，通过阅读网络资源总结消毒和灭菌对微生物检测工作的重要性，了解食品生产过程中的消毒和灭菌过程。

4.2　案例

▲ **拓展资源**

利用互联网、国家标准、微课等，对所学内容进行拓展，查找网上相关知识，深化对相关知识的学习。

4.2　资源

任务三　全基因组测序技术

◎ **学习目标**

知识目标

（1）了解基因测序技术的发展历程和代表性技术。

（2）了解基因测序技术在菌种鉴定领域的应用。

能力目标

（1）了解并掌握第一代、第二代和第三代测序技术的特点。

（2）了解并掌握基于基因测序技术的菌种鉴定流程及在鉴定不同微生物类别时选择的靶标基因。

素养目标

（1）能够根据不同的研究目的，选择合适的基因测序技术。

（2）培养学生的逻辑思维能力，激发学生对先进技术不断探索、勇于创新的精神。

基因测序技术是一种用来确定核酸中碱基序列的方法。该技术通过读取和记录 DNA 分子中的碱基排列，从而识别基因、了解生物体的遗传信息、进行物种的遗传变异研究，是现代生物学研究中重要的工具之一。在基因测序技术发展的早期，基因测序只应用于科研，是遗传学及分子生物学领域的一个重要科研工具。但随着测序技术的发展，通过测序技术对遗传信息的解码和基因组数据库的构建，人类不仅得以窥探生命的密码，还将其广泛应用在农业、环境、医药等多个领域。

一、基因测序技术的发展历程

从 1977 年的第一代 Sanger 测序技术发展至今，基因测序技术从基于毛细管基因分析的第一代测序到后来的基于高通量化学技术的第二代测序，再到新兴起的基于半导体芯片技术的革新性测序技术，基因测序技术的发展之路可谓跌宕起伏，测序读长从长到短，再从短到长。此外，在测序通量、测序时间和测序费用方面也都有惊人的改善。测序技术的每一次变革和突破，都对基因组学研究、疾病医疗研究、药物研发及育种等领域产生巨大的推动作用。基因测序技术发展历程如图 4-18 所示。

1. 第一代测序技术

第一代 DNA 测序技术用的是 1975 年由桑格（Sanger）和考尔森（Coulson）开创的链终止法或者是 1976—1977 年由马克西姆（Maxam）和吉尔伯特（Gilbert）发明的化学法（链降解）。1977 年，Sanger 测定了第一个基因组序列——噬菌体 phiX-174。自此之后，人类获得了窥探生命本质的能力，并以此为开端真正步入了基因组学时代。研究人员在 Sanger 法的多年实践之中不断对其进行改进，2001 年完成的首个人类基因组图谱就是以改进了的 Sanger 法为基础进行测序的。在测序技术起步发展的这一时期中，除了 Sanger 法，还出现了一些其他的测序技术，如焦磷酸测序法、连接酶法等。下面介绍一下 Sanger 测序法的过程和原理。

（1）DNA 片段制备：通过 PCR 扩增、限制性酶切或化学合成等方法来制备一段待测序列的 DNA 片段。

（2）DNA 片段标记：通过引入荧光标记、放射性标记或生物素标记等方法将 DNA 片段标记，以便在测序过程中进行识别。

（3）DNA 片段测序：将 DNA 片段分成 4 个反应管，每个反应管中加入 1 种特定的二氢基核苷酸（ddNTP）及所有 4 种脱氧核苷酸（dNTP）。ddNTP 是一种缺少 3′羟基的核苷酸，它可以终止 DNA 链的延伸。因此，当 ddNTP 被加入反应管中时，DNA 链的延伸就会在该位置终止。这样，每个反应管中的 DNA 片段就会以不同的长度终止。这些终止的 DNA 片段可以通过聚丙烯酰胺凝胶电泳进行分离，并通过荧光或放射性检测器进行检测。

（4）数据分析：将测序结果进行数据分析，以确定 DNA 序列。这可以通过将 4 个反应管中的 DNA 片段长度进行比较，并确定每个位置上的 ddNTP 种类来实现。

总的来说，Sanger 测序法的原理是利用 ddNTP 终止 DNA 链的延伸，从而得到一系列以不同长度终止的 DNA 片段。这些 DNA 片段可以通过聚丙烯酰胺凝胶电泳进行分离，并通过荧光或放射性检测器进行检测。最后，通过比较不同反应管中的 DNA 片段长度和 ddNTP 种类，可以确定 DNA 序列。但其测序速度较慢，通常需要数天或数周的时间才能完成。

2. 第二代测序技术

Sanger 测序法是一种准确可靠的 DNA 测序技术，准确性高达 99.999%，至今仍然是基因测序的金标准。但 Sanger 测序法通量低、成本高、耗时长，严重影响其大规模应用，为此产生了第二代测序技术。Roche 公司的 454 技术、Illumina 公司的 Solexa/HiSeq 技术和 ABI 公司的 SOLiD 技术为第二代测试技术的代表。第二代测序技术的核心原理是边合成边测序，其基本步骤包括文库制备、单克隆 DNA 簇的产生和测序反应。

与第一代测序技术相比，第二代测序技术具有以下特点。（1）高通量。第二代测序技术不依赖传统的毛细管电泳，其测序反应在芯片上进行，可对芯片上数百万个点同时测序。（2）成本降低。第二代测序技术每 Mb 碱基成本比 Sanger 测序法降低 96.0% ~ 99.9%。（3）敏感性高。如 Roche454 测序平台"1 个片段 = 1 个磁珠 = 1 条读长"的设

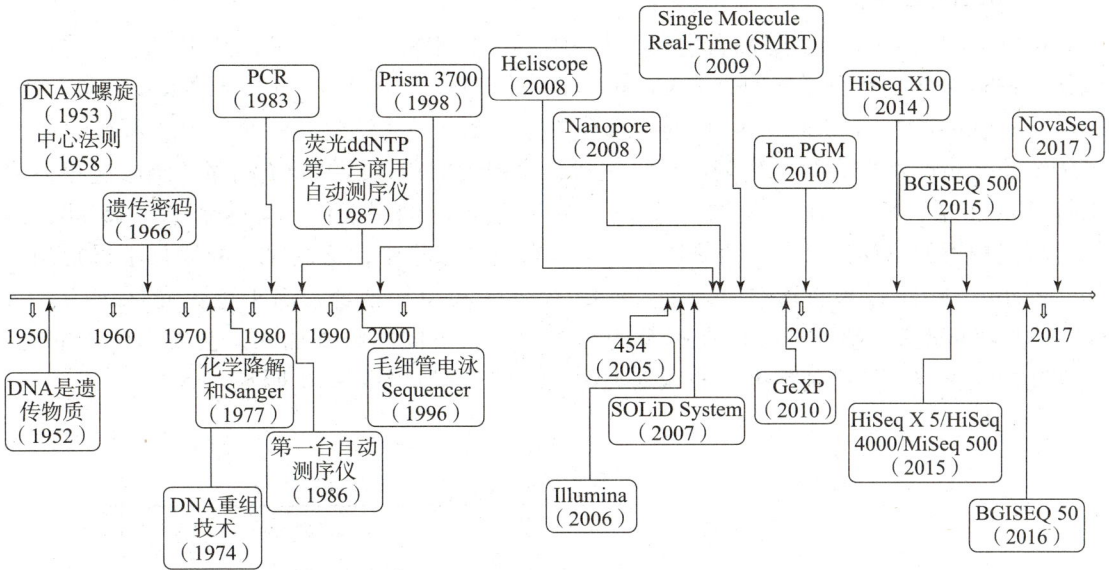

图 4-18　基因测序技术发展历程

计能保证对低丰度 DNA 信息的检测。（4）读长较短，不便于后续数据分析时的拼接。（5）PCR 过程可能引入偏倚和错配。

下面以 Illumina 测序平台为例介绍二代测序的原理。Illumina 测序平台是基于桥式 PCR 和荧光可逆终止子的边合成边测序（见图 4-19）。单链 DNA 固定在 8 通道的芯片表面形成寡核苷酸桥，芯片置于流通池内，经过 PCR 扩增各通道均产生不同单克隆 DNA 簇。加入 DNA 聚合酶和 4 种荧光标记的 dNTP 可逆终止子后进行合成反应，每次只增加单个碱基，合成的同时检测其荧光信号确定碱基类型，之后切掉 dNTP3′端延长终止基团，继续添加碱基进行测序反应。

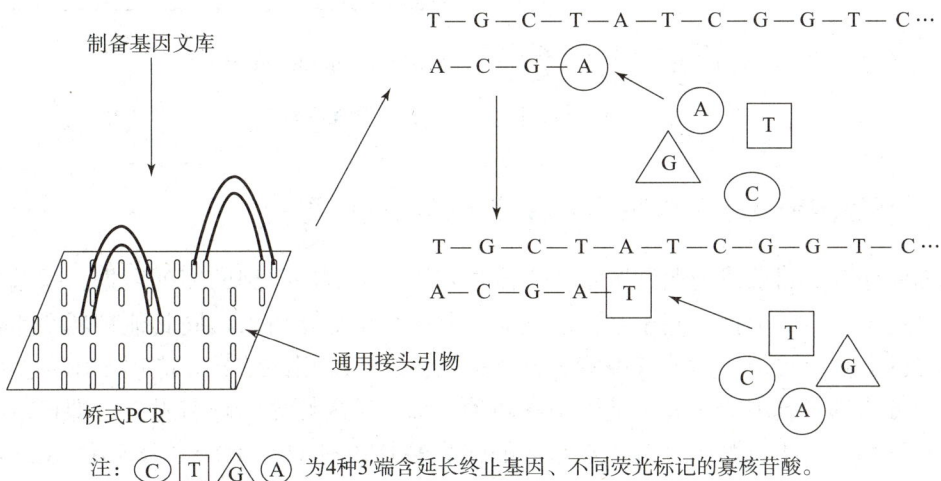

注：Ⓒ Ⓣ △ Ⓐ 为4种3′端含延长终止基因、不同荧光标记的寡核酸。

图 4-19　Illumina 测序原理示意图

3. 第三代测序技术

第三代测序又称长读长序列测序，是一组新一代 DNA 测序技术，其中代表性的技术包括 PacBio 公司的单分子实时（single molecule real time，SMRT）和牛津纳米孔公司（Oxford Nanopore Technologies，ONT）的纳米孔单分子测序技术。这是一个新的里程碑，相较于传统的 Sanger 测序和第二代测序，第三代测序最大的特点是单分子测序，测序过程无须进行 PCR 扩增，超长读长。例如，PacBio SMRT 技术的测序读长平均达到 10 ~ 15 kb，是二代测序技术的 100 倍以上。值得注意的是，在测序过程中，这些序列的读长不再是相等的。PacBio SMRT 技术的基本原理是：DNA 聚合酶和模板结合，用 4 色荧光标记 A、C、G、T 这 4 种碱基（即 dNTP）。在碱基的配对阶段，不同的碱基加入，会发出不同的光，根据光的波长与峰值可判断进入的碱基类型，测定原理如图 4 – 20 所示。

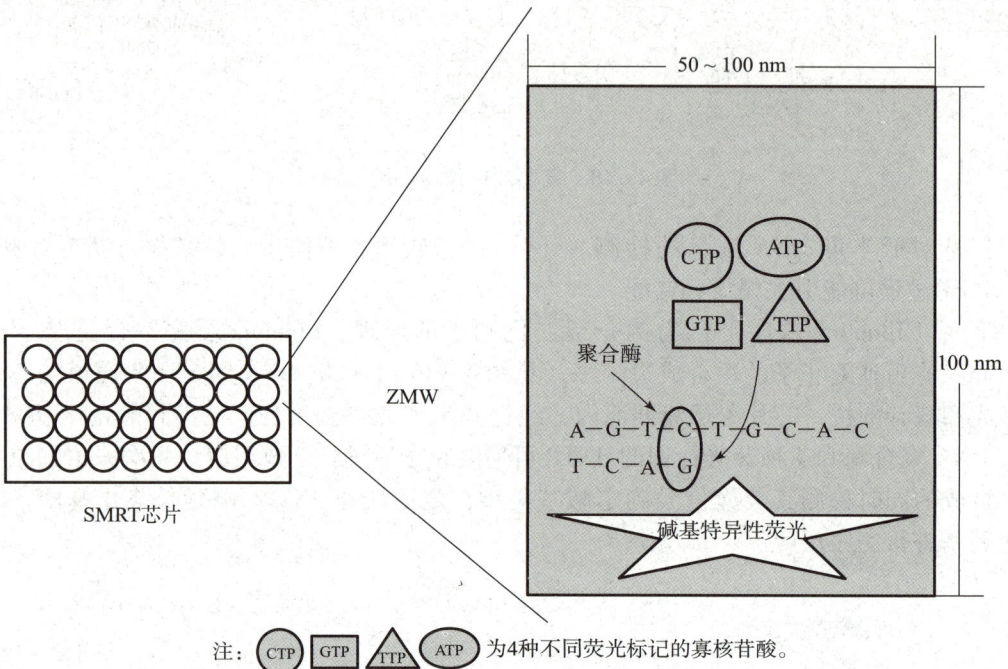

注：CTP GTP TTP ATP 为4种不同荧光标记的寡核苷酸。

图 4 – 20　PacBio SMRT 测序原理示意图

二、基因测序技术在微生物菌种鉴定领域的应用

基因测序技术目前成为菌种鉴定的主流技术之一。测序得到的序列数据，是菌种鉴定最底层也是最可靠的数据，基于基因序列而绘制的分子进化树以及同其他种属微生物亲缘关系远近的分析，也能比其他菌种鉴定方法提供更多且有用的信息。应用于菌种鉴定的基因测序，分为部分基因测序和全基因测序两种。部分基因测序，顾名思义，即选取基因组中某一段基因片段进行测序分析，常选取的代表性片段有 16S rDNA、18S rDNA 或内转录间隔区（ITS）。

rDNA 既有相对保守区，也有突变频率较高的可变区，结合 PCR 技术及 Sanger 测序或新一代测序（next generation sequencing，NGS，包括第二代测序和第三代测序）得到这部

分序列信息，进而与数据库进行比较，可以将菌种鉴定到属种水平。这种方法费用低，速度快（1~2天）。如果要鉴定到菌株的水平，或者对多次传代后的重要菌种进行质量鉴定，则需要对菌株进行全基因组测序，并对测序结果进行生物信息学分析。这种方法信息全、数据多，费用略高，周期也更长。根据基因组大小、测序深度要求及数据分析要求，周期为 1~3 周不等。基于测序技术的菌种鉴定流程如图 4-21 所示。

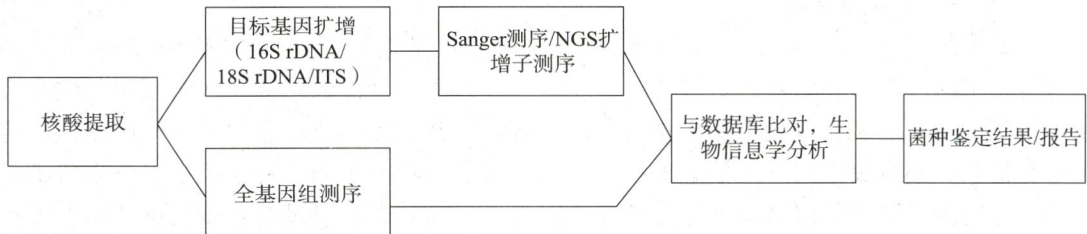

图 4 - 21　基于测序技术的菌种鉴定流程图

1. 部分基因测序与菌种鉴定

（1）细菌菌种鉴定。

细菌鉴定的靶标是 16S 核糖体 RNA（rRNA）基因序列。16S rRNA 为核糖体的 RNA 的一个亚基，16S rDNA 就是编码该亚基的基因，存在于所有细菌染色体基因中。

16S rDNA 是细菌的系统分类研究中最常用的分子钟，素有"细菌化石"之称，具备以下特征。

①普遍存在，因此可用于研究所有细菌之间的系统发育关系。

②大小适中，约 1.5 kb，利用测序技术较容易得到序列数据。

③在大多数原核生物中，rDNA 都具有多个拷贝，易于扩增。

④在基因结构与功能上具有保守性，在结构上既包含有 9 个可变区（variable region，V1~V9），可以体现不同种属的差异，又包含 10 个保守区（constant region），给扩增引物设计及数据分析带来极大的便利。

由于具备这些特点，因此 16S rDNA 是细菌种属鉴定的理想靶标。研究者可以根据实际情况，选择对 16S rDNA 基因的前 500 bp 或完整的约 1 500 bp 长度测序。前 500 bp 涵盖 16S 基因 9 个高变区中的 3 个，能够满足常规鉴定需求。在某些情况下，500 bp 区域不足以区分非常密切相关的细菌，因此需要信息量更大的 16S rDNA 全段基因读取。另外，在描述新物种时，需要对整个 1 500 bp 序列进行测序。

（2）真菌菌种鉴定。

在真核微生物体内，与原核生物 16S rDNA 同源的为 18S rDNA，18S rDNA 同样包含保守区和可变区（V1~V9，但没有 V6 区），18S rDNA 是编码真核生物核糖体小亚基的 DNA 序列，适用于种级及以上的分类标准，也是真核微生物基于测序方法进行种属鉴定常用的靶标区域。其中，V4 区使用最多、数据库信息最全、分类效果最好，是 18S rRNA 基因分析注释的首选。由于 18S rDNA 在进化速率上比较保守，因此在系统发育研究中较适用于种级以上阶元的分类。内转录间隔区 ITS 位于核糖体 rDNA 18S、5.8S 及 28S 之间，由于承受的选择压力小，在进化过程中能够承受更多的变异，其进化速率为 18S rDNA 的 10

倍，属于中度保守的区域，利用它可研究种及种以下的分类阶元。另外，也可通过选择引物同时扩增 18S rDNA 和 ITS，通过分析 18S rDNA 序列，先在较高级别上确定样品的归属，然后根据 ITS 序列，将真菌归类到种或亚种水平。对于真核微生物物种的鉴定，基于测序的方法，常选择 18S rDNA + ITS 区域作为基因组的靶区域进行序列数据获取和分析，从而得到更精准的物种分类信息。

2. 全基因组测序与菌种鉴定

全基因组测序（whole genome sequencing，WGS）是指通过基因组测序和组装获得生物体全基因组序列，并对其进行结构和功能研究的方法。全基因组测序包含微生物的全部遗传信息，是目前所有分型方法中精度最高的方法。相比于 rDNA 测序，全基因组测序除了分类信息，还有更多的基因信息及特定环境下富集的功能基因。对于有潜在重要价值的菌株，全基因组序列数据基本上也是必备数据之一，是对微生物进行基础研究的重要手段之一。可以根据研究目的，进行扫描图、完成图、差异菌株的分析等。

无论用哪种方法进行菌种鉴定，数据库的容量和质量都是非常重要的方面。目前应用最广的分子生物学数据库，是美国国家生物技术信息中心（National Center for Biotechnology Information，NCBI）的基因库，无论是 rDNA，还是全基因组测序的结果，基本上首选是与 NCBI 数据库进行比较和分析，从而得出菌种鉴定的结果。

三、基因测序技术在食品中的应用

基因测序技术是分子生物学研究和生物工程领域一项重要的基础技术手段。近年来，测试技术的飞速发展，使检测通量有了革命性的改进，同时大大降低了测序成本。此外，消费者对于食品安全越来越重视，无论是生产者、消费者还是监管检测机构，都需要开发更精确、更高效的检测方法，基因测序技术正迎合了这样的需要，因此，基因测序技术与食品检测领域的结合也应运而生。任何人为或者意外导致的食品掺假和污染都是不可接受的，但各种食品原料（如各种禽畜肉类、水产类）间巨大价差所带来的丰厚利润，使得此类事件层出不穷，国内国外都屡见不鲜。食品中掺入的其他未标注成分也增加了食品过敏的风险，从国内的"挂羊肉卖鸭肉"到欧洲的"马肉风波"，各种食品危机、食物过敏和食品欺诈事件的发生摧毁了消费者对于食品安全的信心，也伤害了行业的健康发展。近年来，生产者、消费者、监管机构对食品供应链潜在风险的警觉意识大大提高。

利用 PCR 技术对食品中的成分进行基因检测，所得的阳性结果再用测序技术加以验证，这已经是一种非常成熟的技术。我国的很多国家标准和行业标准都采用了这种技术来应对食品的掺假、欺诈以及对过敏成分进行检测。

1. 基因测序技术在食品特定物种分析中的应用

即便是同类原料，由于产地不同、品种不同，其价格也会有巨大差异，但普通消费者又很难通过外观、口感等加以区分，尤其当原料经过加工后，如水产品被去头、去皮、去骨后，甚至再经烟熏、腌制等工艺，即便是专业人士，想要准确无误地判断产地、品种也非易事。

利用 PCR 技术，以 16S rRNA 基因的通用引物扩增鱼类样品的 16S rDNA 或其他特征基因片段，用测序技术分析其基因序列，再与权威发布的基因组数据库进行比对，从而在基因层面上，确定原料的品种、产地信息。

运用这种技术制作物种鉴定的 DNA 条形码，在技术层面上杜绝这类混淆品种的食品欺诈行为，是各国食品监管部门和检测机构的手段之一。

2. 基因测序技术在食品食源性微生物分析中的应用

食品工业的规模化进程、食品流通的广泛性和快速性、农场生产模式的转型、饮食习惯的变化，甚至国内和国际旅游人群的增加都是食源性疾病发病率升高、扩散速度加快的重要原因，食源性疾病已经成为全球公共卫生面临的最严峻挑战之一。在发达国家，每年患食源性疾病约有 30% 的人口；在美国，每年每 6 人中就有 1 人因为食用被污染的食品而生病，每年仅是沙门氏菌感染造成的直接医疗费用损失就达到 3.65 亿美元，发展中国家的情况更加令人担忧。

食源性疾病是食品安全的主要问题，世界卫生组织将其定义为"通过摄食进入人体的有毒有害物质引发人体罹患的感染性或中毒性疾病"，其中包括由食品微生物污染和化学性物质引起的食源性疾病。预防和控制微生物引起的食源性疾病是食品安全的主要内容。因此，有必要加强对食源性致病菌在基因水平上的深入研究。要把预防和控制产业链中的食源性致病菌污染作为重点，降低致病菌污染率。

利用测序技术可在信息缺乏或多种微生物存在的情况下对食源性致病微生物进行检测和判定，可在基因序列的背景下更科学地认识食源性致病菌的遗传特性、代谢能力、致病机制等，为食源性微生物疾病预防和控制提供重要的依据。

问题思考

（1）了解新检测技术在实验室分析及食品安全检测领域中的应用。
（2）了解测序技术在食品检测和食品安全监管领域中的作用。

任务四　微生物快速检测技术的验证

学习目标

知识目标

（1）了解常规微生物快速检测技术的验证方法。
（2）了解微生物快速检测技术在食品中的应用。

能力目标

（1）了解并掌握目前常见的微生物快速检测技术的操作规范。
（2）了解并掌握最新的微生物快速检测技术。

素质目标

（1）结合学生的实际情况，使他们获得学习微生物学相关知识的资源和动力。
（2）培养学生的逻辑思维能力与运用微生物学技术的能力，提高学生收集和阅读经典微生物学文献的能力，使学生逐步形成严谨、认真、富有逻辑的工作态度和思维。

一、微生物快速检测方法验证的意义

方法验证（validation）是方法建立过程中的关键步骤，用于检查方法是否有效，是否适用于所选食品基质，也就是方法能否满足预期用途。方法验证伴随着化学分析方法的研究已经发展了上百年，逐步形成了成熟、规范的验证体系。微生物方法验证参考了化学方法验证的基本思路，但是微生物的生物特性（活性、不稳定、分布不均匀）致使微生物方法验证不能完全按照化学方法验证执行，例如，化学方法验证常用的添加回收和标准物质，对于微生物方法验证来说就较为困难。

微生物方法验证在欧美地区较为成熟。虽然不同国家和地区的微生物方法验证规则存在差异，但是令人欣慰的是，国际上主流的微生物方法验证体系已经在某种程度上取得了一致。我国也于 2023 年发布了《食品安全国家标准　微生物检验方法验证通则》（GB 4789.45—2023）（以简称《通则》），《通则》参考了国际上主流验证标准的技术路线和指标。微生物快速检测方法（以下简称"快检方法"）基本是在传统培养法的基础上采用了各种先进的手段，使最终的检测周期缩短的检测技术，但是此等方法不应该以牺牲检测准确度为前提，因此，对方法能否满足预期用途的研究就特别重要。我国还没有针对微生物快检方法的验证标准，所以可以参考国外的验证标准或者参考《通则》来进行操作。

食品微生物快检的参考方法基本都是传统培养法，操作烦琐，对人员的技术要求高，费时费力。随着技术的进步，20 世纪 90 年代，仪器和集成化的试剂开始越来越多地用于微生物检测。这些方法仅从技术层面上来看，可以替代参考方法，因而称"替代方法"。替代方法采用免疫学、核酸扩增、电导率、脂肪酸组成分析等各种技术，使用现代化分析仪器，与传统方法相比具有很多优势，例如，操作简便，对操作者的专业要求低，缩短培养时间，节省检测时间，也称快速检测方法。快检方法大多由试剂生产商开发，也称商业方法（commercial methods）或专有方法（proprietary methods）；少数属于非专有方法（non - proprietary methods）。国际上，快检方法通常是可以代替参考方法的。例如，欧盟规定，可以使用参照参考方法（ISO 方法）验证过的替代方法，替代方法应按照 ISO 16140 系列标准或其他国际上接受的类似验证规范进行验证。

在我国食品安全强制性标准的前提下，快检方法的应用在法规层面存在着一些限制。但是由于其方便快速的特点，在当今快节奏、追求效率的社会环境下，食品生产企业出于自身质量控制和生产效率的需要，自主自愿地使用快检方法，使得快检方法越来越多地为人们所接受。特别在一些时效要求高的食品领域，在原料控制和过程控制中已离不开快检方法。我国的很多试剂生产商也都瞄准这一新兴领域，积极研发快检方法。在这种大背景下，快检方法如何验证就显得尤为重要。《通则》参照国际上的通行做法（有参考方法的验证）建立的验证规则解决了快检方法的验证问题。《通则》的建立为我国微生物检验快检方法的健康发展开辟了一条道路。

二、方法验证的关键术语和定义

因为方法的验证是很专业的概念，所以在了解方法验证标准之前，应该对验证中的关键术语和定义进行阐述，进而才能理解何为验证以及应该如何来进行方法的验证。

1. 方法验证和方法确认

方法验证和方法确认这两个名词的使用在我国长期处于混乱的状态，给行业检测人员带来了很大的困惑，也导致实验室在执行关于方法选择、验证和确认的实验室认可要求时盲目操作，甚至出现错误。方法验证和方法确认分别对应的英文为 validation 和 verification，它们的含义在各类标准中都可以看得到，但是却不是很一致、很混乱，这也是造成在早期引入我国的时候，验证和确认的概念混淆不清的原因。简单地说，validation 就是指方法本身对不对，旨在考察方法本身是否可以满足预期用途，是研究方法的适用范围；而 verification 则是指操作人员会不会使用这种方法，旨在考察方法的执行过程是否正确。举个通俗易懂的例子，validation 是考察一架飞机是否性能良好，而 verification 是看飞行员是否合格，是否可以胜任飞行任务，只有两者兼备才能完成把乘客安全送达的任务。

以下是方法验证和方法确认的通俗解释。

方法验证：制定（或修改）方法的实验室确定方法的性能参数，证实方法的性能要求可以满足预期用途。

方法确认：使用方法的实验室复核已验证方法的关键性能参数，证实其满足方法验证中对方法性能的要求

2. 参考方法

参考方法是指国际上认可的并被广泛接受的方法，是由公认的权威机构（国际性组织、国家主管部门和相关学术团体等）颁布的。参考方法应具有优异的性能、适当的灵敏度和良好的特异性，而且其正确度与精密度已经被充分证实。参考方法与标准物质一起在方法验证和质量控制等工作中充当"标尺"，其重要性不言而喻。对于快检方法而言，一般都存在与其对应的参考方法。微生物快检方法一般都是和参考方法进行比对，然后通过对数据进行系列的统计分析来评价方法的性能参数，因此作为标尺的参考方法的选择很重要。

3. 定性方法与定量方法

定性方法是指检验样品中是否存在目标微生物的方法。微生物检验的定性方法通常包括增菌和确证两个步骤。增菌步骤一般具有选择性，或者在选择性增菌步骤之前包含较短培养时间的非选择性前增菌步骤。确证步骤至少包括选择性分离，一般还包括对分离到的纯培养物进行后续的鉴定。

定量方法是指测定样品中目标微生物数量或浓度的方法。微生物检验的定量方法一般包括平板计数法、MPN 法和仪器法。其中只有仪器法可以规定正确度和精密度要求。

4. 灵敏度

灵敏度是指待验证的定性方法从样品中检出目标微生物的能力。灵敏度是定性方法验证的核心性能参数。灵敏度体现方法对于样品中极低污染水平（部分检出水平）的目标微生物的检出能力。较高污染水平的样品对于定性方法的验证并无太大意义。如果验证无参考方法的定性方法时，灵敏度用 LOD50（即检出概率为 50% 时的目标微生物浓度）表示，如果是验证有参考方法的快检方法则使用 RLOD 来表示。

5. 包容性与排他性

包容性是指待验证方法对目标微生物的检出能力。排他性指的是待验证方法对非目标微生物的抗干扰能力。包容性与排他性一起构成描述方法的特异性参数。

6. 准确度

定量方法的测试结果与样品真值间的一致程度。样品真值通常无法获得，验证有参考方法的快检方法时，待验证方法与参考方法结果的集中趋势统计量（平均值或标准差）就可作为真值。

三、国内外微生物快速检测方法的验证标准

1. ISO 16140 方法验证系列标准简介

随着国际贸易的发展，用于原材料、成品及生产过程中的微生物检验的替代方法逐渐发展起来。这些方法通常比相应的标准方法速度更快，操作更简便。方法开发人员、用户和官方机构都需要可靠的通用规范来验证这些替代方法，通过生成的数据提供方法性能指标，从而帮助相关方对需要采用的特定方法做出正确的选择。ISO 方法的验证由 ISO/TC34/SC9 和 CEN/TC275/WG6 工作组负责。由于使用替代方法（快检方法）的需求强烈，这两个工作组首先制定了 ISO 16140：2003，在此基础上形成了 ISO 16140 系列标准。

ISO 16140 吸纳了微生物方法学的长期研究成果，经过长期发展和精心设计以满足各种方法验证或方法确认的需求，经逐步改进应形成了目前的 ISO 16140 系列标准，该系列标准仍在不断修订。

（1）ISO 16140—1：2016《食品链微生物学　方法验证　第 1 部分：术语》解释了方法验证的相关术语。

（2）ISO 16140—2：2016《食品链微生物学　方法验证　第 2 部分：替代（专有）方法参照参考方法的验证规范》，规定了替代方法（专有方法）参照参考方法进行方法验证的要求，必须有参考方法才能验证，该标准是 ISO 16140 系列标准的核心。

（3）ISO 16140—3：2021《食品链微生物学　方法验证　第 3 部分：参考方法和已验证替代方法在单实验室使用的确认规范》规定了在一个实验室内使用参考方法和已经验证的替代方法时方法确认的要求。

（4）ISO 16140—4：2020《食品链微生物学　方法验证　第 4 部分：单实验室方法验证的规范》规定了仅在单实验室内使用的方法（此种情况下方法确认不适用）验证的要求，包含因子方法和传统方法 2 条验证路线，又分别按照定性或定量方法和有无参考方法进行设计。

（5）ISO 16140—5：2020《食品链微生物学　方法验证　第 5 部分：非专有方法的部分实验室间验证的规范》规定了非专有方法需要快速验证或者应用领域太狭窄以至于验证实验数量不足的情况下进行方法验证的要求，其中定性方法的验证必须有参考方法，定量方法的验证可以没有参考方法。

（6）ISO 16140—6：2019《食品链微生物学　方法验证　第 6 部分：替代（专有）方法微生物鉴定和分型步骤验证的规范》与其他 5 个标准有所不同，仅规定了方法中确证部分（如生化鉴定）或菌株分型的验证要求。

（7）ISO/FDIS 16140—7《食品链微生物学　方法验证　第 7 部分：微生物鉴定方法的验证规范》规定了微生物鉴定方法的验证要求。

2. AOAC 验证方法标准简介

美国分析化学家协会（Association of Official Analytical Chemists，AOAC）方法验证最重要的标准是《AOAC 国际官方分析方法（2019）附件 J：AOAC 国际方法委员会食品和环境表面微生物方法验证指南》（AOAC2012J）。AOAC2012J 对应于 ISO 16140—2：2016，规定了替代方法（官方分析 OMA 方法和性能测试 PTM 方法）参照参考方法验证的技术要求。该标准分别规定了定性方法、定量方法和确证鉴定方法的验证技术规范，3 种技术路线都包括方法开发者验证或单实验室验证（协作前）研究、独立验证研究和协作研究 3 部分。该标准规定验证的方法性能参数包括包容性和排他性、检出概率、偏倚（正确度）、精密度（重复性标准差和再现性标准差）、稳健性（仅限性能测试方法）等。该标准针对验证参数配套开发了计算工具。

3. 我国食品安全标准《通则》的简单解读

《通则》是我国唯一的微生物方法验证通行国标，其可以作为微生物快检方法的重要参考依据，也可以直接参考国外的相关标准，它们的技术路线和思路都类似，但是《通则》可操作性更强一些，也更简单一些。方法验证的一般建议是由有资质的方法研究机构或权威第三方机构来进行，对于一般的食品工业用户，最好是进行方法确认即可，可以查验相关的方法验证报告或证书作为方法选择的佐证依据，以及实验室进行方法确认的数据来源。

《通则》明确了验证需要选择的性能参数、实验室内验证、实验室间验证、验证样品和数据处理等方面的要求。与国际上微生物方法验证标准和规范相比，《通则》的主要修改有：食品种类的数量、验证样品的数量和实验室间验证实验室的数量。修改的主要目的是简化相关操作，使该标准在使用过程中更接地气，能简单明了地为使用者提供验证时的相关原则。《通则》要求的具体性能参数的选择见表 4 - 19。

表 4 - 19　《通则》要求的性能参数的选择

方法类型	验证阶段	灵敏度	包容性	排他性	准确度
定性方法	实验室内验证	√	√	√	—
	实验室间验证	√	—	—	—
定量方法	实验室内验证	—	√	√	√
	实验室间验证	—	—	—	√

注：①"√"表示必选性能参数；"—"表示不适用。
②不含确证步骤的定量方法（例如：菌落总数、霉菌和酵母计数）无须验证包容性和排他性。
③MPN 法的验证按照定性方法的验证进行

4. 对食品样品数量的要求

（1）实验室内验证。

如果待验证方法适用范围为食品，应至少选择 5 种食品主类；如适用范围少于 5 种食品主类，则应全部选择。每种食品主类至少选择 1 个食品子类。从不同食品主类中选取食品子类时应尽量选取加工方式不同的食品子类。

（2）实验室间验证。

如果待验证方法适用范围为食品，应至少选择 3 种食品主类；如适用范围少于 3 种食品主类，应全部选择。每种食品主类至少选择 1 个食品子类。从不同食品主类中选取食品子类时应尽量选取加工方式不同的食品子类。选择的食品子类应是实验室内验证已经验证过的食品子类。

◆ 问题思考

（1）通过查询相关标准，了解微生物快速检测方法验证的程序。

（2）了解微生物快速检测方法验证的流程。

项目三　先进微生物检测技术的应用

任务一　不同微生物检测技术在食品生产过程中的应用

学习目标

4.3　PPT

知识目标

（1）了解食品行业现有的先进微生物检测手段。

（2）了解先进微生物检测技术在食品生产过程中的应用。

能力目标

（1）了解并掌握目前食品加工过程中的微生物控制环节。

（2）能够根据实际生产过程的微生物检测控制目的进行最佳检测手段的选择。

素质要求

（1）通过学习食品行业现有检测技术的应用，培养学生统筹协调、全方面分析问题的能力。

（2）通过对具体应用举例的学习，增强学生的使命感，使其毕业后可以更快地融入企业的生产工作。

对于事关食品安全的微生物安全控制问题，我们不能只依靠标准，还应该加强过程控制，尽快实现由标准控制向过程控制的转化。2013 年，国家卫生和计划生育委员会颁布了食品安全强制标准《食品安全国家标准　食品生产通用卫生规范》（GB 14881—2013），其中就给出了食品加工过程的微生物监控程序指南（见表 4 - 20）。指南中明确了食品加工过程中的微生物监控是确保食品安全的重要手段，是验证或评估目标微生物控制程序有效性、确保整个食品质量和安全体系持续改进的工具。此外，指南还详细规定了应在食品加工过程中的各个环节对微生物进行监控，除了要针对与食品直接接触的表面，还需要针对生产环境、清洁消毒效果等进行检测及评估。

表 4 – 20 《食品安全国家标准 食品生产通用卫生规范》（GB 14881—2013）
附录 A 食品加工过程的微生物监控程序指南（部分）

监控项目		建议取样点①	建议监控微生物②	建议监控频率③	建议监控指标限值
环境的微生物监控	食品接触表面	食品加工人员的手部、工作服、手套传送皮带、工器具及其他直接接触食品的设备表面	菌落总数大肠菌群等	验证清洁效果应在清洁消毒之后，其他可每周、每两周或每月	结合生产实际情况确定监控指标限值
	与食品或食品接触表面邻近的接触表面	设备外表面、支架表面、控制面板、零件车等接触表面	菌落总数、大肠菌群等卫生状况指示微生物，必要时监控致病菌	每两周或每月	结合生产实际情况确定监控指标限值
	加工区域内的环境空气	靠近裸露产品的位置	菌落总数酵母霉菌等	每周、每两周或每月	结合生产实际情况确定监控指标限值
过程产品的微生物监控		加工环节中微生物水平可能发生变化且会影响食品安全性和（或）食品品质的过程产品	卫生状况指示微生物（如菌落总数、大肠菌群、酵母霉菌或其他指示菌）	开班第一时间生产的产品及之后连续生产过程中每周（或每两周或每月）	结合生产实际情况确定监控指标限值

注：①可根据食品特性及加工过程实际情况选择取样点。
②可根据需要选择一个或多个卫生指示微生物实施监控。
③可根据具体取样点的风险确定监控频率

　　传统的微生物培养一般会存在滞后性、检测手段单一性等缺点，因此各大企业结合实际微生物检测需求和各种快速检测技术，开发了适合在食品生产过程中快速、准确评估微生物风险的检测手段。

一、环境微生物监控手段

　　食品加工过程中的环境监控一般包括直接接触食品的接触面或间接接触面、加工区域内的空气微生物状况，同时包括清洗消毒效果的验证。

1. ATP 生物荧光检测法

　　测定原理：ATP，又称三磷酸腺苷（见图 4 – 22），是一切生命体能量的直接来源，普遍存在于动植物、细菌、真菌细胞和食物残渣中。当细胞被裂解后，ATP 释放到体外，在有氧条件下与荧光素、

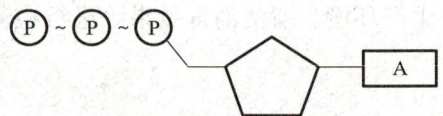

图 4 – 22　ATP 结构图

荧光素酶在 Mg^{2+} 的催化下进行反应，生成氧化荧光素并发出荧光。ATP 与荧光素反应而

发出的荧光强度与活细胞数量基本呈正比例关系。荧光强度以相对光单位（relative light u-nit，RLU）表示。荧光值越高，表明 ATP 的量越多，也就意味着表面的残留物越多，清洁状态较差。因此，ATP 检测法就被用来快速检验物品表面是否洁净。

该技术是一种快速、简单、易用的方法，用于确定食品加工场所内表面的卫生状况。在食品加工场所，每天都需要做出与食品生产相关的高风险决策，而 ATP 检测可以在食品加工或制备前对设备和表面的清洁度进行可测量且客观的评估。除了存在于活细胞中，ATP 还存在于源自有机物的残留物中，例如，清洁后残留在表面的食物残渣，细菌产生的生物膜，操作人员接触的表面。如果清洁机制不充分或不完善，源自有机物的残留物可能会附着在表面。在这种情况下，就存在直接和间接的食品污染风险。所以，采用 ATP 生物荧光方法对该表面进行涂抹检测，可以迅速得到量化结果，根据预先制定的合格/不合格限值，判断该表面为清洗不合格，需要重新清洗，可以及时避免污染下一批次产品。

ATP 的检测流程和操作手法非常简单（见图 4 - 23），在实际应用中对现场操作人员做简单培训即可进行，即使是非食品检测相关人员也可进行操作，因此该技术被广泛应用于食品企业现场环境的微生物控制当中。

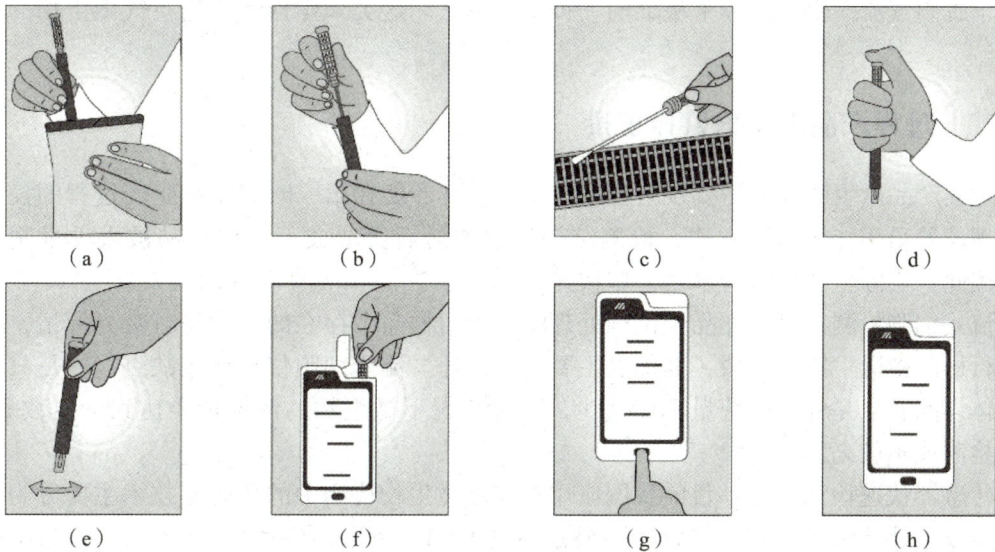

图 4 - 23　ATP 生物荧光检测仪操作流程图

（a）取出冷藏的包装袋，开始使用前让其在室温下回温 10 min，取出表面采样拭子；（b）从表面采样拭子中取出采样棒；（c）涂抹需要测定的表面；（d）将涂抹好的采样棒插回拭子中用力向下按压，使采样棒彻底插入，激活反应；（e）激活后，迅速振荡至少 5 s；（f）打开智能荧光检测仪的样品槽，将拭子插入其中；（g）启动智能荧光检测仪进行检测；（h）10 s 后，判读结果

2. 环境空气微生物检测

微生物气溶胶是指悬浮在空气中的微生物形成的胶体体系。自然界中含有大量微生物气溶胶，以粒径为 $0.1 \sim 20.0~\mu m$ 的微生物气溶胶与人类健康关系最为密切。空气中微生物气溶胶的采样方法种类繁多，常用检测方法有沉降菌检测和浮游菌检测。

目前，食品生产过程中的环境微生物操作主要参考《医药工业洁净室（区）沉降菌的测试方法》（GB/T 16294—2010）、《医药工业洁净室（区）浮游菌的测试方法》（GB/T

16293—2010）两个方法。具体检测原理和优缺点如下。

（1）沉降菌检测。

自然沉降法是 1881 年由德国细菌学家 Koch 建立的。此法是让测定区域空气中的微生物气溶胶颗粒由于重力作用，在一定时间内逐步沉降到带有培养介质平板内的一种采样方法。自然沉降法是空气中微生物气溶胶采集常用的方法之一，使用方便、操作简单、经济，能够初步了解环境空气中细菌的污染状况。我国的医疗卫生机构在调查空气中微生物气溶胶的分布时也常常选择自然沉降法。

自然沉降法的主要缺点：一是短时间内难以测出空气中粒径较小的微生物气溶胶，通常认为 5 μm 以下的颗粒是空气传播疾病的危险颗粒，自然沉降法一般只能采集到大于 8 μm 的微生物气溶胶，对于小于 5 μm 的微生物气溶胶采样效率不高；二是外界气流易对采样结果造成影响，在实践过程中很难控制采样条件，而自然沉降法采样条件要求静止无风，所以容易造成同一环境的多次采样结果有偏差。

（2）浮游菌检测。

浮游菌采集一般基于撞击法原理。撞击法是指空气中微生物气溶胶颗粒获得足够的惯性后，脱离气流撞击于固体平板上的一种采样方法。这类采样器能用作空气微生物的定量测定。

二、过程产品微生物监控手段

过程产品微生物检测需要及时反馈结果，这样才能在第一时间了解生产过程的控制是否合理，若采用传统检测方式，检测结果反馈的滞后会造成不合格产品被大批量制造出来。因此，实际生产中常会采用一些快速方法。

流式细胞检测技术：样品经试剂处理时，只对样品中存在的活菌进行荧光标记，以此来进行样品中微生物的计数，其优点主要在于快速。流式细胞仪检测的缺点：一是只能检测液体样品；二是样品带菌量不能过少，一般情况下微生物的污染量要达到一定数量级；三是检测成本较高。

传感器快速检测技术：目前我国应用于食品微生物检测中的传感器技术主要分为基因传感器及生物传感器。基因传感器主要是借助 DNA 序列的唯一性来有效识别食品中的微生物情况。基因传感器主要有石英晶体振荡器等。该检测技术所需时间短，工作效率较高，且实际操作较为简单，最为重要的是该试验的灵敏度较高。生物传感器是区别于前者的一种微生物检测传感器，其主要的原理是被测物中的分子与生物接收器上的敏感材料相结合，通过化学反应产生一定的物理效应，进而通过离子强度、pH 值、颜色变化等进行有效的数据分析，检测出食品中的沙门氏菌和金黄色葡萄球菌等。

实时光电微生物快速检测仪：通过监控微生物生长代谢带来的 pH 值改变及其他生物学反应来进行检测和判断。该设备可以有效减少检测时间，帮助企业加快原料和产品的筛选，实现超限产品提前预警，以减少库存压力；适用于菌落总数、大肠菌群、霉菌酵母及多种致病菌的检测。

致病菌分子检测系统：DNA 等温扩增和生物荧光检测技术的结合，可以全面提升操作简便性、准确性、检测速度和性价比，使致病菌检测简单而纯粹。

三、菌种鉴定手段

在实际生产过程中，不可避免地会出现一些异常产品。当这些产品产生时，如何能快速、准确找到污染源并加以解决最为关键，而这就需要运用相关技术对异常品和污染环境进行菌种鉴定。

1. 传统生化判定

市场上常用的判定方法是试剂条判定和生化仪器判定，基本原理是利用不同细菌对特定底物和指示剂的不同代谢能力，通过观察试剂条上的颜色变化来判断细菌的种类（见图4-24）。

图4-24 传统的生化反应菌种鉴定仪器

2. DNA 测序

第一代测序技术，也称 Sanger 测序。其利用了双脱氧核苷酸会终止 PCR 的原理。特点：速度快，但是一次只能测一条单一的序列，且最长也就能测 1 000 ~ 1 500 bp。因此被广泛应用在单序列的测序上。

第二代、第三代测序技术，也称高通量测序技术，解决了第一代测序只能测一条序列的缺陷。第二代测序一次能够测大量的序列，但是片段被限制在了 250 ~ 300 bp，因为是通过序列的重叠区域进行拼接，所以有些序列可能被测了好多次。第三代测序其实就是对第二代测序的一个升级，简单来说就是它同样一次能测好多序列，但是测序的长度达到了 10 kb 左右，并且不需要 PCR 富集序列，直接测序，这就解决了信息的丢失以及碱基错配的问题。但目前来说第三代测序依然有一定的缺陷：第三代测序技术依赖 DNA 聚合酶的活性，且成本很高，错误率远高于第二代测序技术。不过第三代测序技术的错误是完全随机发生的，可以靠覆盖度来纠错，但这要增加测序成本。

微生物多样性测序，即通过扩增微生物的 16S rDNA、18S rDNA 及 ITS 高变区域并进行高通量测序，可分析环境中细菌、古细菌及真菌等的物种组成和相对丰度差异，进而获得环境样品中的微生物群落结构、进化关系及微生物与环境相关性等信息。

宏基因组测序（meta-genomics next-generation sequencing，mNGS）通过高通量测序研究特定环境下的微生物群体基因组，分析微生物多样性、种群结构、基因功能、代谢网络和进化关系等，并可进一步探究微生物群体功能活性、相互协调作用关系及与环境之间的关系。宏基因组测序研究摆脱了微生物分离纯培养的限制，扩展了微生物资源的利用空间，为环境微生物群落的研究提供了有效工具。

3. 质谱鉴定技术

每种微生物都有自身独特的蛋白质组成，拥有独特的蛋白质指纹图谱。测得微生物的蛋白质指纹图谱，通过软件对这些指纹图谱进行处理并和数据库中各种已知微生物的标准指纹图谱进行比对，从而完成对微生物的鉴定。仅需几个简单步骤就可获得高质量的微生物鉴定结果。

4. 食品工厂如何选择合适的微生物检测鉴定方法和技术

常见微生物检测鉴定方法和技术的适用性见表4-21。

方法的选择需要结合法规要求、检测项目、检测样品、检测时间要求、人员水平、预算等多方面因素去评估，常见的检测方法和技术有以下几种。

（1）传统方法、测试片法可应用于常规出厂检测项目。

（2）ATP可应用于生产环境的快速监控。

（3）免疫胶体金和PCR技术可应用于工厂的致病菌检测和环境EMP控制。

（4）实时光电和流式细胞检测适用于样品微生物项目快速检测或半成品品质判定。

（5）生化鉴定和质谱鉴定技术适用于微生物菌种初步鉴定，以便快速判断产品污染风险或污染来源。

（6）菌种测序技术适用于生产现场污染菌株的溯源分析。

表4-21 常见微生物检测鉴定方法和技术的适用性

检测方法	定量/定性	可检测项目	实验室要求（最低）	适用	人员要求	成本
传统方法（培养）	可定量，可定性	GB 4789中规定的需要检测的微生物	基础微生物实验室，操作致病菌需要配生物安全柜	样品及环境	较低	低
测试片	可定量，可定性	菌落总数、大肠菌群、霉菌酵母、金黄色葡萄球菌、李斯特菌属、副溶血性弧菌、沙门氏菌、蜡样芽孢杆菌	基础微生物实验室，操作致病菌需要配生物安全柜	样品及环境	低	微高
免疫胶体金	定性	沙门氏菌、蜡样芽孢杆菌、大肠杆菌、O157	基础微生物实验室，需要配生物安全柜	样品及环境	低	微高
PCR	定性	金黄色葡萄球菌、沙门氏菌、单核细胞增生李斯特氏菌、副溶血性弧菌、蜡样芽孢杆菌等常见致病菌和病毒	基础微生物实验室（需要配生物安全柜）+分子实验室	样品及环境	高	低
ATP	定量	洁净度而非微生物	现场检测	表面环境	低	低

检测方法	定量/定性	可检测项目	实验室要求（最低）	适用	人员要求	成本
实时光电	半定量	以菌落总数为主	基础微生物实验室，操作致病菌需要配生物安全柜	样品及环境	低	微高
流式细胞	定量	细菌总数	基础微生物实验室	以乳品为主	高	高
生化鉴定		菌种鉴定	基础微生物实验室	菌种鉴定分析	低	低
质谱		菌株鉴定	基础微生物实验室	菌种鉴定分析	低	高
测序		菌株鉴定分析溯源分析	分子实验室	样品/菌株	高	高

通过对本任务的学习可以了解到，随着科技的进步，越来越多的微生物检测鉴定方法和技术被开发出来，各生产企业在使用前，要根据实际需求进行方法和技术的适用性评估。

问题思考

（1）通过查找微生物检测技术在食品原材料检测方面的应用，思考哪些手段可以确保原材料的质量不受微生物污染的影响。

（2）了解食品生产环节中的微生物污染检测，思考在食品生产过程中该如何防控微生物的污染。

任务二　实时荧光 PCR 技术快速检测低温乳制品中的致病菌

学习目标

知识目标

（1）了解实时荧光 PCR 技术在致病菌检测中的应用。

（2）了解实时荧光 PCR 技术在食品生产过程中进行检测的原理。

能力目标

（1）了解并掌握目前食品加工过程中实时荧光 PCR 技术在微生物检测中的操作。

（2）能够根据实际生产过程选择最佳的致病菌检测手段。

素质要求

（1）通过学习实时荧光 PCR 技术在食品研究中的应用，为食品制造和研发提供新的视角和解决方案。

（2）通过对具体应用案例的学习，推动微生物资源的合理开发和利用，为人类健康以及农业、工业等领域的发展提供创新技术支持。

随着人们生活水平的不断提高，人们对营养健康的关注度空前高涨，对牛奶可以提升免疫力这一观点的认可度也越来越高。液态乳制品中低温鲜奶以其"更新鲜、更营养"的特点成为消费增速的一枝独秀。《2020 中国奶商指数报告》显示，96.0%的中国消费者认为低温鲜奶富含"乳铁蛋白和免疫球蛋白"等活性因子，能有效提升机体免疫力。为了满足人们对高品质低温乳制品的需求，实现中国奶业的可持续发展，北京市农林科学院畜牧兽医研究所创建立了"国家优质乳工程"项目，国产优质低温巴氏杀菌乳的灭菌温度已经降低到了 75 ℃，乳中原有的乳铁蛋白、免疫球蛋白、过氧化物酶等对人体有益的活性成分得到了最大限度的保留，可以达到进口乳制品的 8 倍。然而，这种杀菌工艺在保留了牛奶中的活性营养物质的同时，也增加了微生物繁殖的风险。

低温乳制品安全风险来源最主要的因素之一是致病性微生物——金黄色葡萄球菌和沙门氏菌的污染。

沙门氏菌是属于肠杆菌科的革兰氏阴性需氧及兼性厌氧细菌，沙门氏菌感染是引起人类食源性肠胃炎的重要病因之一。沙门氏菌感染最常见于动物源食物，通过摄入动物源性受污染的食品而造成的食物中毒占人类沙门氏菌病例的 75%。《食品安全国家标准　预包装食品中致病菌限量》（GB 29921—2021）规定，我国乳及乳制品中沙门氏菌的限量是 $n = 5$，$c = 0$，$m = 0$ CFU/25 g（mL）；国际食品法典委员会（Codex Alimentarius Commission，CAC）对于乳制品中沙门氏菌的限量是 $n = 15$，$c = 0$，$m = 0$ CFU/25 g（mL），对于用于特殊食疗目的的乳制品的采样方案相对严格，其限量是 $n = 30$，$c = 0$，$m = 0$ CFU/25 g（mL）；澳大利亚、新西兰、美国、韩国和英国等众多国家对于沙门氏菌的要求也是 25 g/（mL）不得检出，取样量 n 略有差别。

金黄色葡萄球菌肠毒素是世界性卫生问题，乳品尤其是原料乳极易受到金黄色葡萄球菌的污染。金黄色葡萄球菌是影响原料奶安全性的微生物之一，它能产生不能被高温灭菌破坏的肠毒素。近年来，由该菌污染乳制品所引发的食物中毒事件很多，这表明金黄色葡萄球菌已成为影响乳制品安全的主要生物性风险之一，减少或降低该菌引发的乳品安全风险对保证我国乳制品的安全性有着重要作用。

低温乳制品保质期短，根据包装形式的不同，在 2~6 ℃条件下，巴氏杀菌乳保质期一般为 2~7 天，低温酸奶一般为 14~21 天。而金黄色葡萄球菌和沙门氏菌检测时间长，需要 3~5 天。对于乳制品生产企业来话，为了降低食品安全风险，需要一个能够快速出结果的致病菌检测方法，基于实时荧光 PCR 法的快速检测体系应运而生。

一、实时荧光 PCR

实时荧光 PCR：利用荧光信号的变化实时检测 PCR 扩增反应中每一个循环扩增产物量的变化，最终精确地对起始模板进行定量分析。

4.3.2　PCR 技术致病菌操作视频

采用实时荧光 PCR 技术，针对金黄色葡萄球菌和沙门氏菌的特异性基因设计引物和探针。PCR 扩增过程中，与模板结合的探针被 Taq 酶分解并产生荧光信号，实时荧光 PCR 仪根据检测到的荧光信号绘制出实时扩增曲线，从而实现核酸水平上的致病菌定性检测。

二、方法评价

实时荧光 PCR 方法体系的验证规则主要参考了 ISO 16140—2：2016《食品链微生物

学　方法验证　第2部分：替代（专有）方法参照参考方法的验证规范》的验证设计方案。在方法开发过程中及开发后进行了相对检出限研究、特异性验证（包容性和排他性验证）、方法一致性研究。确定方法体系后，同步进行了第三方协同验证及乳品实验室应用验证。通过实验室内和第三方协同验证方法体系的准确性和一致性，通过乳业实验室应用验证，验证了方法的广泛适用性（不同区域、不同样品、不同检测能力）。

1. 实时荧光 PCR 方法灵敏度评价

以沙门氏菌为例。取沙门氏菌培养物，用无菌水进行 10 倍系列梯度稀释，同时检测沙门氏菌的浓度。以不同浓度的稀释液为样品，用检测体系中的裂解液裂解后，使用 PCR 试剂盒进行检测，每个浓度梯度重复 10 次。记录沙门氏菌不同浓度的阳性检出率。如图 4-25 所示，当菌浓度 > 10^4 CFU/mL 时，阳性检出率为 100%。ATCC14028 与 CICC21498 曲线重合，CMCC（B）50093 与 CMCC（B）50335 曲线重合，所有编号菌株曲线末端重合。经过可行性研究确定，用实时荧光 PCR 法检测低温乳中致病菌的方法是可行的。

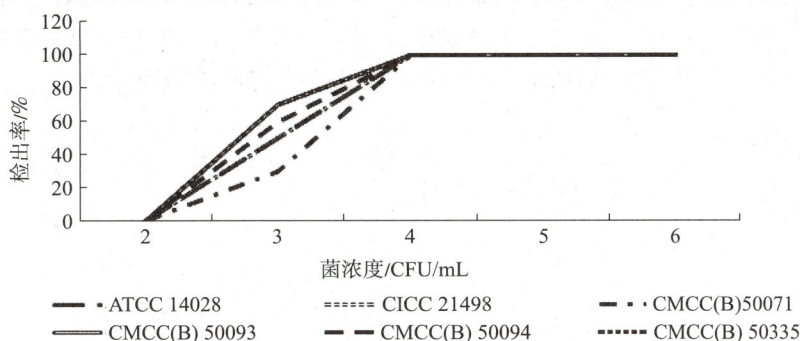

图 4-25　不同浓度沙门氏菌的阳性检出率

2. 方法验证

在方法体系针对目标菌的特异性方面，使用目标菌和非目标菌验证其包容性和排他性；在方法体系针对低温乳制品的适用性方面，通过采用人工添加菌种到不同类型样品的方式，验证方法体系在灵敏度、方法准确度等方面与参考标准方法的一致性。

3. 特异性验证（包容性和排他性）

取沙门氏菌阳性菌株 20 株和非沙门氏菌 15 株，用无菌接种环将各菌株划线接种于 BHI 琼脂平板中，37 ℃ ±1 ℃培养 18～24 h。用无菌接种环挑取单菌落，置于 50 μL 无菌磷酸盐缓冲液中混匀，制备成菌悬液；取 40 μL 菌悬液制备 DNA 模板后，分别按照 PCR 方法体系进行检测。结果表明，20 株沙门氏菌阳性菌株的检测 Ct 值均小于 35，结果均判定为沙门氏菌阳性；而对 15 株非沙门氏菌菌株均没有出现特异性扩增，检测 Ct 值均大于 40，结果均判定为沙门氏菌阴性

实验室检测了 30 株金黄色葡萄球菌与 20 株非金黄色葡萄球菌（包括缓慢葡萄球菌、表皮葡萄球菌、木糖葡萄球菌、腐生葡萄球菌、产色葡萄球菌）。30 株金黄色葡萄球菌的结果全部为检出，20 株非金黄色葡萄球菌的结果全部为未检出。计算方法体系的包容性为 100%，排他性为 100%。

4. 与参考标准方法一致性验证

对高温杀菌乳（低温保藏）、巴氏杀菌乳、低温发酵乳各60个人工污染的样品，每个样品称取两份各25g，分别用RT-PCR方法和《食品安全国家标准　食品微生物学检验　沙门氏菌检验》（GB 4789.4—2024）中所列方法（国标方法）进行检测。得到120个检测数据。检测结果表明，54份阴性控制样品用两个方法检测，检测结果均为阴性，126份添加了阳性目标菌的样品，PCR方法体系全部检测阳性，而国标方法为122份样品检出阳性，4份样品为阴性。4份未检出的样品全部为低染菌浓度的发酵乳样品。对两个方法的检测结果，采用卡方检验（K^2检验）比较差异性，表明PCR方法体系与国际方法的阳性确证率在5%置信区间内没有统计学差异（$K^2 = 2.25 < 3.84$）。根据ISO 16140-2：2016《食品链微生物学　方法验证　第2部分：替代（专有）方法参照参考方法的验证规范》计算PCR方法体系的灵敏度为100%，国标方法的灵敏度为96.8%，相对正确度为97.8%。

目前已验证的沙门氏菌菌株基因型有4 000多株，非沙门氏菌有1 600多株，未出现假阳性和假阴性的情况；已验证的金黄色葡萄球菌有1 200多株，非金黄色葡萄球菌有4 800多株，未出现假阳性和假阴性的情况。标准菌实验图谱与样品实验图谱如图4-26所示。

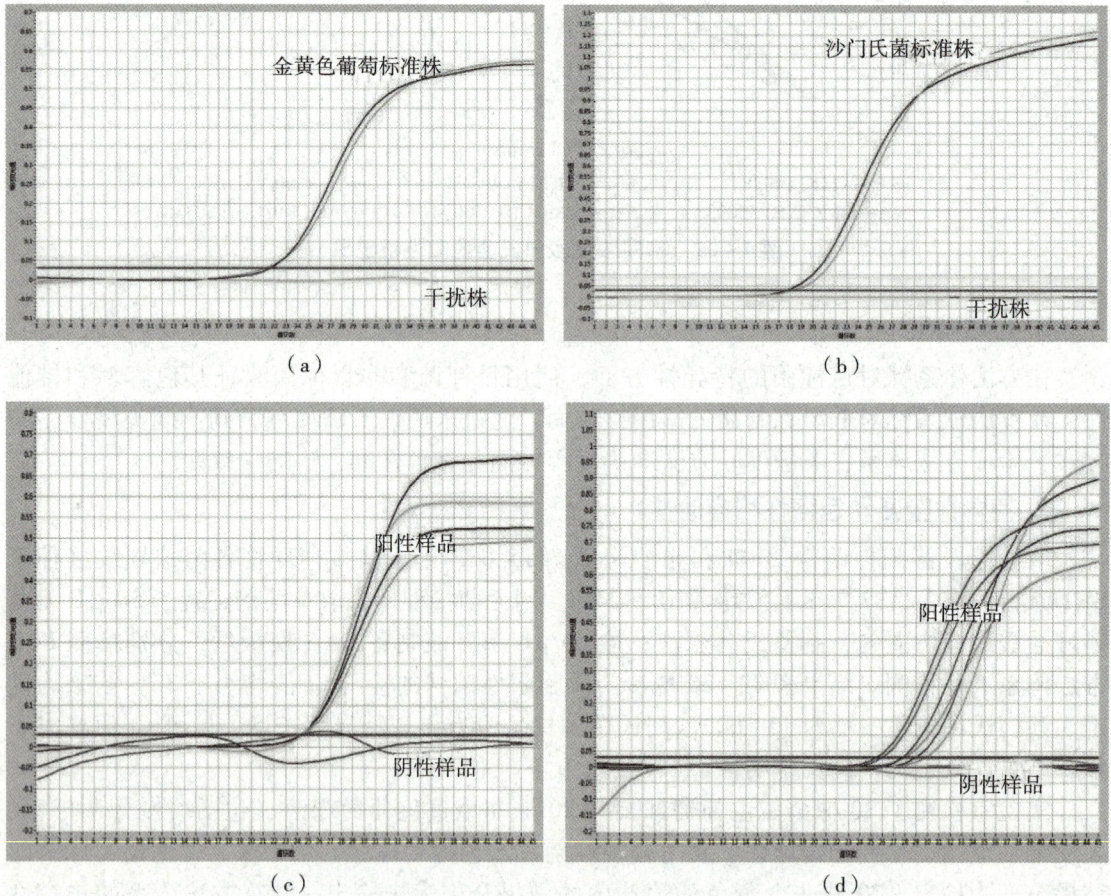

图4-26　金黄色葡萄球菌与沙门氏菌的标准菌实验图谱与样品实验图谱

（a）金黄色葡萄球菌标准菌实验图谱一；（b）沙门氏菌标准菌实验图谱二；
（c）金黄色葡萄球菌样品实验图谱三；（d）沙门氏菌样品实验图谱四

5. 方法体系验证研究总结

该方法经过实验室内验证、第三方实验室协同验证及乳品实验室应用验证，满足包容性和排他性研究、一致性的要求，可用于低温乳制品中致病菌的快速检测。

三、乳制品生产企业的应用

企业应用的具体操作流程是，样品按照国标方法经过前增菌培养后，将增菌液混匀，取40 μL 加入到预分装的裂解管中，于加热器98 ℃ ±1 ℃金属浴加热 10 min，冷却至室温。取 5 μL 裂解后上清液，加入模板中，盖好管盖，使用掌式离心机离心 5～10 s，立即上机进行 PCR 扩增反应。

PCR 试剂盒在生产的过程中就进行预分装，可减少实际检测时人员的操作步骤，并降低了气溶胶污染的风险；同时，优化了核酸提取的操作，直接将增菌液加入裂解液中进行热裂解，可降低操作造成的误差，前处理时间由 3～4 h 缩短为 40 min。在确保准确性的情况下，更方便乳制品生产企业人员的实际应用。

实时荧光 PCR 技术用于低温乳制品中致病菌的快速筛查，可以满足低温乳制品生产加工过程及终产品快速放行、及时纠偏的需求，提高致病菌检测能力，降低了企业的食品安全风险。其将为分子生物学方法作为乳品的微生物质量控制方法提供了一个先例，为乳制品行业微生物快速筛查提供了新的选择，从整体上提高了乳制品致病菌的检测能力，为全国奶业发展规划、国家优质乳工程的顺利进行提供了更精准、快速的技术保障。

◢ 问题思考

（1）应用实时荧光 PCR 法检测低温乳制品中的致病菌，怎么确保这个检测方法的准确性？

（2）从企业实际应用角度来讲，实时荧光 PCR 法与传统国标法相比，有哪些好处？

任务三　厌氧和微需氧培养新技术在微生物检验过程中的应用

◎ 学习目标

知识目标

（1）熟悉食品微生物检验厌氧菌培养注意事项。

（2）了解厌氧和微需氧培养的原理。

能力目标

（1）能够依据专性厌氧菌的培养原则、目的制定合理的培养方案。

（2）依据制定的培养方案，正确进行厌氧和微需氧菌的培养。

素质要求

（1）通过掌握厌氧和微需氧培养新技术，培养学生具体问题具体分析的能力和组织规划能力。

（2）通过学习新技术，研究前沿技术的发展与保障食品安全和生命健康之间的联系。

微生物培养技术是研究微生物的基础，也是现代微生物技术的基石，其包含消毒灭菌技术、培养基制备技术、微生物接种和分离纯化技术等。目前，微生物的检测"金标准"依然是培养法，通常包含预增菌、选择性增菌、分离培养、生化鉴定、血清分型等检测流程，实现样品中微生物的定性和定量检测。食品微生物检测是食品安全监管的重要环节，通过科学准确的检测方法，可以及时发现潜在风险并采取控制措施，保障公众健康。厌氧和微需氧培养是重要的微生物学实验技术，广泛应用于食品微生物检测领域，对于确保食品安全、卫生及产品质量具有重要意义。

一、厌氧微生物的研究历史

1676 年，列文虎克（Antonivan Leeuwenhoek）用固定在金属框架上的镜头所构成的一个类似显微镜的装置去观察放了三个星期的胡椒水。他观察到了大量微小的生物，最小的体积只有沙粒的百万分之一，这是人类第一次观察到微生物。三年后，列文虎克重复了胡椒水试验，不过这次，他把胡椒水装在一根封口的管子里。细菌耗尽了管中的 O_2，但是管里依然有生物在生长并开始冒泡，这是最早关于厌氧微生物的报道。

法国微生物学家和化学家路易·巴斯德（Louis Pasteur）在微生物学、疫苗学和公共卫生领域做出了开创性的贡献。1861 年，巴斯德首次提出厌氧菌概念，他在研究黄油变质的原因时观察到了丁酸弧菌，这种菌能够在没有游离氧的情况下生长。1863 年，巴斯德根据微生物是否可以在有氧条件下生长，将微生物区分命名为需氧菌和厌氧菌。此外，他和合作者分离获得了第一个致病性厌氧菌。巴斯德在研究厌氧菌的过程中使用通过煮沸法或抽真空法制备预还原厌氧培养基的做法均为经典的厌氧操作技术。

1947 年，美国微生物学家亨盖特（Robert E. Hungate）通过深层琼脂法分离厌氧纤维素降解菌的时候，意外发现管内壁上层的薄层固体培养基上会形成单菌落。随后，他提出了滚管法分离厌氧菌的操作技术，经过不断完善，该方法已成为厌氧微生物分离培养的经典方法。

科学家对厌氧试验操作便捷性、O_2 浓度精准性、生物安全性等的需求愈发迫切，因此研究人员提出烛缸法、低还原电势培养基法、厌氧和微需氧产气袋法、厌氧/低氧工作站法。随着厌氧科研市场的发展，新式的多功能气体置换装置开始陆续应用于万千实验室，这进一步促进了厌氧和微需氧微生物检验及研究的蓬勃发展。

二、部分涉及厌氧和微需氧检验的微生物

微生物检验中国在食品安全方面有着严格和全面的法规体系，所有食品生产和加工企业都必须遵守国家关于食品安全的法律法规，包括对厌氧和微需氧微生物等食源性病原微生物的检测及食品中益生菌的活菌检测。

稳定可靠的培养环境是保证微生物检验结果准确的基础，也是保障食品安全的关键。部分涉及厌氧和微需氧微生物检验的国家标准列举如下。

《食品安全国家标准　食品微生物学检验　志贺氏菌检验》（GB 4789.5—2012）。

《食品安全国家标准 食品微生物学检验 空肠弯曲菌检验》（GB 4789.9—2014）。

《食品安全国家标准 食品微生物学检验 β型溶血性链球菌检验》（GB 4789.11—2014）。

《食品安全国家标准 食品微生物学检验 肉毒梭菌及肉毒毒素检验》（GB 4789.12—2016）。

《食品安全国家标准 食品微生物学检验 产气荚膜梭菌检验》（GB 4789.13—2012）。

《食品安全国家标准 食品微生物学检验 双歧杆菌检验》（GB 4789.34—2016）。

《食品安全国家标准 食品微生物学检验 乳酸菌检验》（GB 4789.35—2023）。

《生活饮用水标准检验方法 第12部分：微生物指标》（GB/T 5750.12—2023）。

《食品安全国家标准 饮用天然矿泉水检验方法》（GB 8538—2022）。

三、厌氧和微需氧培养技术

1. 产气袋培养

产气袋的基本原理是通过化学方法将密闭空间中的 O_2 完全或者部分吸收，产生 CO_2，创造一个适合厌氧或微需氧环境。产气袋方法操作简便，拆包即用，使用不同类型产气袋可形成厌氧、微需氧、CO_2 培养环境，无须配备仪器和气源即可开展实验，初期投入成本低。不足之处在于气体环境生成时间长，无法精确生成某一气体浓度，长期使用成本较高，培养过程数据无法追溯（见图4-27）。

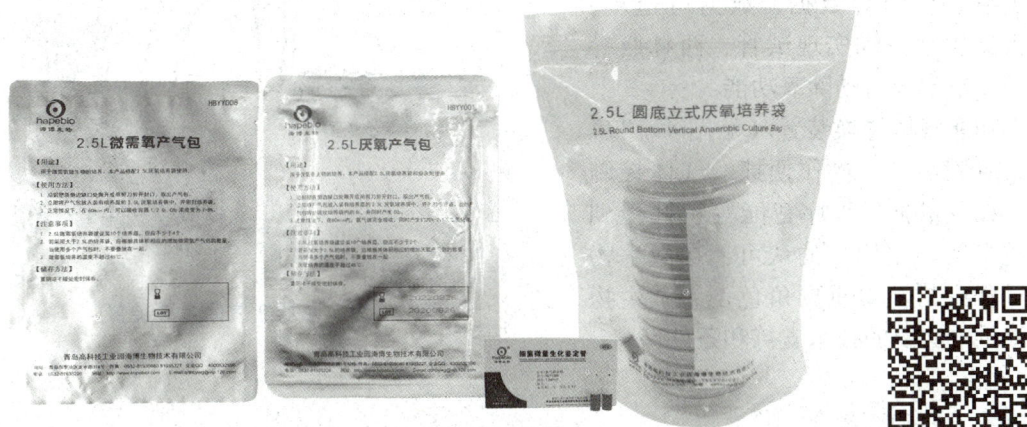

图4-27 厌氧产气袋图示　　　　　　视频4.3.3

2. 厌氧/低氧工作站

厌氧/低氧工作站又称厌氧/低氧培养箱或厌氧/低氧手套箱，是一种在无氧或低氧环境条件下进行细菌培养及操作的专用装置。它能提供严格的厌氧或低氧环境及恒定的温度条件，同时具有一个系统化、科学化的厌氧工作区域。

厌氧工作站最早由英国科学家于20世纪70年代推出，一般由厌氧室、传输舱、气路及电路系统等部分组成。产品经过不断升级换代已能够满足绝大多数厌氧和微需氧菌的分离、接种、培养等操作的需求。

厌氧/低氧工作站（见图 4-28）最大的优势是可在厌氧/低氧环境下进行在线操作，如微生物分离、纯化等，同时在培养过程中，通过透明面板可直接观察微生物生长情况。但气体生成时间长，最快生成时间为 40 min 以上。部分品牌环境生成、模式切换烦琐，灵活性差，不具备随开随用的功能。

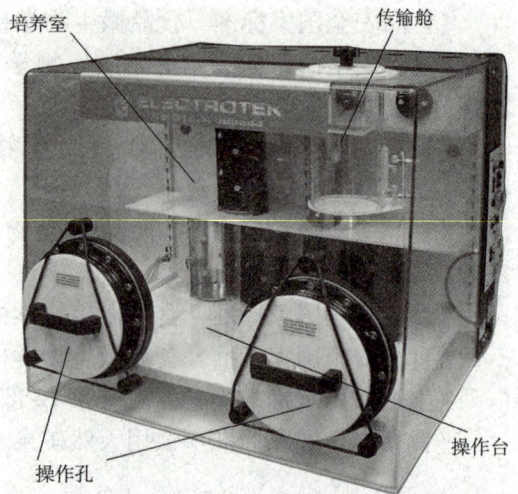

图 4-28　厌氧工作站组成图

3. 多功能气体置换装置

多功能气体置换装置也叫多功能厌氧微需氧培养系统，采用气体置换法辅以催化剂催化，可生成绝对厌氧、微需氧、富 CO_2 等培养环境，满足实验室同时进行多种微生物培养的需求。

多功能气体置换装置可在几分钟之内精确形成设定气体环境，厌氧程序 O_2 含量 < 5 ppm，微需氧程序生成精度最高可达 0.1%。单个培养罐可分别置于不同培养环境，培养罐具有极佳的密封性能，透明罐身方便用户观察到培养皿内微生物的生长情况。开机进行自检，程序运行时具有压力和培养罐密封性检测等质量控制环节。同时可配备无线培养环境监测系统，实时监测 O_2 浓度、温度、压力等数据，数据可追溯。还可根据用户需求实现试管、西林瓶等容器的顶空部分自动除氧功能。

多功能气体置换装置（见图 4-29）凭借其应用灵活、操作便捷、气体控制精准、耗气量低、程序智能等特性受到越来越多实验室用户的认可，在微生物检验过程中扮演着重要角色，为微生物检验提供了必要的技术支持和条件保障。

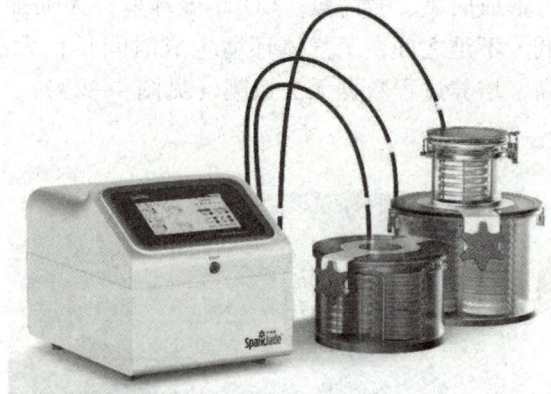

图 4-29　多功能气体置换装置

问题思考

（1）专性厌氧菌对氧非常敏感，分离培养困难，通常在严格厌氧的环境下才能生长繁殖。请简述三种专性厌氧菌。

（2）简述智能厌氧微需氧培养系统在艰难梭菌培养过程中的优势。

一、选择题

习题答案

1. 以下（　　）是金黄色葡萄球菌肠毒素产生的条件。

    A. 金黄色葡萄球菌携带产毒基因

    B. 金黄色葡萄球菌数量

    C. 适宜的温度和水活条件

    D. 营养物质

2. 我国食品中毒常见的金黄色葡萄球菌肠毒素有（　　）。

    A. SEA   B. SEB   C. SEC   D. SET

3. 金黄色葡萄球菌肠毒素常见检验方法有（　　）。

    A. 酶联免疫技术   B. 平板计数

    C. 免疫胶体金技术   D. 分子检测技术

4. （　　）是金黄色葡萄球菌检测过程用到的试剂。

    A. BPW   B. SC

    C. 7.5 氯化钠肉汤   D. 金黄色葡萄球菌 PCR 试剂盒

5. 本测试中金黄色葡萄球菌 PCR 检测的结果判定中，Ct 值（　　），在检测有效的情况下可以判定为阴性。

    A. > 35   B. < 40   C. < 35   D. ≥40

6. PCR 试剂盒短期存放可在（　　）保存。

    A. 4 ℃   B. −20 ℃   C. −80 ℃   D. 常温

7. 致病菌核酸提取试剂盒中所选的温度是（　　）。

    A. 95 ℃   B. 98 ℃   C. 65 ℃   D. 72 ℃

8. 以下哪个不属于 PCR 实验室的区域？（　　）。

    A. 核酸扩增区域   B. 试剂存储区域

    C. 扩增产物分析区   D. 灭菌室

9. 使用实时荧光 PCR，哪个区域可合并？（　　）。

    A. 核酸扩增区域   B. 核酸产物分析区

    C. 试剂存储区域   D. PCR 反应配制区

10. 根据所使用的荧光化学物质不同，可将实时荧光 PCR 分为使用嵌合荧光染料法和荧光探针法。（　　）。

    A. 正确   B. 错误

11. 实时荧光定量 PCR 在反应体系中加入荧光基团，提高了检测的灵敏度；引入探针，提高了反应的特异性。（　　）。

    A. 正确   B. 错误

12. （　　）是《食品安全国家标准 食品微生物学检验 霉菌酵母计数测定》的标准号。

    A. GB 29921—2021   B. GB 4789. 15—2016

C. GB 14881—2013   D. GB 4789.3—2012

13. 以下哪个是《食品安全国家标准 食品微生物学检验 采样和检样处理规程 酒类、饮料、冷冻饮品》的标准号？（ ）。

  A. GB 29921—2021   B. GB 4789.15—2016

  C. GB 4789.25—2024   D. GB 4789.35—2023

14. 饮料中霉菌和酵母的测定推荐使用的滤膜孔径为（ ）。

  A. 0.22 μm   B. 0.38 μm

  C. 0.45 μm   D. 0.8 μm

二、判断题

1. 金黄色葡萄球菌超标，一定会引发肠毒素中毒。（ ）

2. 杀菌后的牛奶中未检出金黄色葡萄球菌，所以不用担心有毒素污染。（ ）

三、简答题

1. ELISA 检测技术的原理。

2. 实时荧光定量 PCR 测定的原理。

◆ 案例介绍

  通过手机扫码获取先进微生物检验技术的相关应用案例，通过阅读网络资源总结微生物检验技术的发展对食品检测的影响。

4.3 案例

◆ 拓展资源

  利用互联网、国家标准、微课等，对所学内容进行拓展，查找线上相关知识，深化对相关知识的学习。

4.3 资源

参 考 文 献

［1］ 王瑞兰．食品微生物检验技术（含实训手册）［M］．北京：科学出版社，2020.
［2］ 郑琳，郑培君．食品微生物检验技术［M］．北京：科学出版社，2021.
［3］ 姚勇芳．食品微生物检验技术［M］．3 版．北京：科学出版社，2022.
［4］ 刘斌．食品微生物检验［M］．北京：中国轻工业出版社，2013.
［5］ 周德庆．微生物学教程［M］．3 版．北京：高等教育出版社，2011.
［6］ 诸葛健．微生物学［M］．2 版．北京：科学出版社，2009.
［7］ 董明盛，贾英民．食品微生物学［M］．北京：中国轻工业出版社，2006.
［8］ 杨玉红，陈淑范．食品微生物学［M］．2 版．武汉：武汉理工大学出版社，2014.
［9］ 姚玉静，翟培．食品安全快速检测［M］．北京：中国轻工业出版社，2019.
［10］ 邓子新，陈峰．微生物学［M］．北京：高等教育出版社，2017.
［11］ 李平兰．食品微生物学教程［M］．北京：中国林业出版社，2011.
［12］ 刘慧．现代食品微生物学［M］．2 版．北京：中国轻工业出版社，2011.
［13］ 陆文蔚，白晨．食品快速检测实训教程［M］．北京：中国轻工业出版社，2014.
［14］ 孙远明．食品安全快速检测与预警［M］．北京：化学工业出版社，2017.